ZHONGSHI MIANDIAN
ZHIZUO JIAOCHENG

中式面点
制作教程

◉ 陈洪华　李祥睿　主编

U0209796

化学工业出版社

·北京·

本书主要介绍中式面点的品种和分类、制作器具和设备、所用原辅料的种类和特点、面团调制技术、馅心制作技巧、成型工艺、熟制方法、风味赏析、年节食俗与面点、文化渊源，并附有一些面点制作实例。制作实例中配方真实，技术讲解细致。

本书可供职业院校烹饪相关专业师生、中式面点生产企业技术操作人员和对面点感兴趣的普通读者参考。

图书在版编目（CIP）数据

中式面点制作教程 / 陈洪华，李祥睿主编 . — 北京：化学工业出版社，2019.12（2024.9 重印）

ISBN 978-7-122-35362-7

Ⅰ . ①中…　Ⅱ . ①陈… ②李…　Ⅲ . ①面食 - 制作 - 中国 - 教材　Ⅳ . ① TS972.132

中国版本图书馆 CIP 数据核字（2019）第 215616 号

责任编辑：彭爱铭　　　　　　　　　　　　　　　　　　
责任校对：王素芹　　　　　　　　　　装帧设计：韩　飞

出版发行：化学工业出版社（北京市东城区青年湖南街 13 号　邮政编码 100011）
印　　装：北京盛通数码印刷有限公司
710mm×1000mm　1/16　印张 20　字数 401 千字　2024 年 9 月北京第 1 版第 6 次印刷

购书咨询：010-64518888　　　　　　　　　　售后服务：010-64518899
网　　址：http://www.cip.com.cn
凡购买本书，如有缺损质量问题，本社销售中心负责调换。

定　　价：59.00 元　　　　　　　　　　　　　　　版权所有　违者必究

前　言

　　中式面点制作历史悠久。在我国，中式面点亦称"点心"或"面点"，它是以面粉、米粉和杂粮粉等为主料，以油、糖和蛋为调辅料，以肉品、水产品、蔬菜、果品等为馅料，经过调制面团、制馅（有的无馅）、成型和制熟等一系列工艺，制成的具有一定色、香、味、形、质等风味特征的各种主食、小吃和点心，如糕、团、饼、包、饺、面、粉、粥等。其制作工艺在中国饮食行业中通常被称为"白案"。

　　随着我国旅游业的发展、百姓生活水平的提高，中式面点已经普及进入寻常百姓家，为了培养中式面点制作的专门人才，弘扬中式面点文化，特组织中式面点教学一线的资深教师编写此教材。

　　在《中式面点制作教程》教材编写过程中，坚持以能力为本位，重视实践能力的培养，突出职业技术教育特色。根据餐饮、烹饪专业毕业生所从事职业的实际需要，合理确定学生应具备的能力结构与知识结构。同时，在注重中式面点知识系统性和全面性的基础上，进一步加强实践性教学内容，以满足社会餐饮企业对技能型人才的需求。

　　《中式面点制作教程》教材分为十三章，由扬州大学陈洪华、李祥睿担任主编。本书第一章、第二章由陈洪华、李祥睿编写；第三章由南京金陵高等职业技术学校贺芝芝和浙江旅游职业学院姚磊编写；第四章由江苏省射阳中等专业学校张玲玲编写；第五章由江苏省泗阳中等专业学校牛琳娜、谷小波编写；第六章由浙江省杭州市中策职业学校姚婷和浙江商业职业技术学院朱威编写；第七章由江苏省车辐中等专业学校皮衍秋和上海市城市科技学校许万里编写；第八章由江苏省宿豫中等专业学校盛红风编写；第九章由江苏省无锡旅游商贸高等职业学校徐子昂编写；第十章由湖南省商业技术学院张艳、王飞、周国银编写；第十一章由重庆商务职业学院韩雨辰编写；第十二章由江苏旅游职业学院薛伟、闫二虎编写；第十三章由江苏省扬州旅游商贸学校王爱红、高正祥、曾玉祥、许振兴、董佳、豆思岚、曹玉、束晨露、张雯、吴磊、高玉兵编写。全书稿件由扬州大学陈洪华、李祥睿统稿。

　　另外，在本书的编写过程中，得到了扬州大学旅游烹饪学院（食品科学与工程学院）领导以及化学工业出版社的大力支持，在此，谨向他们一并表示衷心的感谢！但由于时间仓促，内容涉及面广，若有不足和疏漏之处，望广大读者批评指正，编者不胜感激。

陈洪华　李祥睿
2019.08

目录

第一章　中式面点概述

第一节　中式面点的概念、地位和作用 1

一、中式面点的概念 1

二、中式面点的地位 1

三、中式面点的作用 2

第二节　中式面点的分类、特色和流派 3

一、中式面点的分类 3

二、中式面点的特色 4

三、中式面点的流派 5

第二章　中式面点常用工具和设备

第一节　中式面点常用工具 10

一、常用工具 10

二、和面工具 11

三、制馅工具 12

四、成型工具 12

五、成熟工具 14

第二节　中式面点常用设备 16

一、常见设备 16

二、和面设备 16

三、制皮设备 17

四、制馅设备 17

五、成型设备 17

六、熟制设备 18

七、其它设备 20

第三节　常见工具和设备的管理养护知识 20

第三章　中式面点原料

第一节　坯皮原料 22

一、面粉类 22

二、米及米粉类 24

三、淀粉类 25

四、杂粮类 ……………………………………………… 26

五、其它类 ……………………………………………… 28

第二节　制馅原料 …………………………………… **29**

一、咸味馅料 …………………………………………… 29

二、甜味馅料 …………………………………………… 30

三、其它馅料 …………………………………………… 31

第三节　调辅原料 …………………………………… **31**

一、调味原料 …………………………………………… 31

二、辅助原料 …………………………………………… 35

第四节　食品添加剂 ………………………………… **39**

一、膨松剂 ……………………………………………… 39

二、香料类 ……………………………………………… 40

三、色素类 ……………………………………………… 41

四、其它类 ……………………………………………… 41

第四章　中式面点制作基础

第一节　中式面点制作工艺流程 …………………… **44**

一、原料选备 …………………………………………… 44

二、制作馅心 …………………………………………… 45

三、调制面团 …………………………………………… 45

四、面点成型 …………………………………………… 45

五、面点熟制 …………………………………………… 45

六、美化装盘 …………………………………………… 45

第二节　中式面点基础制作工艺 …………………… **46**

一、和面 ………………………………………………… 46

二、揉面 ………………………………………………… 47

三、饧面 ………………………………………………… 48

四、搓条 ………………………………………………… 49

五、下剂 ………………………………………………… 50

六、制皮 ………………………………………………… 51

七、上馅 ………………………………………………… 54

八、成型 ………………………………………………… 55

九、熟制 ………………………………………………… 60

十、装盘 ………………………………………………… 60

第五章　中式面点面团调制工艺

第一节　中式面点面团概述 ………………………… **62**

一、面团的概念 ………………………………………… 62

二、面团的作用 62

三、面团的分类 63

第二节　水调面团调制工艺 **64**

一、冷水面团概述 65

二、温水面团概述 66

三、热水面团概述 67

四、水余面团 68

第三节　膨松面团调制工艺 **68**

一、生物膨松类面团 69

二、化学膨松类面团 75

三、物理膨松类面团 76

第四节　油酥面团调制工艺 **77**

一、层酥 77

二、混酥 81

第五节　米粉面团调制工艺 **82**

一、米粉的种类和特点 82

二、掺粉与镶粉 83

三、米粉面团的调制 84

四、米粉面团的形成原理 86

五、米粉面团的特性 86

第六节　其它面团调制工艺 **87**

一、澄粉面团 87

二、杂粮粉面团 87

三、根茎类面团 87

四、果类面团 88

五、鱼虾蓉面团 88

第六章　中式面点馅心制作工艺

第一节　馅心概述 **91**

一、馅心的概念 91

二、馅心的分类 91

三、馅心的制作原理 92

四、馅心的作用 92

第二节　馅心原料的加工方法 **93**

一、馅心的制作要求 93

二、馅心原料的加工处理 94

第三节　馅心制作案例 **100**

一、咸馅制作工艺 100

二、甜馅制作工艺 122

第七章　中式面点成型工艺

第一节　中式面点的形态 **131**
一、中式面点的总体外形 132
二、中式面点的基本形态 133

第二节　中式面点的成型方法 **134**
一、手工成型 135
二、模具成型 136
三、装饰成型 136
四、艺术成型 137

第八章　中式面点熟制工艺

第一节　熟制概述 **142**
一、熟制工艺的概念 142
二、熟制工艺的重要性 142
三、熟制工艺的原理 143

第二节　熟制方法 **146**
一、单一熟制法 146
二、复合熟制法 153

第九章　中式面点的风味赏析

第一节　中式面点的配色艺术 **155**
一、色的本质 155
二、面点的配色原理 155
三、面点的配色方法 157

第二节　中式面点的调香艺术 **159**
一、香气的生化本质 159
二、面点香气的形成原理 160
三、面点香气的调配 161

第三节　中式面点的赋味艺术 **164**
一、味与味觉 164
二、面点的赋味原则 164
三、面点的赋味方法 165
四、面点赋味的影响因素 168

第四节　中式面点的造型艺术 **168**
一、面点成型的分类 168

二、面点成型的特点 168

三、面点成型的技法 169

四、影响面点成型的因素 170

第五节　中式面点的调质艺术 **171**

一、质感的继承与创新 172

二、合理利用影响质感的因素 173

第十章　中式面点的配筵艺术

第一节　中式筵席面点的设计 **175**

一、根据宾客的饮食习惯设计面点 175

二、根据设宴的主题设计面点 176

三、根据筵席的规格档次设计面点 176

四、根据本地特产设计面点 176

五、根据季节设计面点 176

六、根据菜肴的烹法不同设计面点 177

七、根据面点的色、香、味、形、器、质、养等特色设计

面点 177

第二节　中式面点配筵的案例 **179**

一、经典名宴菜单 179

二、四季宴席菜单 181

三、名店菜单 182

四、地方菜单 184

第十一章　中式面点与传统年节食俗

第一节　中式面点与传统食俗 **185**

一、顺应农时，讲究时令 185

二、传说美好，愿景象征 186

三、品种繁多，制作方便 186

四、礼仪寄托，适应性强 187

第二节　传统风俗中的年节面点 **187**

一、春节 187

二、上元 188

三、立春 189

四、清明 190

五、端午 190

六、夏至 191

七、七夕 192

八、中秋 192

九、重阳 193

十、冬至 193

十一、腊八 194

十二、除夕 195

第十二章　中式面点的传承与创新

第一节　中式面点的传承 196
一、中式面点历代发明的品种 196

二、中式面点历代传承的部分史料 208

第二节　中式面点的创新 216
一、中式面点的发展趋势 216

二、中式面点的开发创新 217

第十三章　中式面点制作教学案例

第一节　水调面团教学案例 221
一、冷水面团教学案例 221

二、温水面团教学案例 244

三、热水面团教学案例 260

四、水余面团教学案例 262

第二节　膨松面团教学案例 263
一、生物膨松类面团教学案例 263

二、化学膨松类面团教学案例 282

三、物理膨松类面团教学案例 285

第三节　油酥面团教学案例 288
一、松酥类面团教学案例 288

二、层酥类面团教学案例 290

第四节　米粉面团教学案例 294
一、水调类面团教学案例 294

二、膨松类面团教学案例 296

第五节　其它面团教学案例 297
一、杂粮类面团教学案例 297

二、澄粉面团教学案例 301

三、根茎类面团教学案例 303

四、果蔬类面团教学案例 306

参考文献

第一章

中式面点概述

中式面点是中国饮食的重要组成部分。

中式面点历史悠久、品类丰富、制作技艺精湛、风味流派众多，且与人生仪礼或饮食风俗结合紧密，具有深厚的文化内涵。

第一节　中式面点的概念、地位和作用

一、中式面点的概念

中式面点即中国面点。在中国烹饪体系中，面点是面食与点心的总称，饮食业中俗称为"面案"或"白案"。

中式面点的概念具有狭义和广义之分。从狭义上讲，中式面点是以面粉、米粉和杂粮粉等为主料，以油、糖和蛋为调辅料，以肉品、水产品、蔬菜、果品等为馅料，经过调制面团、制馅（有的无馅）、成型和熟制等一系列工艺，制成的具有一定色、香、味、形、质等风味特征的各种主食、小吃和点心。

从广义上讲，中式面点亦可包括用米和杂粮等制成的饭、粥、羹、冻等，习惯统称为米面制品。

日常生活中，中式面点的饮食功能呈现出多样化，既可作为主食，又可作为调剂口味的辅食。例如，有作为正餐的米面主食，有作为早餐的早点、茶点或夜宵；有作为筵席配置的席点；有作为旅游和调剂饮食的糕点、小吃，以及作为喜庆或节日礼物的礼品点心和体现人生仪礼或饮食风俗的载体点心等。

二、中式面点的地位

中式面点选料精细，品种繁多，做工考究，形味俱佳，营养合理，是我国人民日常生活中必不可少的食品，在我国的饮食市场中占有相当重要的地位。

1. 中式面点经营能够独当一面

面点制作可以离开菜肴烹调而单独经营，如主营面点的面食馆、糕团店、包子铺、饺子店、馄饨摊等，且有食用方便、制作灵活的特点，极大地方便了人民生活。

2. 中式面点营养丰富

面点制品具有应时适口、便于消化、富有营养的特点，特别是包馅制品，可以做到荤素搭配，主辅兼宜的特色，使面点制品中营养成分比较全面，充分地满足了人们合理营养的需求。

3. 中式面点与菜肴各顶半边天

从整个餐饮业来看，中式面点是我国饮食行业的重要组成部分之一，面点制作与菜肴烹调一起构成了我国饮食业的全部生产经营业务。同时还有很多菜点结合制作的优秀范例，如"荷叶夹"就是"面做如小荷叶……以菜肉夹于内而食之"的，说明了烹饪体系内的菜肴烹制和面点制作紧密联系，各顶一方天地。

4. 中式面点在旅游市场中占据重要地位

从旅游业来看，中式面点也是旅游收入的重要组成部分。在食、住、行、游、购、娱六大旅游要素中，食、购、娱均占有一席之地。例如：食中有面点自不必说，购中和娱中也有面点方面的收入。各式小点心、面食特产乃至面塑作品均可以购买作为礼品送人。地方特色面点制作的表演，也是旅游娱乐的一部分。

三、中式面点的作用

随着人们生活水平的提高，面点也成了人们日常生活不可缺少的食物，在饮食业中具有一定的作用。

1. 中式面点是中国烹饪技术的重要组成部分之一

烹饪技术主要包括两个方面的内容：一是菜肴烹制，行业中俗称"红案"工种；二是面点制作，行业中俗称"白案"或"面案"工种。不少菜肴在食用时要配以点心一起食用才更富有特色。特别是正餐的主、副食结合和宴席上菜点的配套，体现一个整体内容的相互配合和密切联系。面点除了常与菜肴密切配合外，还具有其相对的独立性，它还可以离开菜肴独立存在而单独经营，例如，面条摊、馄饨店、包子铺、蛋糕房，等等。

2. 中式面点是人们日常生活中不可缺少的重要食品

人们的饮食需求，随着社会经济的发展变化而变化。随着当今饮食社会化的观念日益深入和广泛，面食点心在饮食中已具有一定的地位。清晨的早点、午后的茶点、晚间的夜宵，已成为人们日常生活中重要的饮食内容。尽管面点与菜肴相比较，价格低廉，但在饮食业中仍占有一半以上的比重，特别是遇到节假休息日，面点更成为人们休闲、旅游时必备的食品。

3. 中式面点是活跃市场与丰富人们生活的交流纽带

面点不仅是就餐时作为充饥的主要食品，而且在会亲访友时，也能作为表达心意、联络感情的极好礼品和情感交流的纽带。它既能当主食吃饱，又能上桌配套增添花色、表情达意。特别是逢年过节、外出旅游，便于携带的面食点心等食品更会受到人们的喜爱。

4. 中式面点是体现人生仪礼饮食风俗的最佳风味载体

不少面点品种与历史传说、人生仪礼、饮食风俗有着密切的联系，如《江乡节扬时》载："中秋食月饼，夜则设以祭月亦取人月双圆之意。"故而，元宵节的汤圆、元宵；清明节的青团；端午的粽子；七夕的巧果；重阳节的重阳糕；冬至的馄饨、饺子；订婚的花儿馍；过生日的长寿面、百寿桃等，都有着美好的寓意。

第二节　中式面点的分类、特色和流派

中式面点制作历经几千年，发展成几个大类上千个品种，形成了重要的面点流派，具有众多鲜明的特点，为了有效地掌握不同的面点品种，就必须采取不同的分类标准和方法。

一、中式面点的分类

（一）面点分类的方法

我国面点种类繁多，但面点分类的方法，目前尚难以统一，国内现行的很多面点教材，均出现多种分类方法同时并存的现象，但不管采取哪一种分类方法，都应该满足以下条件：能体现分类的目的与要求；能表现出面点品种之间的差异；能展示地方面点特色；能具有一定的概括性。

（二）常见的面点分类

我国面点品种丰富，花色多样，分类方法较多，常见主要分类方法有以下几种。

1. 按面点原料的不同来分类

这种分类方法的依据是按面点制作的主要原料来分的。一般可分为麦类制品、米类制品、杂粮类制品及其它类制品。

2. 按所用馅料的不同来分类

按照这一分类方法，面点可以分为有馅制品与无馅制品，其中有馅制品又可分为荤馅、素馅、荤素馅三大类，每一类还可分为生拌馅、熟制馅等。

3. 按制品形态的不同来分类

按面点制品的基本形态可分为糕类、团类、饼类、饺类、条类、粉类、包类、卷类、饭类、粥类、冻类、羹类等制品。

4. 按制品的熟制方法不同来分类

按照熟制方法可分为煮制品、蒸制品、炸制品、烤制品、煎制品、烙制品以及复合熟制品。

5. 按制品的口味不同来分类

按面点制品的口味可分为本味制品、甜味制品、咸味制品、复合味制品等。

二、中式面点的特色

中式面点的特色体现在名称、故事、选料、技法、风味和时节等诸多方面。

（一）名称典雅，传说生动

中式面点起源于民间，常常有着典雅的名称和美妙的典故和传说，包含着老百姓追求幸福生活，祈求吉祥如意的愿景。例如："百子寿桃"，名字直白喜庆，象征着长寿多子；船点"嫦娥奔月"蕴含着美妙的传说；粽子记载人们对屈原的纪念；而日常点心"开口笑""四喜饺""元宝酥""玫瑰包""棉花糕"等都给人以顺意吉祥、朴实生动的美好感受。

（二）用料广泛，选料精细

由于我国地大物博，物产丰富，地方风味突出，可作面点的原料极为广泛，包括植物性原料（粮食、蔬菜、果品等）、动物性原料（鸡、猪、牛、羊、鱼虾、蛋奶等）、矿物性原料（盐、碱、矾等）、人工合成原料（膨松剂、香料、色素等）和微生物酵母菌等。

中式面点制作所用的原料种类繁多。根据制品要求，遴选适当的原料品种，达到物尽其用。例如：制作细点时常选择精细面粉，主食和一般点心选用普通面粉；用米粉做发酵面团使用，就只能选用籼米。因为籼米黏性小，胀性大，粉质较松，而糯米和粳米黏性都比籼米大，而胀性小。另外，馅心制作中，猪肉馅常选用夹心肉；制作鸡肉馅选用鸡脯肉；猪油丁馅选用猪板油；牛羊肉馅选用肥嫩而无筋的部位。

（三）坯皮多样，馅心丰富

在面点制作中，用作坯皮的原料极为广泛，有面粉、米粉、山芋粉、玉米粉、山药粉、百合粉、荸荠粉等。加之辅料变化多，配以各种不同比例，不同的调制方法，形成了疏、松、爽、滑、软、糯、酥、脆等不同质感的坯皮，突出了面点的风味。

中式面点馅心用料广泛，选料讲究，无论荤馅、素馅；甜馅、咸馅；生馅、熟馅；所用主料、配料、调料都选择最佳的品质，形成清淡鲜嫩、味浓辛辣、滑嫩爽脆、香甜可口、果香浓郁、有清有浓、咸甜皆宜等不同特色。就馅心的烹调方法，就有拌、炒、煮、蒸、焖等，而且各地方在制作中又形成了各自的特点和风味。

（四）制作精细，注重风味

面点制作的过程是非常精细的，各种不同品种的制作大抵都要经过投料、配料、调制、搓条、下剂、制皮、上馅（有的需制馅，有的不需）、成型、成熟等过程，其中每一个环节，又有若干种不同的方法。面点的成型手法，常用的有搓、切、包、卷、擀、捏、叠、摊、抻、削、拨、滚粘、挤注、模具、按、剪、镶嵌、钳花等十几种不同方法。

中式面点尤其注重风味，讲究色、香、味、形、质俱佳，强调给人视觉、味觉、嗅觉和触觉以美的感受。

（五）应时迭出，遵循食俗

中式面点制作随着季节的变化和习俗不同而更换品种。除正常供应不同层次丰富多彩的早茶点心、午餐点心、夜宵点心、宴席点心外，还有适应不同季节时令的点心，如元宵节的元宵、清明节的青团、端午节的粽子、中秋节月饼、重阳节的糕等。

三、中式面点的流派

中式面点的流派在宋代已经萌芽。当时饮食市场上就有北方面点、南方面点、四川面点、素面点之分，以适应不同地区、不同口味的顾客之需。元明之时，北京面点、回族面点、女真族面点开始出名。到了清代，随着烹饪技术的发展，中式面点的重要流派大体形成。在北方，主要有北京、山东、山西、陕西等面点流派；在南方，主要有扬州、苏州、杭州、广州、四川等面点流派。此外，满族、回族等少数民族面点的影响也很大。

（一）北方风味

1. 首善之地的北京面点

（1）形成　北京为元、明、清三代都城，一直是全国的政治、经济、文化中心。文人荟萃，商业繁荣，饮食文化尤为发达。宫廷饮食和官场需要刺激了烹饪技艺的提高和发展，面点也不例外。曾出现了以面点为主的席，传说清嘉庆的"光禄寺"（皇室操办筵宴的部门）做的一桌面点筵席，用面量达 60 多千克，可见其品种繁多与丰富多彩。

清代《都门竹枝词》写道："三大钱儿买好花，切糕鬼腿闹喳喳，清晨一碗甜浆粥，才吃茶汤又面茶；凉果糕炸甜耳朵，吊炉烧饼艾窝窝，叉子火烧刚卖得，又听硬面叫饽饽；烧卖馄饨列满盘，新添挂粉好汤圆……"这也说明北京历来有许多风味小吃。

此外，北京民间有食用面点的习俗，山东、河南、河北等地方面点的引进，汉族与蒙古族、回族、满族等少数民族面点的交流，宫廷面点的外传，均直接促进了北京面点的发展与形成。

（2）特色　北京小吃俗称"碰头食"或"菜茶"，融合了汉、回、蒙、满等多民族风味小吃以及明、清宫廷小吃而形成，品种多，风味独特。北京小吃大约二三百种，包括佐餐下酒小菜、宴席上所用面点（如小窝头、肉末烧饼、羊眼儿包子、五福寿桃、麻茸包等）以及作零食或早点、夜宵的多种小食品（如艾窝窝、驴打滚等）。其中最具京味特点的有豆汁、灌肠、炒肝、麻豆腐、炸酱面等。

2. 豪放精致的山东面点

（1）形成　山东面点在汉魏六朝时已经有名，《齐民要术》中多有记载。经过1000 多年的发展，清代时山东面点已经成为中国面点的一个重要流派。

山东是中国的农业大省，可资利用的动植物资源很丰富，粮食产量较高，为面点的发展奠定了坚实的基础。

（2）特色　山东面点以小麦面为主，兼及米粉、山药粉、山芋粉、小米粉、豆粉等，加上荤素配料、调料，品种有数百种之多。而且制作颇为精致，形、色、味俱佳。例如煎饼，可以摊得薄如蝉翼；抻面抻得细如线；馒头白又松软等。特色面点有很多，如潍县的"月饼"（一种蒸饼）、临清的烧卖、福山的抻面、蓬莱的小面、周村的烧饼、济南的油旋等。

3. 秦腔古韵的陕西面点

（1）形成　陕西是中华文明的发祥地之一。周、秦、汉、隋、唐等十三个王朝曾在西安建都。西安，古称长安，古代的政治、经济、文化中心，饮食文化独领风骚，尤以唐代为甚。陕西面点是在周、秦面食制作的基础之上，继承汉、唐制作技艺传统而发展起来的。盛唐时期京师长安的面点制作已经基本形成了自己的体系，属于"北食"。其后由于朝代的更替，都城的变迁，陕西面食的影响力有所下降，但是一直是西北地区的重要流派。

（2）特色　陕西面点是由古代宫廷、富商官邸、民间面食、民族美食等汇聚而成，用料极其丰富，以小麦面为主，兼及荞麦面、小米面、糯米粉、豆类、枣、栗、柿、蔬菜、禽类、畜类、蛋类、奶类等。陕西的"天然饼","如碗大,不拘方圆,厚二分许,用洁净小鹅子石衬而馍之,随其自为凹凸",具有古代"石烹"的遗风。其它还有秦川的草帽花纹麻食、乾州的锅盔、三原的泡泡油糕、岐山的臊子面、汉中的梆梆面、西安的牛羊肉泡馍等。

4. 三晋之地的山西面点

(1)形成 山西古代为三晋之地,是中华文明的发祥地之一。据考证,山西境内曾出土过春秋时期的磨和罗,是当时流行面食的佐证。即便是现在,面食也是三晋百姓离不开的主食,已经成为三晋文化的组成部分之一。

山西面食流派的形成与山西地方特色原料密不可分。如汾河河谷的小麦、忻州出产的高粱、雁北出产的莜麦、晋中晋北出产的荞麦、沁州出产的小米、吕梁地区出产的红小豆等,都是面点的主要食材。

(2)特色 山西面点用面广泛,制作不同的面食,使用不同的面。有白面(面粉)、红面(高粱面)、米面、豆面、荞面、莜面和玉米面等,制作时或单一制作或三两混作,风味各异。具体品种有刀削面、刀拨面、掐疙瘩、饸饹(河漏)、剔尖、拉面、擦面、抿蝌蚪、猫耳朵等。

(二)南方风味

1. 淮左名都的扬州面点

(1)形成 扬州是历史上的文化名城,古今繁华地。"腰缠十万贯,骑鹤下扬州",正是昔日扬州繁华的写照。悠久的文化,发达的经济,富饶的物产,为扬州面点的发展提供了有利条件。

(2)特色 扬州面点自古也是名品迭出,据《随园食单》记载,扬州所属仪征有一个面点师叫肖美人,"善制点心,凡馒头、糕、饺之类,小巧可爱,洁白如雪",其时是"价比黄金"。又如定慧庵师姑制作的素面,运司名厨制的糕,亦是远近闻名。经过创新,不断发展,又涌现出翡翠烧卖、三丁包子、千层油糕等一大批名点,形成了扬州面点这一重要的面点流派。

扬州的面点制作的精致之处表现为面条重视制汤、制浇头;馒头注重发酵;烧饼讲究用酥;包子重视馅心;糕点追求松软等,其中"灌汤包子"的发明是扬州面点师的重要贡献。

2. 江南名城的苏州面点

(1)形成 苏州为江南历史名城。傍太湖,近长江,临东海,气候温和,物产丰富,饮食文化自古发达。苏州地区河网密布,周围是全国著名的水稻高产区,农业发达,有"天下粮仓""鱼米之乡"之称。

(2)特色 苏州面点继承和发扬了本地传统特色。据史料记载,在唐代苏州点心已经出名,白居易、皮日休等人的诗中就屡屡提到苏州的粽子等,《食宪鸿秘》

《随园食单》中，也记有虎丘蓑衣饼、软香糕、三层玉带糕、青糕、青团等。

在苏州面点中，有一特殊的面点品种——"船点"，相传发源于苏州、无锡水乡的游船画舫上。其品种可分为米粉点心和面粉点心，均制作精巧，粉点常捏制成花卉、飞禽、动物、水果、蔬菜等，形态逼真。面点多制成小烧卖、小春卷及一些小酥点，一样小巧玲珑。"船点"可在泛舟游玩时佐茶之用，也可以作为宴席点心准备。

苏州面点比较注重季节性，如《吴中食谱》记载"苏城点心，随时令不同。汤包与京酵为冬令食品，春日烫面饺，夏日为烧卖，秋日有蟹粉馒头"等。

苏州面点又以糕团、饼类、面条食品出名。苏州的糕用料以糯米粉、粳米粉为主，兼用莲子粉、芡实粉、绿豆粉、豇豆粉等，各种粉或单独使用，或按照一定的比例混合使用，苏州糕重色、重味、重型；苏州的团子和汤圆制作也精美，例如"青团"色如碧玉，清新雅丽。苏州的饼品种也多，其中最出名的为"蓑衣饼"；此外，苏州的面条制作也精细，善于制汤、卤及浇头，枫镇大面、奥灶面等都是当地的名品。

3. 三吴都会的杭州面点

（1）形成　杭州是"东南形胜，三吴都会"，南宋时曾经做过都城。杭州是中国著名的风景旅游城市，以其美丽的西湖山水著称于世，"上有天堂、下有苏杭"，表达了古往今来的人们对于这座美丽城市的由衷赞美。杭州饮食文化发达，面点品种数以百计，一直保持着较高的水平。

（2）特色　杭州面点在用料、成型方法、成熟方法、风味上均有特色。用料上以面粉、糯米粉、粳米粉和糯米为主。糯米粉常用水磨粉；糯米常用乌米。成型方法常用擀、切、捏、裹、卷、叠、摊等方法，尤其擅长模具成型，如"金团"，就是先以米粉团包馅，然后放在桃、杏、元宝等模具中压制成型。成熟方法上，蒸、煮、烩、烤、烙、煎、炸等灵活运用。风味上有咸有甜，追求清新之味。袁枚的《随园食单》和钱塘人施鸿宝写的《乡味杂咏》中都有数十种杭州面点介绍。

4. 岭南风味的广东面点

（1）形成　广东地处我国东南沿海，气候温和，雨量充沛，物产富饶。广州自汉魏以来，就成为我国与海外各国的通商口岸，经济贸易繁荣，长期以来成为珠江流域及南部沿海地区的政治、经济、文化中心，饮食文化也相当发达，面点制作历经唐、宋、元、明至清，发展迅速，影响渐大，特别是近百年来又吸取了部分西点制作技术，客观上又促进了广式面点的发展，最终广东面点脱颖而出，成为重要的面点流派。

（2）特色　广东面点品种多，按大类可以分为长期点心、星期点心、节日点心、旅行点心、早晨点心、中西点心、四季点心、席上点心等，各大类中又可按常用的点心、面团类型，分别制出款式繁多的美点。其中，尤其擅长米及米粉制品，品种除糕、粽外，有煎堆、米花、白饼、粉果、炒米粉等外地少见品种。

广式面点馅心多样。馅心料包括肉类、海鲜、水产、杂粮、蔬菜、水果、干果等，制馅方法也别具一格。

广东面点制法特别。广东面点中使用皮料的范围广泛，有几十种之多，一般皮质较软、爽、薄，还有一些面点的外皮制作比较特殊。如粉果的外皮，"以白米浸至半月，入白粳饭其中，乃春为粉，以猪脂润之，鲜明而薄。"馄饨的制皮也非常讲究，有以全蛋液和面制成的，极富弹性。此外，广式面点喜用某些植物的叶子包裹原料制面点，如"东莞以香粳杂鱼肉诸味，包荷叶蒸之，表里香透，名曰荷包饭。"

广式面点代表性的品种有虾饺、叉烧包、马拉糕、娥姐粉果、莲蓉甘露酥、荷叶饭等。

5. 天府之国的四川面点

（1）形成　四川地处我国西南，周围重峦叠嶂，境内河流纵横，气候温和湿润，物产丰富，素有"天府之国"的美称。四川面点源自民间。据《华阳国志》记载，巴地"土植五谷，牲具六畜"，并出产鱼盐和茶蜜；蜀地则"山林泽鱼，园囿瓜果，四代节熟，靡不有焉"。当时调味品已有卤水、岩盐、川椒等。品种丰富的粮食和调辅料为四川面点的发展提供了物质基础。唐宋时期，四川面点发展迅速，并逐渐形成了自己的风格，出现了许多面点品种，如"蜜饼""胡麻饼""红菱饼"等。经过元明清几百年的发展，四川面点发展逐步完善，自成一派。

（2）特色　四川面点用料广泛，制法多样，既擅长面食，又喜吃米食，仅面条、面皮、面片等就有近几十种；口感上注重咸、甜、麻、辣、酸等味；地方风味品种多。代表性的品种有赖汤圆、担担面、龙抄手、钟水饺、珍珠圆子、鲜花饼、提丝发糕、五香糕、燃面等。

除此之外，还有许多少数民族如朝鲜族、藏族等民族的风味点心，虽未形成大的地域体系，但也早已成为我国面点的重要组成部分，融合在各主要面点流派中，展示其独特的魅力。

复习思考题

1. 中式面点的概念是什么？
2. 怎样理解中式面点的地位？
3. 中式面点的作用有哪些？
4. 中式面点的分类方法有哪些？
5. 中式面点的特色有哪些？
6. 中式面点的流派有哪些？

第二章

中式面点常用工具和设备

我国传统面点制作多以手工制作为主，近年来，面点的设备与工具有了长足的发展，降低了劳动强度，解放了生产力，提高了工作效率。

第一节　中式面点常用工具

一、常用工具

（一）计量工具

1. 量杯

以塑料或玻璃制成，有柄，内壁有刻度，一般用以量取液体原料。

2. 量匙

测量少量的液体或固体原料的量器。有 1 汤匙、1/2 汤匙、1/4 汤匙、1 茶匙一套；也有 1mL、2mL、5mL、25mL 一套。

3. 弹簧秤

弹簧秤又叫弹簧测力计，是利用弹簧的形变与外力成正比的关系制成的测量作用力大小的装置。弹簧秤分压力和拉力两种类型。

4. 电子秤

比较精确的计量工具，能精确到小数点后一位以上。

5. 盘秤

一种杆秤，在杆的一头系有一个盘子，把要称的东西放在盘里，配合标准质量的秤砣，来称重的。

6. 温度计

温度计主要用以测量油温、糖浆温度及面包面团等的中心温度。常用温度计种类有探针温度计、油脂测量温度计、糖测量温度计、普通温度计等。

7. 直尺

用来衡量面点制品的外观大小、长短；并可于操作时用来做直线切割用。

（二）常用刀具

1. 厨刀

一般为不锈钢制成，刀身方正，呈 5 ∶ 3 的长方形，刀背厚度一般在 4mm 左右，刀刃锋利，主要用于切菜、切肉等刀工处理，用途广泛。

2. 锯齿刀

不锈钢制成，长形、锯齿状，常用于切松糕、蜂糖糕等。

3. 刮抹刀

不锈钢制成，刀长 8 ～ 25cm，刀面略宽，用于抹酱料等。

4. 滚刀

有花滚刀和平滚刀之分，前者是平的，后者有花纹齿，都是铜制，其结构为一端是花镊子，一端是滚刀。主要用于切割面皮和做花边之用。

二、和面工具

（一）面缸

陶瓷制，有大、中、小三号，可配套使用。可用来储存面粉、搅拌面团或其它配料之用。

（二）面盆

不锈钢制，有大、中、小三号，可配套使用。可用来搅拌面团或其它配料之用。

（三）粉筛

粉筛亦称罗，主要用于筛面粉、米粉以及擦豆沙等。粉筛由绢、铜丝、铁丝、不锈钢丝等不同材料制成，随用途、形状的不同，粉筛筛眼粗细不等。如擦豆沙用的是粗眼筛，做粉类点心用的细眼筛。绝大多数精细面点在调制面团前都应将粉料过筛，以确保产品质量。因此，面点制作时按具体面点品种制作或生产需要选用。

（四）面刮板

以硅胶、塑料或不锈钢制成，用于刮取搅拌桶中面糊或拌和面缸、面盆中或案板上的面团等原料。

三、制馅工具

（一）馅盆

馅盆有瓷盆和不锈钢盆等，根据用途有多种规格，主要用于拌馅、盛放馅心等。

（二）馅挑

用竹或木等材质制成，一头大一头小，边角磨圆，便于包制点心的上馅。

（三）调料缸

常以不锈钢制成，直径为 8 ～ 10cm，用来放置一些盐、白糖、味精、鸡粉等调料。

（四）砧板

砧板有多种规格、大小，是对原料进行刀工整理的衬垫工具，常以白果树及柳木等木材制作的较好，现在也有用合成材料制作的，例如聚酯塑料砧板等。砧板主要用于切制馅料、面条等。

四、成型工具

（一）擀面杖

又称擀面棍，是制作坯皮时不可缺少的工具。粗细长短不等，常有大、中、小三种，大的长 80 ～ 86cm，用以擀大块面；中的长 53cm 左右，宜用于擀花卷、饼等；小的长约 33cm，用以擀饺子皮、包子皮及油酥等小型面剂。擀面杖要求结实耐用，表面光滑，常以檀木或枣木制成。

（二）走槌

又称通心槌。形似滚筒，中间空，供插入轴心，使用时来回推动，外圈滚筒便灵活转动，用以擀烧卖皮、制作花卷及大块油酥等。

（三）橄榄杖

中间粗，两头细，形如橄榄，用于擀烧卖皮、蒸饺皮等。使用时将剂子按成扁圆形，将橄榄杖放在上面，左手按住橄榄杖的左端，右手按住橄榄杖的右端，双手配合擀制。擀时，着力点要放在边上，右手用力推动，边擀边转（向同一方向转动），使皮子随之转动，并形成波浪纹的荷叶边形。

（四）模具

有各种形状，大小成套，以不锈钢和铜制为佳，根据用途不同，形状各异；模内刻有图案或字样，如月饼模、蛋糕模等。

（五）戳子

用铁、铝、铜、不锈钢等材料制成，有多种形状，如桃形、各种花形、鸟形、虫形等。

（六）印子

印子为木质材料制成，刻有各种形状，底部表面刻有各种花纹，图案及文字，坯料通过印模成型，可形成具有图案的、规格一致的精美点心食品，如定胜糕、月饼等。

（七）裱花嘴

以不锈钢、铜或塑料制成。嘴部有齿形、扁形、圆口形、月牙形等各种形状。

（八）裱花袋

以布、尼龙或油纸制成的圆锥形袋子，无锥尖，在锥部开口处可插进裱花嘴，装入掼奶油后，可以裱花。

（九）木梳

用于制作鸟、鱼等花色点心品种的羽毛、鱼鳞等。

（十）拨挑

用于像形点心品种的开眼、点缀等制作。

（十一）小剪

用于剪鱼鳞、鸟尾、虫翅、兽嘴、花瓣等制作。

（十二）小镊子

用于配花叶梗，装足、眼以及钳芝麻等细小物件。

（十三）鹅毛管

用于戳鱼鳞、玉米粒和印眼窝、核桃花纹。

（十四）牙刷

选用新的，细毛的，用于刷色素溶液。

（十五）毛笔、排笔

用于成品造型表面抹油。

（十六）其它小工具

面点师使用的小工具多种多样，其中一部分属于自己制作的，它们精巧细致，便于使用，如骨针、刻刀等。

五、成熟工具

（一）常用锅具

1. 双耳锅

双耳锅属于炒锅类，大小规格不等，比较厚实，较重，经久耐用，一般火烧不易变形，主要用于炒制馅心、炒面、炒饭或油炸面点。

2. 平底锅

平底锅又叫平锅，沿口较高，锅底平坦，一般适用煎锅贴、生煎饺子，烙制各种饼类。

3. 不粘锅

不粘锅是由合成材料涂于金属锅表面制成，有大、中、小等规格，圆形、平底、深沿、带柄。特点是煎制或烙制食物受热均匀，不粘底，但在使用过程中，不能用金属铲翻动锅内食物，而应用木铲翻动，防止不粘涂层被破坏而影响锅的使用效果。

4. 电蒸锅

电蒸锅由不锈钢材料制成，外表成圆形，上面有三个圆形的孔洞是放笼屉蒸制用的。锅内的水通过电加热产生蒸汽使点心成熟。该锅传热较快、蒸汽足，有高、中、低三挡开关调节蒸汽的大小，使用方便，清洁卫生。

（二）焙烤用具

1. 烤盘

与烤箱配套使用，一般为长方形，用于烤制双麻酥饼、桃酥、饼干等。

2. 烤模

常以铝皮或铁皮制成，有面包模、蛋糕模、吐司模等。

（三）辅助工具

1. 手勺

常以不锈钢或铁制成，一端有半球形的勺，另一端为长柄，用于制馅、加料等。

2. 锅铲

用木板、不锈钢、铁片等制成，用以翻动、煎、烙食品，如馅饼、锅贴等。

3. 笊篱

用不锈钢或铁丝编成的凹形网罩，中间布有均匀孔洞，用于在水、油中捞取食物，如捞面条等。

4. 漏勺

用铁、不锈钢等制成，面上有很多均匀孔，有柄。根据用途不同有大、小两种，主要用于沥干面点中的油和水分，如水饺、油酥点心等。

5. 筷子

有铁制或竹制两种，长短按需要而异。用于油炸面点时，翻动半成品和夹取成品。

6. 食品夹

为金属制的有弹性的"U"字形夹钳，用于面点熟制时进行夹取，既安全又卫生。

（四）其它工具

1. 刷子

用于烤盘和模具内的刷油以及制品表面的蛋液涂抹。

2. 打蛋器

以不锈钢丝缠绕而成，有大、中、小三种规格，用于打发或搅拌食物原料，如蛋清、蛋黄、奶油等。

3. 粉帚

用棕或高粱穗制成，用于打扫案板上的粉料。

4. 小簸箕

一般用铝皮编成，用于扫粉、盛粉等。

第二节 中式面点常用设备

一、常见设备

常见的设备主要有案板，因为案板的使用和保养直接关系到面点制作能否顺利进行。案板多由木质、大理石和不锈钢等制成。在使用时，要尽量避免用其它工具碰撞，切忌当砧板使用，不能在案板上用刀切、剁原料。

（一）木质案板

木质案板大多用厚 6～7 cm 的木板制成，以枣木制的最好，其次为柳木制的。案板要求结实牢固，表面平整，光滑无缝。

（二）大理石案板

大理石案板多用于较为特殊的面点制作，它比木质案板平整光滑，一些油性较大的面坯适合在此类案板上进行操作。

（三）不锈钢案板

不锈钢案板主要是制作西式面点用，安全卫生，容易清洁。

二、和面设备

（一）和面机

和面机用于和面，使面团中的面筋质形成充分，有利于面团内部形成良好的组织结构，有立式与卧式两种。它主要由电动机、传动装置、面箱搅拌器和控制开关等部件组成，工作效率比手工操作高 5～10 倍。使用时应先清洗料缸，再把所需拌和的面粉投入缸内，然后启动电动机，在机器运转中把适量的水一次性慢慢加入缸内，一般需要 4～8 min，即可成面团。注意必须在机器停止运转后方可取出面团。

（二）搅拌机

由电动机、不锈钢桶和不同搅拌龙头组成，有多种功能，主要用于打发蛋液，制作花式蛋糕；也可用来打蛋白膏、奶油膏，制作裱花奶油；但使用时，要注意根据面点制品的不同要求选择搅拌速度。

（三）多功能粉碎机

多功能粉碎机主要用于粳米、糯米等粉料的加工。它是利用传动装置带动石磨或以钢铁制成的磨盘转动，磨出的粉质细，以水磨粉为最佳。使用时启动开关，将水与米同时倒入孔内，边下米边倒水，将磨出的粉浆倒入专用的布袋内。使用后须将机器的各个部件及周围环境清理干净。

三、制皮设备

（一）压面机

又称切面机，有电动、手动两种类型，可以压制馄饨皮、水饺皮，亦可压制面条等。

（二）酥皮机

又称起酥机，可以使面团成为多层均匀的最薄片，达到酥软均匀的效果，在面点生产过程中起了很好的辅助作用，被应用于各大蛋糕房、西点屋、食品厂。

四、制馅设备

（一）刹菜机

又称蔬菜切碎机，主要用于茎叶类蔬菜的加工，例如白菜、洋葱、萝卜等菜馅的制作。

（二）绞肉机

有电动与手动两种类型，可用于绞肉馅、轧豆沙馅等。电动绞肉机由机架、传动部件、绞轴、绞刀和孔格栅组成。使用时要先将肉去皮去骨分割成小块，用专用的木棒或塑料棒将肉送入料筒内，随绞随放。肉馅的粗细，可根据要求调换刀具。

（三）粉碎机

常见的为电动类型，用于搅打少量肉馅、蔬菜碎等，粗细可以根据搅打的时间长短、次数、转速等进行调整。

五、成型设备

（一）面条机

面条机用于加工粗细不等的面条。一般由滚筒、切面刀的传动机构及滚筒间隙的调整机构组成。使用时，启动电动机，待机器运转正常后，将和好的面放入，经压面滚筒反复挤压即成面皮，调整切面刀不同粗细的齿牙，可以轧出粗细不等的面条。

（二）馒头机

馒头机又称面坯分割器，分为半自动和全自动两种，速度快，效率高，用于机械化大批量生产馒头。

（三）饺子机

饺子机有手动和电动两种类型，将面团和馅心直接加入，流水作业一次成形，每分钟可做饺子 50 个以上，用于大批量生产饺子，包的饺子的破损率不超过 4%。

（四）包子机

包子机是将发酵的面团与拌好的馅料放进机器，加工制作包子的食品机械。包子机产品多样化，可生产各种包子、南瓜饼、小笼包、绿豆饼、豆沙包等各种包馅产品。

六、熟制设备

（一）蒸煮设备

1. 蒸煮灶

适用于蒸、煮的蒸煮灶有两种，一种是蒸汽蒸煮灶；另一种是燃烧蒸煮灶。

（1）蒸汽蒸煮灶　蒸汽蒸煮灶是目前厨房中广泛使用的一种加热设备。一般分为蒸箱和蒸汽压力锅两种。它们的特点是炉口、炉膛和炉底通风口都很大，火力较旺，操作便利，既节省燃料又干净。

① 蒸箱　蒸箱是利用蒸汽传导热能，将食品直接蒸熟。它与传统煤火蒸笼加热方法比较，具有操作方便，使用安全，劳动强度低，清洁卫生，热效率高等特点。

② 蒸汽压力锅　蒸汽压力锅是热蒸汽通入锅的夹层与锅内的水交换热能，使水沸腾，从而达到加热食品的目的。在面点制作中，常用来熬制糖浆、浓缩果酱及炒制莲蓉馅、豆沙馅和枣蓉馅等。

（2）燃烧蒸煮灶　燃烧蒸煮灶，即传统明火蒸煮灶，它是利用煤炭或煤气等能源的燃烧而产生热量，将锅内水烧开，利用水的对流传热作用或蒸汽的作用使制品成熟的一种设备。

2. 煤气灶

煤气灶是使用煤气、液化气、天然气等可燃气体为燃料的炉灶。由灶面、炉圈、燃烧气、输气管道、控制阀及储气罐等组成。灶体结构为不锈钢制成。煤气灶的点火可采用引火棒、电子引燃器等。控制阀可调节，以控制火力大小及熄火。煤气灶可随用随燃，易于控制，清洁卫生。用来加工熟制馅心，以及煎烙、油炸等方法熟制面点。

3. 燃油灶

燃油灶是以油为燃料的燃烧炉灶，其优点和性能结构与煤气灶相似，但就经营成本来说，更优于煤气灶。不过它也存在一定的缺陷，如燃烧时噪声较大，并且点火没有煤气灶方便自如。使用燃油灶需要操作人员具有一定的操作水平，掌握操作规律。可用于加工馅心，以及蒸煮、煎烙、油炸面点。

（二）煎炸设备

1. 电饼铛

电饼铛是简易加热设备，使用时单面或者上下两面同时加热使中间的食物经过高温加热，达到成熟的目的。用于煎烘馅饼，控温方便，安全卫生。

2. 油炸炉

油炸炉通常可以分为电炸炉和燃气炸炉，使用都比较方便。两种油炸炉都可以分为单缸和双缸两种，主要由油槽、炸筛、温控器组成，由不锈钢材料制成。操作比较方便安全，可根据炸制的点心品种和数量自由调节温控器，温度一到即自动停止加热，安全性能很好。

3. 平头炉

平头炉是一种灶头平整，适用于平底锅等器具操作的西式炉灶类型，具有火力均匀、加热快速的特点。可用于煎制锅贴、生煎；也可以摊春卷皮、摊煎饼等。

（三）烘烤设备

1. 电烤箱

电烤箱主要由箱体、电热元件、调温器、定时器和功率调节开关等构成。利用电热管发出的热量来烘烤食品。电烤箱的加热方式可分为面加热和上、下同时加热三种。

2. 电热烘烤炉

电热烘烤炉主要用于烧烤各类中西糕点。常用的有单门式、双门式和多层式烘烤炉。电热烘烤炉的使用主要是通过定温、控温、定时等按键来控制，温度一般最高能达到300℃，可任意调节箱内上下温度，控制系统性能稳定。

3. 万能蒸烤箱

万能蒸烤箱不仅具有蒸箱和烤箱的两种主要功能，并可根据实际烹调需要，调整温度、时间、湿度等设定，省时省力，效果颇佳。

七、其它设备

（一）冷藏设备

冷藏设备主要有小型冷藏库、冷藏箱和电冰箱。按冷却方式分为直冷式与风扇式两种，冷藏温度在 -18 ～ 10℃ 之间，并具有自动恒温控制、自动除霜功能，使用方便。

（二）饧发箱

饧发箱是发酵类面团发酵、饧发的设备。目前在国内常见的有两种，一种结构较为简单，采用铁皮或不锈钢板制成的饧发箱。这种饧发箱靠箱底内水槽中的电热棒将水加热后蒸发出的蒸汽，使面团发酵。另一种结构较为复杂，以电作能源可自动调节温度、湿度，这种饧发箱使用方便、安全，饧发效果也较好。

第三节　常见工具和设备的管理养护知识

面点制作中使用的设备与工具种类繁多，并且各种性能、特点都不一样，为了充分发挥它们的作用，提高工作效率，必须了解与掌握设备与工具的使用及养护知识。

（一）熟悉工具，了解设备

"工欲善其事，必先利其器"，一个不懂得操作的人，亦是一个最易损坏工具的人，因此，学会使用面点制作的设备与工具，熟悉其性能与特点，显得十分重要。在使用工具或设备时，首先应该了解、掌握其用途和操作性能，这样才能发挥其最大的使用价值。

（二）编号登记，定点存放

由于面点制作的设备与工具种类繁杂，在使用过程中，应当对其适当分类，编号登记，对于常用的面点设备应根据其制作工艺流程，合理设计安装位置，对于一般的常用工具要做到合理使用，定点存放。这样使用时才能顺手方便，提高劳动生产效率。例如，笼屉、烤盆、各种模具，以及铁、铜器工具，用后必须刷洗、擦拭干净，放在通风干燥的地方，以免生锈。另外，各种工具应分门别类存放，既方便取用，又避免损坏。

（三）清洁卫生，定时养护

在面点制作中，搞好设备与工具的清洁卫生和定时养护显得十分重要，一方面可以避免造成食品污染、交叉污染的危险，另一方面可以发挥工具和设备的最大效能。总之，一般应做好以下几方面的工作。

第一，设备与工具必须保持清洁，并定时严格消毒。例如，案板使用后，一定要进行清洗。一般情况下，要先将案板上的粉料清扫干净，再用水刷洗或用湿布将案板擦净即可。如案板上有较难清除的黏着物，切忌用刀用力铲，最好用水将其泡软后，再用面刮板将其铲掉。案板出现裂缝或坑洼时，需及时修补，避免积存污垢而不易清洗。

第二，生熟制品的工具必须严格分开使用，以免引起交叉污染，危害人体健康。例如，使用生馅和熟馅的工具必须分开放置。

第三，建立严格的养护制度，定时对设备与工具要定期检修，专门维护。例如，常用加工机械安全使用要注意以下几个方面：①定期加油润滑，减少机械磨损。如轧面机、和面机等要按时检查、加油。②电动机应置于干燥处，防止潮湿短路。机器开动时间不宜过长，长时间工作时应有一定的停机冷却时间。③机器不用时，应用布盖好，防止杂物和脏东西进入机器内部。④机器使用前，应先检查各部位是否完好、正常，确认正常后，再开机操作。⑤检修机器时，刀片、齿牙等小部件要小心拆卸、安装，拆下的或暂时不用的零件要妥善保存，避免丢失、损坏。

（四）规范制订，安全操作

安全操作必须做到以下几方面：第一，严格制订安全责任制度，加强安全教育；第二，掌握安全操作程序，思想重视，精神集中；第三，重视设备安全，使用安全防护装置。例如，面点厨房的设备工具要有专用制度，如案板不能兼作床铺或饭桌，屉布忌作抹布，各种盆、桶专用，不能兼作洗衣盆等。

复习思考题

1. 中式面点常用工具各有哪些？每一类各举一例介绍其功能。
2. 中式面点常用设备各有哪些？每一类各举一例介绍其功能。
3. 常见工具和设备的管理养护知识主要有哪些方面？

第三章

中式面点原料

> "巧妇难为无米之炊"，要做好面点的前提是得了解原料，掌握原料的特性，熟悉原料的使用和加工，这样才能有效地利用原料，达到事半功倍的操作效果。

第一节　坯皮原料

坯皮原料就是常常用来制作包馅面点品种的外皮原料，当然也不排除以下个别原料也可以用作包馅面点的馅心，例如，豆类原料中的红豆就经常用作熬制赤豆沙或制作蜜豆。

一、面粉类

常见面粉专指小麦面粉，由小麦加工而成，是制作西点的主要原料。由于小麦品种、种植地区、气候条件、土壤性质、日照时间和栽培方法的不同，小麦的质量也有所不同。在制粉时，又由于加工技术、设备等条件的影响，使面粉的化学性质和物理性质都存在一定的差别，面粉的吸水率、粗细度、色泽、面筋含量等都能影响面点的产品质量。

同时，由于面粉中含有淀粉和蛋白质等成分，它在制品中起着骨架作用，使面点制品在熟制过程中形成稳定的组织结构。

（一）按照用途不同分类

1. 专用面粉

专用面粉，俗称专用粉，是区别于普通小麦面粉的一类面粉的统称。所谓"专用"，是指该种面粉对某种特定食品具有专一性，专用面粉必须满足以下两个条件：一是必须满足面点的品质要求，即能满足面点的色、香、味、口感及外观特征；二是满足面点的加工工艺，即能满足面点的加工制作要求。

根据我国目前暂行的专用粉质量标准，可分为面包粉、面条粉、馒头粉、饺子粉、饼干粉、蛋糕粉和自发粉等。

2. 通用面粉

通用面粉是根据加工精度分类，主要根据灰分含量的不同分为特制一等、特制二等、标准粉和普通粉。

3. 营养强化面粉

营养强化面粉是指国际上为改善公众营养水平，针对不同地区、不同人群而添加不同营养素的面粉，例如增钙面粉、富铁面粉、"7＋1"营养强化面粉等。

（二）按照精度不同分类

1. 特制一等面粉

特制一等面粉又叫富强粉、精粉。基本上全是小麦胚乳加工而成。粉粒细，没有麸星，颜色洁白，面筋含量高且品质好（即弹性、延伸性和发酵性能好），食用口感好，消化吸收率最高，面粉中矿物质、维生素含量最低，尤其是维生素 B_1 远不能满足人体的正常需要。特制一等粉适于制作高档面点。

2. 特制二等面粉

特制二等面粉又称七五粉（即每 100kg 小麦加工出 75kg 左右小麦粉）。这种小麦粉的粉色白，含有很少量的麸星，粉粒较细，面筋含量高且品质也较好，消化吸收率比特制一等粉略低，但维生素和矿物质的保存率却比特制一等粉略高。适宜于制作中档面点。

3. 标准面粉

标准面粉也称八五粉。粉中含有少量的麸星，粉色较白，基本上消除了粗纤维和植酸对小麦粉消化吸收率的影响，含有较多的维生素、矿物质，但面筋含量较低且品质也略差，口味和消化吸收率也都不如以上两种面粉。日常供应的面粉基本上是标准粉。

（三）按蛋白质含量多少来分类

1. 高筋面粉

高筋面粉又称强筋面粉，颜色较深，本身较有活性且光滑，手抓不易成团状；其蛋白质和面筋含量高。蛋白质含量为 12％～15％，湿面筋值在 35％以上。高筋面粉适宜做馒头、起酥点心等。

2. 低筋面粉

低筋面粉又称弱筋面粉，颜色较白，用手抓易成团；其蛋白质和面筋含量低。蛋白质含量为 7％～9％，湿面筋值在 25％以下。英国、法国和德国的弱力面粉均属于这一类。低筋面粉适宜制作蛋糕、酥点、饼干等。

3. 中筋面粉

中筋面粉是介于高筋面粉与低筋面粉之间的一类面粉。色乳白，介于高、低筋粉之间，体质半松散；蛋白质含量为9%～11%，湿面筋值为25%～35%。美国、澳大利亚产的冬小麦粉和我国的标准粉等普通面粉都属于这类面粉。中筋面粉用于制作大部分面点。

二、米及米粉类

米类有粳米、籼米、糯米等，可直接做成米饭和粥，也可磨成米粉后使用。

（一）米类

1. 粳米

粳米米粒呈椭圆形，色泽蜡白，半透明，所含的蛋白质比小麦少，淀粉和脂肪等成分与小麦基本相同，但粳米所含的蛋白质主要是米谷蛋白、米胶蛋白和球蛋白，这些蛋白质不能形成面筋。

粳米的特点是硬度高，黏性低于糯米，胀发性大于糯米，粳米煮熟后口感黏韧，适合于做米饭、粥、寿司等面点品种。

2. 籼米

籼米形状细小，硬度大，黏性低于大米，胀发性也大，色泽灰白，一般多用于做米饭，磨成粉后可制作米线、米面皮子、水晶糕点等面点品种。

3. 糯米

糯米米粒呈椭圆状，黏性强，但胀发性小，糯米蒸熟后，口感黏滑，适合做五色糯米饭、荷叶糯米鸡等，糯米研磨成糯米粉，可制作成美味的元宵、汤圆、年糕等面点品种。

（二）米粉类

米粉是由稻米经加工而成的一种粉状物质，是制作粉团、糕点的主要原料。米粉可按以下标准来分类米粉、粳米粉、籼米粉以及干磨粉、湿磨粉、水磨粉等。

1. 按照米的种类分

（1）糯米粉　糯米粉又叫江米粉。依据米质不同又分为粳糯粉和籼糯粉两种。粳糯粉柔糯细滑，品质较好；籼糯粉性质粗糙，品质差。糯米粉的用途很广，制作出的成品黏糯、软滑，如拉糕、汤圆等。

（2）粳米粉　粳米粉的黏性仅次于糯米粉，通常将粳米粉与糯米粉依照一定的比例配合使用，制作各式面点。

（3）籼米粉　籼米粉的黏性小，涨性大，通常可制作水晶糕等面点。因其含支链淀粉的量较少，所以在特别条件下能够制作发酵面团，例如米饼等。

2．按照加工方法分

（1）干磨粉　即用各类米直接磨成的粉，其长处是含水量少，保管、运输方便，不易变质。缺点是粉质较粗，成品滑爽性差，口感欠佳。

（2）湿磨粉　制湿磨粉时，米要经过淘洗、涨发、静置、淋水等进程，直至米粒酥松后才能磨制成粉。湿磨粉优点是质感细腻，富有光泽，能制作高档糕点；缺点是含水量多，难储藏。

（3）水磨粉　米要经淘米、浸米、带水磨粉及压粉、沥水等工艺才能制成水磨粉。水磨粉优点是粉质细腻，成品柔软、吃口滑润；但是它含水量大，不宜久藏。

三、淀粉类

淀粉主要是指以谷类、薯类、豆类及各种植物为原料，不经过任何化学方法处理，也不改变淀粉内在的物理和化学特性而生产的原淀粉。下面主要介绍面点中常使用的各种淀粉原料。

（一）玉米淀粉

玉米淀粉又叫玉米粉、粟米淀粉、粟粉、生粉，是从玉米粒中提取出的淀粉。而在面点制作过程中，在调制面点面糊时，有时需要在面粉中掺入一定量的玉米淀粉。玉米淀粉水溶液加热至72℃时即开始糊化产生胶凝特性，在做馅心时也会用到，如卡士达酱或奶油布丁馅。另外，玉米淀粉按比例与中筋粉相混合是蛋糕粉的最佳替代品，用以降低面粉筋度，增加蛋糕松软口感。

（二）土豆淀粉

土豆淀粉又称太白粉，土豆淀粉的含量非常高，在64℃条件下，土豆淀粉开始膨胀可以吸收比其自身的质量多398～598倍的水分。加水遇热会凝结成透明的黏稠状，也经常用于三色糕或蛋糕中，可增加产品的湿润感。

（三）小麦淀粉

小麦淀粉又叫澄粉，它是从小麦中提取淀粉制成的，松散缺乏黏性，需要73℃以上的热水把澄粉中的淀粉糊化，才可以同其它面粉结合起来，澄粉面团常用来做水晶虾饺、水晶烧卖等，成品晶莹剔透。可以代替玉米淀粉使用。

（四）莲藕淀粉

莲藕淀粉简称藕粉，它是久负盛誉的传统滋养食品，营养价值高，药疗作用好，而且制成方便食品后食用简易，一冲就可食用，且味道鲜美，老少皆宜。它是用鲜藕经过磨浆、洗浆、漂浆、沥干、烤制等工序制作而成，可以制作特色点心，如藕粉圆子，以及作为稠化剂使用。

（五）荸荠淀粉

荸荠淀粉又称马蹄粉，是由生荸荠加工而成的。其粉质细腻，结晶体大，味道香甜，可以做成马蹄糕、马蹄羹及其它面点品种。

（六）山药淀粉

山药淀粉是从鲜山药中提取出来的淀粉，具有聚合度低、分子量小、支链淀粉含量高、易糊化、吸水膨胀性强等特性。其水溶液加热糊化后，透明度不高，糊的热稳定性比较好，可以与面粉等搭配制作一些特色点心，如山药糕等。

（七）紫薯淀粉

紫薯淀粉以紫薯为原料，经过加工而成，营养丰富，具有特殊保健功能。紫薯淀粉在酸性环境中偏红，在碱性环境中偏蓝，这是因为紫薯中含有花青素。紫薯淀粉的糊化温度高，膨胀度和溶解度在各温度下都比其它淀粉低，所以食用起来口感比较沙，不太糯，食味较淡。尽管如此，紫薯淀粉本身含有的营养成分和色泽，使之成为面点行业的新宠。

（八）菱角淀粉

菱角淀粉由质量好的菱角（含淀粉 50% ~ 60%）加工制作而成。在各种淀粉中，菱角淀粉品质比较好，颜色洁白，富有光泽，细腻光滑，黏性大，但吸水性较差。主要与面粉搭配制作一些面点品种。

（九）木薯淀粉

木薯淀粉是以木薯为原料提取而成。木薯淀粉无异味，口味平淡，广泛应用于点心配方中，例如焙烤制品，也应用于制作挤压成型的小食品和木薯粒珠。

（十）葛根淀粉

葛根淀粉是由从葛根提取而来的，其生产一般经过清洗、粉碎磨浆、筛分（过滤、离心或沉淀）、脱水、干燥等工序。葛根淀粉不溶于冷水，在热水中溶胀，蒸煮后淀粉糊黏性很大，似糯米汁状，常用于羹、冻等面点品种。

四、杂粮类

杂粮通常是指水稻、小麦等主食以外的粮食作物。

（一）玉米

玉米又称粟米，其含有蛋白质、淀粉、脂肪等。玉米粉韧性差，松而发硬，可以单独制作面点，也可与面粉掺和后，制成各种发酵面点。

黄色的玉米粉是玉米直接研磨而成，非常细的粉末称为玉米面粉，颜色淡黄。粉末状的黄色玉米粉在饼干类的使用上比例要高些；另一种细颗粒状的玉米粉称为 Corn Meal，细颗粒状的玉米粉大多用作杂粮口味的馒头、面包或糕点，它也常用来撒在烤盘上，作为面团防粘之用。

（二）小米

小米亦称粟米，古代叫禾，原产于中国北方黄河流域，是中国古代的主要粮食作物，因其粒小，直径约 1.5mm，因此得名。是中国古代的"五谷"之一，也是北方人喜爱的主要粮食之一。小米分为粳性小米、糯性小米和混合小米。

（三）荞麦

荞麦最早起源于中国，栽培历史非常悠久，东北、青藏高原、蒙古高原和西南各地区广泛分布着野生荞麦。荞麦食味清香，荞麦面点是直接利用荞米和荞麦面粉加工的。荞米常用来做荞米饭、荞米粥和荞麦片。荞麦粉可制成面条、烙饼、面包、糕点、荞酥、凉粉等民间风味点心。

（四）莜麦

莜麦是禾本科、燕麦属一年生草本植物，我国西北、西南、华北等地有栽培。莜麦是世界公认的营养价值很高的粮种之一。

莜麦磨成粉就是莜面。吃莜面，第一印象就是有一股说不出的怪味。因莜麦缺少麦谷蛋白与麦胶蛋白，所以黏结力与弹性均较差，莜麦粉不能制作面包、馒头、花卷等发酵点心。它是要搓成薄片或细条，搁在笼屉上蒸熟，佐咸汤或酱油、醋等食用。

（五）高粱

高粱子粒呈椭圆形、倒卵形或圆形，大小不一，呈白、黄、红、褐、黑等颜色。粳性高粱米可制作干饭、稀粥等；糯性高粱米磨成粉后，可制作糕、团、饼等点心。

（六）豆类

豆的种类较多，用来制作面点的主要有红豆、绿豆、黄豆等。

1. 红豆

红豆又叫红小豆，色泽红紫，以颗粒大、皮薄的为佳，反之则较次。红豆质地软糯、沙性大，可做红豆汤，豆沙馅等，是制作甜馅面食用得较多的一种原料。

2. 绿豆

品种很多，以色绿、富有光泽、粒大整齐的为佳，可做绿豆汤、绿豆沙，可以直接与米面类掺和制成食品，也可加工成粉再制作面点。

3. 黄豆

黄豆粉黏性差，与其它粉类掺和使用可制作点心，或作为粘粉制作特色点心，如驴打滚等。

五、其它类

其它类主要包括根茎类、果蔬类等原料。

（一）根茎类

根茎类有马铃薯、山药、红薯、芋头等。

1. 马铃薯

马铃薯又称土豆，煮熟去皮后捣碎成泥，可以制作炸类点心，与面粉、米粉等趁热揉制，可制作多种面点。

2. 山药

山药色白细软，黏性很大，可单独食用，也可以蒸熟去皮加工成泥掺入白糖进行炒制，做制品的围边。

3. 红薯

红薯既能作主食，又可蒸熟后去皮，加工成泥与其它粉掺和制作点心，还可制作淀粉等。

4. 芋头

芋头蒸熟后去皮加工成泥可作面点馅心，也可以做特色点心。

（二）果蔬类

果类主要有荸荠、莲子、菱角、板栗等含有淀粉成分的原料，直接制成粉料或蓉泥后与其它原料如面粉、澄粉、猪油等掺和调制成面团，制作各式中式特色面点品种，例如马蹄糕、板栗糕等。

第二节　制馅原料

一般说来，凡可烹制菜肴的原料，均可用来制作馅心，但是，在选料时必须根据原料的特点和品种的要求，合理选择。

一、咸味馅料

（一）肉品类

一般家畜、家禽都可作为制馅原料。目前，畜肉在我国使用较广泛的是猪、牛、羊肉等，家禽制作馅心常选用当年的幼禽，如仔鸡等。

1. 猪肉

猪肉一般选择黏性较大、吸水力强、肥少瘦多的部位，如五花肉、夹心肉等，这样肥瘦均匀，制成馅心才能鲜嫩多汁；如果选择后臀肉，要适当配些猪肥膘肉，使肥瘦比例适当，改善猪肉馅心的口感。

2. 牛肉

牛肉选料时，以肥嫩无筋的部位为好，这样使馅心容易成熟，而且鲜嫩汁多，肥而不腻。

3. 羊肉

羊肉选料时，也以膻味少、肥嫩无筋的部位为好，以保证馅心味正鲜嫩。

4. 鸡肉

鸡肉味道鲜美，是调制三鲜馅的原料之一，例如，扬州三丁包所用的三丁馅；制作时宜择选当年的仔母鸡，用其鸡腿肉、鸡脯肉等肉多的部位。

（二）水产类

凡新鲜水产品，如鱼、虾、蟹、贝、参等都可用于制馅。

1. 鱼肉

鱼肉做馅心，应选用条大、肉厚、刺少的青鱼、草鱼、鳜鱼等，但对于刺多的刀鱼，需要仔细地将骨刺加工剔除，然后斩成泥，供包馅使用。对于河鲀，一般要选择人工养殖的去毒品种，规范加工做馅。

2. 虾仁

对虾、青虾、红虾、草虾等虾的肉仁均可使用，但要选用新鲜、色青白、有弹性的鲜活虾仁。色泽发红或发暗，外表有黏液的则不宜作馅。

3. 蟹肉

一般选择海蟹、河蟹，去壳后剥出蟹肉与蟹黄，再加工成馅，味道鲜美，但一定要选用新鲜的螃蟹加工，防止食物中毒。

4. 贝类

凡是新鲜的贝类水产品均可做馅，口味别具一格。例如文蛤馅、鲜贝馅等。

5. 海参

海参一般不单独做馅，常与虾仁一起，分别与猪肉、鸡肉等制成肉三鲜、鸡三鲜和海三鲜等馅。

（三）蔬菜类

蔬菜类品种多，有叶菜类、根茎、瓜类、茄果类等，宜选择时令蔬菜，以质嫩、新鲜的为好，用其最佳部位，而且加工时蔬菜类必须去根、摘老叶，取菜的嫩叶，以保证成品的质量。有些原料的水分含量过多或异味太浓，必须经过焯水、去异味等过程。

二、甜味馅料

（一）水果类

常用的新鲜水果有桃、李、杨梅、橘子、苹果、杏、凤梨等。甚至像榴莲这样气味比较特别的水果都可以用来做馅心，例如榴莲酥、榴莲蛋糕、榴莲月饼等。

（二）干果类

常用来制馅的干果有核桃仁、莲子、栗子、芝麻、花生、瓜子仁、松子仁、桂圆、荔枝、杏仁、乌枣、红枣等。还有近几年流行的开心果、榛子仁、巴旦木等都可以做馅心。

（三）蜜饯类

常用的蜜饯品种有蜜枣、苹果脯、橘饼、瓜条、葡萄干、青梅等，适用于很多传统的面点品种，例如月饼、糕类等。

（四）鲜花类

鲜花类原料有味香料美的特点，用以配制馅心，可提高成品的味道，使之清香适口。常用的鲜花有玫瑰、桂花、茉莉、白玉兰、荷花等。

三、其它馅料

除了咸馅和甜馅原料之外，还有一些其它原料常常用来制作馅心的，例如豆制品中豆腐、豆腐干、豆腐皮、腐竹、素鸡等，都是制作素馅的上选原料。

第三节　调辅原料

在面点的制作中除使用各种主料以外，为了让面点的口味更加鲜美，还时常使用各种调辅原料。

一、调味原料

（一）咸味类

盐是指食盐，除了用来调制馅心外，也可以用来调制面团。面团中加入盐，可提高面筋的吸水性能，增强面筋的弹性与强度，使之质地紧密，从而使面团在延伸或膨胀时不易断裂；面团中加入少许盐后，组织变得细密，面团颜色发白并具有光泽；同时，在发酵面团中加入少许盐，可提高面团保持气体的能力，加快发酵速度，但不可过多，否则会影响面点的口味。

1. 盐

食盐是指来源不同的海盐、井盐、矿盐、湖盐、土盐等。它们的主要成分是氯化钠，国家规定井盐和矿盐的氯化钠含量不得低于95%。食盐中含有钡盐、氯化物、镁、铅、砷、锌、硫酸盐等杂质。面点中使用的食盐都是国家统一生产和销售的粉洗盐为多。

2. 生抽

生抽是酱油的一种，是以大豆或黑豆、面粉为主要原料，人工接入种曲，经天然露晒、发酵而成的，颜色比较淡并且呈红褐色。

生抽用来调制馅心，主要是调味，色泽淡雅醇香，酱香浓郁，味道鲜美。

3. 老抽

老抽是在生抽的基础上加入焦糖，经特殊工艺制成的浓色酱油，适合肉类增色作用。老抽是做菜中必不缺少的调味品。在菜品中加入老抽可以改善口感和增加色彩。

（二）甜味类

制作面点常用的甜味原料，主要为糖类，常见的有食用糖、饴糖两类，此外还有蜂蜜、葡萄糖浆和糖精等。糖不仅是一种甜味调料，同时也有助于改善面团质量，调制面团时掺和适量的糖类，可以增加成品的甜美滋味，提高成品的营养价值，改善面点的色泽，使面点表面光滑，在装饰面点表面花色时，糖还能起到调色定型的作用。

1. 食用糖

食用糖是从甘蔗、甜菜中提取糖分制成的，食用糖按色泽区分，可分为红糖、白糖两类，按形态和加工程度的不同，又可分为白砂糖、绵白糖、冰糖、方糖、红糖。

（1）白砂糖　白砂糖是食糖的一种。其颗粒为结晶状，均匀，颜色洁白，甜味纯正。

（2）绵白糖　绵白糖简称绵糖，是我国人民比较喜欢的一种食用糖。它质地绵软、细腻，结晶颗粒细小，并在生产过程中喷入了 2.5% 左右的转化糖浆。而白砂糖的主要成分是蔗糖，故绵白糖的纯度不如白砂糖高。

（3）冰糖　冰糖是白砂糖精炼而成的冰块状结晶，由于其结晶如冰状，故名冰糖，也叫"冰粮"。自然生成的冰糖有白色、微黄、淡灰等色，是由蔗糖加上蛋白质原料配方，经再溶、洁净处理后重结晶而制得的大颗粒结晶糖，有单晶体和多晶体两种，呈透明或半透明状。此外市场上还有添加食用色素的各类彩色冰糖（主要用于出口）。

（4）方糖　方糖是白砂糖的再制品，甜味纯正，多用于制馅和做高级冷点。

（5）红糖　红糖指甘蔗经榨汁、浓缩形成的带蜜糖。一般分为赤砂糖和绵红糖，赤砂糖和绵红糖含杂质较多，使用前多需溶成糖水，滤去杂质。

2. 饴糖

饴糖也叫糖稀、米稀，是由淀粉经过淀粉酶水解制成，饴糖的主要成分是麦芽糖和糊精，色泽淡黄，质透明，呈浓厚黏稠的浆状，甜味较淡，饴糖可代替部分食用糖使用，能改善面点的色泽，其润滑性和抗晶性良好，是面筋的改良剂，可使面点质地均匀。

3. 蜂蜜

蜂蜜通常是透明或半透明黏稠液体，带有花香味，一般多用于制作特色糕点。

4. 葡萄糖浆

葡萄糖浆也称淀粉糖浆、液体葡萄糖等，主要成分是葡萄糖，还含有部分麦芽糖和糊精，为无色或淡黄色透明度浓稠液。

5. 桂花酱

桂花酱主要是指用糖腌制的"糖桂花"，它是用鲜桂花、白砂糖和少许盐加工而成，广泛用于汤圆、麻饼、糕点、蜜饯、甜羹等糕饼和点心的辅助原料，也作为馅心调味之用，色美味香。

6. 果酱

果酱是把水果、糖及酸度调节剂混合后，用超过 100℃温度熬制而成的凝胶物质，也叫果子酱，例如苹果酱、蓝莓酱、草莓酱等。

（三）酸味类

1. 醋

醋又称食醋，是一种含醋酸的酸性调味料。醋有陈醋、香醋、麸醋、白醋、果汁醋、蒜汁醋、姜汁醋、保健醋等，是面点中常用的一种液体酸味调味料。按照食醋生产方法可分为酿造醋和人工合成醋。酿造醋，是以粮食、糖、乙醇为原料，通过微生物发酵酿造而成。人工合成醋是以食用醋酸，添加水、酸味剂、调味料、香辛料、食用色素勾兑而成。

2. 柠檬汁

柠檬汁是新鲜柠檬经榨挤后得到的汁液，酸味极浓，伴有淡淡的苦涩和清香味道。柠檬汁含有糖类、维生素 C、维生素 B_1、维生素 B_2、烟酸、钙、磷、铁等营养成分。柠檬汁为常用调味品，常用于面点的制作中。

（四）辣味类

1. 葱

葱为百合科葱属多年生草本植物，可分为普通大葱、分葱、胡葱和楼葱。葱富含葱蒜辣素和硫化丙烯，能除腥增香，促进消化液分泌，让人食欲大增，多用于面点调味点缀或馅心调味。

2. 生姜

生姜是姜科姜属的多年生草本植物的新鲜根茎，其根茎肉质、肥厚、扁平，有芳香和辛辣味。在面点中生姜除了作调味料之外，还适合与苹果和香蕉搭配食用。新鲜生姜的味道比干生姜和生姜粉要强烈，干生姜和生姜粉只是作为替代品使用。生姜粉在西方国家食用广泛，常用来为蛋糕、姜饼和蜜饯等提味。

3. 大蒜

大蒜又叫蒜头、大蒜头、胡蒜、独头蒜，是蒜类植物的统称。半年生草本植物，百合科葱属，以鳞茎作调味料。大蒜的品种照鳞茎外皮的色泽可分为紫皮蒜与白皮蒜两种。紫皮蒜的蒜瓣少而大，辛辣味浓，产量高，多分布在华北、西北与东北等地，耐寒力弱，多在春季播种，成熟期晚；白皮蒜有大瓣和小瓣两种，辛辣味较淡，比紫皮蒜耐寒，多秋季播种，成熟期略早。

4．胡椒粉

胡椒粉，亦称古月粉，由热带植物胡椒树的果实碾压而成。胡椒粉含有的特殊成分使胡椒具有特有的芳香味道，还有苦辣味，成为百姓欢迎的具有辣味的调味品。

胡椒粉分白胡椒粉和黑胡椒粉两种，白胡椒粉为成熟的果实脱去果皮的种子加工而成，色灰白，种仁饱满，气味较浓，品质较好；黑胡椒粉是未成熟而晒干的果实加工而成，果皮皱而黑，气味较淡。

5．辣椒粉

辣椒粉是红色或红黄色，油润而均匀的粉末，是由辣椒碾细而成的混合物，具有辣椒固有的辣香味。

（五）鲜味类

1．蚝油

蚝油是用蚝熬制而成的调味料。蚝油是广东常用的传统鲜味调料，也是调味汁类最大宗产品之一。蚝油味道鲜美、蚝香浓郁、黏稠适度，营养价值高，常用于面点调味。

2．味精

味精是调味料的一种，主要成分为谷氨酸钠，主要作用是增加食品的鲜味。目前我国生产的味精从结晶形状分有粉状结晶或柱状结晶；根据谷氨酸钠含量不同分为60%、80%、90%、95%、99%等不同规格，其中以80%及99%两种规格最多。

3．鸡精

鸡精是在味精的基础上加入化学调料制成的。由于核苷酸带有鸡肉的鲜味，故称鸡精。鸡精中除含有谷氨酸钠外，更含有多种氨基酸。它是既能增加人们的食欲，又能提供一定营养的家常调味品。

（六）其它类

1．料酒

料酒是烹饪用酒的称呼，其酒精浓度低，含量在15%以下，而酯类含量高，富含氨基酸。其调味作用主要为去腥、增香。料酒的成分主要有黄酒、糖分、有机酸类、酯类、醛类、杂醇油及浸出物等。

2. 五香粉

五香粉的基本成分是磨成粉的花椒、肉桂、八角、丁香、小茴香籽。有些配方里还有干姜、豆蔻、甘草、胡椒、陈皮等，主要用于拌馅。

3. 十三香

"十三香"又称十全香，就是指13种各具特色香味的中草药物，包括紫叩、砂仁、肉蔻、肉桂、丁香、花椒、大料、小茴香、木香、白芷、山奈、良姜、干姜等，主要用于拌馅。

4. 可可粉

从可可树结出的豆荚（果实）里取出的可可豆（种子），经发酵、粗碎、去皮等工序得到的可可豆碎片（通称可可饼），由可可饼脱脂粉碎之后的粉状物，即为可可粉。可可粉按其含脂量分为高、中、低脂可可粉；按加工方法不同分为天然粉和碱化粉。可可粉具有浓烈的可可香气，可用于制作面点。

5. 玫瑰露

玫瑰花性甘微苦、温、无毒，有理气解郁、活血散淤的功效。自古就用蒸馏的方法把玫瑰制成玫瑰露，气味芬芳，可用于一些糕点增香。

6. 海鲜酱

海鲜酱是一种调味品，主要材料有白砂糖、黄豆、小麦粉、食用盐、小麦粉、酿造食醋、脱水大蒜、盐渍辣椒、黄原胶、红曲米等。海鲜酱能够抑腥提鲜，是制作馅心上选调料。

7. 柱侯酱

柱侯酱，相传是由佛山厨师梁柱侯创制，色泽红褐，豉味香浓，入口醇厚，鲜甜甘滑，适于鸡、鸭、鱼肉等馅心调味。

8. 叉烧酱

叉烧酱是增鲜加味的调味品，酱香浓郁，香甜鲜美，风味独特，可用于点醮、拌面、就饭、做包子馅。

二、辅助原料

面点花样的变化，除了靠主料和制馅原料的变化外，还要靠水、蛋品、油脂、乳品等辅助原料的使用。

（一）水

面点制作用水的频率是很高的，水不仅可以调节面团的软硬，便于淀粉膨胀和糊化，而且促进面粉中的面筋生成；促进酶对蛋白质和淀粉的水解，生成利于人体吸收的多种氨基酸和单糖；调节面团的温度，便于酵母的迅速生长和繁殖；溶解盐、糖及其它可溶性原料；熟制时作为传热介质。制品本身含一定量水分，可使其柔软湿润。

日常生活中的水可分为软水和硬水，溶有较多可溶性钙、镁和铁盐的水叫做硬水。水中含有的 Ca^{2+}，Mg^{2+} 等离子的总浓度称为硬度。

水质过硬虽有助于面筋的生成，但这种面筋极强的面团会影响发酵面团的发酵速度，使之迟缓，并且使面点成品口感粗糙，因为水的硬度过大，会降低蛋白质的溶解，使面筋趋硬而变脆；水质过软，虽有利于面粉中蛋白质和淀粉的吸水胀润，可促进淀粉的糊化，但又极不利于面筋生成；极软水能使面筋质趋于柔软发黏，从而降低面筋的韧性，使发酵达不到正常标准，这样面点成品的质量就不符合要求。

（二）蛋品

蛋品在面点制作中用途很广，除了可以作为馅心的主料外，还可以增加面点的香味和改善面点的色泽，并能保持制品的松软性。蛋品还能改进面团的组织，使制品特别是蛋糕类制品体积增大，膨松柔软。

1. 鸡蛋

鸡蛋又名鸡卵、鸡子，是母鸡所产的卵。其外有一层硬壳，内则有气室、卵白及卵黄部分。富含胆固醇，营养丰富，一个鸡蛋重约 50g，含蛋白质 6～7g，脂肪 5～6g。鸡蛋蛋白质的氨基酸比例很适合人体生理需要，易为机体吸收，利用率高达 98% 以上，营养价值很高，是人类常食用的食物之一。鸡蛋在面点制作中，可以做馅心、调制面团或面糊。

2. 鸭蛋

鸭蛋，又名鸭卵，为鸭科动物家鸭的卵，主要含蛋白质、脂肪、钙、磷、铁、钾、钠等营养成分。鸭蛋，尤其是咸鸭蛋黄部分，常常用来制作馅心。

（三）乳品

乳品在面点制作中的作用是增加营养价值，并使制品具有独特的乳香味和组织结构。乳品具有良好的乳化性能，加入面团后能改进面团的胶体性质，促进面团中油与水的乳化，增加面团保持气体的能力，使制品膨松、柔软、可口。同时，乳品也能调解面筋的胀润度，使面团不收缩，因而可使制品表面有光泽，形态正常，色泽理想，酥性良好。此外，面团加入乳品后，制品在一定时间内不会发生"老化"现象。因此，乳品常用于制作高级点心。

面点制作中常用的乳品有鲜牛奶、炼乳、奶粉、酸奶和奶酪等。

1. 牛奶

牛奶是最古老的天然饮料之一，含有丰富的营养成分。牛奶是人体钙的最佳来源，而且钙磷比例非常适当，利于钙的吸收。

2. 炼乳

炼乳是一种牛奶制品，用鲜牛奶经过消毒浓缩制成。炼乳加工时由于所用的原料和添加的辅料不同，可以分为加糖炼乳（甜炼乳）、淡炼乳、脱脂炼乳、半脱脂炼乳、花色炼乳、强化炼乳和调制炼乳等。我国以前主要生产甜炼乳和淡炼乳。

3. 奶粉

奶粉是以新鲜牛奶为原料，用冷冻或加热的方法，除去乳中几乎全部的水分，干燥后添加适量的维生素、矿物质等加工而成的食品。奶粉容易冲调，方便携带，营养丰富，可以代替牛奶来加工面团等。

4. 酸奶

酸奶是以牛奶为原料，经过巴氏杀菌后再向牛奶中添加有益菌（发酵剂），经发酵后，再冷却灌装的一种牛奶制品。酸奶不但保留了牛奶的优点，而且某些方面经加工过程还扬长避短，成为更加适合于人类的营养保健品。

5. 奶酪

奶酪，又称干酪，是一种发酵的牛奶制品，其性质与常见的酸牛奶有相似之处，都是通过发酵过程来制作的，也都含有可以保健的乳酸菌，但是奶酪的浓度比酸奶更高，近似固体食物。

（四）油脂

油脂既可以用来调馅，同时也可以用来调制面团，除油酥面团外，在面点成型和熟制过程中也经常使用油脂。调馅时加入油脂，可使色泽鲜亮，增强柔软性，增加营养价值；调制面团时加入油脂，可制成品油酥面团，用来制作具有层次和酥松性的面点，但油脂用量不宜过多，因为油脂在面团调制过程中会使面粉颗粒和酵母细胞外层包一层油膜，使面粉的吸水率降低，从而影响面筋的胀韧度和酵母的发酵作用；在面点成形过程中，适当使用一些油脂，能减弱面团的粘连性，便于操作；在熟制过程中，不管是油炸还是刷油烙，不同的面点要利用不同油温的传热作用，可使成品产生香、脆、酥、松等味道和质地。

在面点制作中常用的油脂有动物油和植物油两类。

1. 植物油脂

植物油主要有豆油、花生油、香油、玉米油、葵花子油、菜子油、茶油、椰子油、米糠油、棉子油和氢化油等。在植物油当中，以香油、豆油和花生油使用频率最高。

（1）豆油　豆油是从大豆中提取出来的油脂，具有一定黏稠度，呈半透明液体状，其颜色因大豆种皮及大豆品种不同而异，从浅黄色至深褐色，具有大豆香味。

（2）花生油　花生油淡黄透明，色泽清亮，气味芬芳，滋味可口，是一种比较容易消化的食用油。

（3）香油　香油，也被称为芝麻油、麻油，是从芝麻中提炼出来的，具有特别香味，故称为香油。

（4）玉米油　玉米油又叫粟米油、玉米胚芽油，它是从玉米胚芽中提炼出的油。玉米胚芽脂肪含量在17%～45%之间，大约占玉米脂肪总含量的80%以上。玉米油中的脂肪酸特点是不饱和脂肪酸含量高达80%～85%。

（5）葵花子油　葵花子油颜色金黄，澄清透明，气味清香，是一种重要的食用油。它含有大量的亚油酸等人体必需的不饱和脂肪酸，是一种高级营养油。

（6）菜子油　菜子油就是我们俗称的菜油，又叫油菜子油，是用油菜子榨出来的一种食用油，是我国主要食用油之一。

（7）茶油　茶油，又名山茶油、山茶子油，是从山茶科山茶属植物的普通油茶成熟种子中提取的高级食用植物油，色泽金黄或浅黄，品质纯净，澄清透明，气味清香，味道纯正。

（8）椰子油　椰子油别名椰油，由椰子肉（干）获得，为白色或淡黄色脂肪。

（9）米糠油　米糠油是由稻谷加工过程中得到的副产品米糠，用压榨法或浸出法制取的一种稻米油。米糠油是一种营养丰富的植物油，食后吸收率达90%以上。由于米糠油本身稳定性良好，适合作为煎炸用油，还可制作人造奶油、起酥油以及高级营养油等。

（10）氢化油　氢化油，也被叫作植物奶油、植物黄油、植脂末。其外形、颜色和奶油相似，是人工配制的脂肪，制出的成品柔软且有弹性，常用于制作糕点，但香味较奶油差。目前，在面包、蛋糕和饼干等食品焙烤领域广泛使用。

2. 动物油脂

动物油主要有猪油、奶油、黄油等，其中猪油用途较为广泛，色白，味香，杂质少；面点加奶油制出的成品比较柔软，有特殊香味，容易消化，而且富有弹性，不容易硬化，常用于制作高级糕点；此外，有一些糕点的制作会选用牛油或羊油，但因牛油和羊油含脂肪酸较多，质量不如猪油，且有异味，使用频率不如猪油那么高。

（1）猪油　猪油，也称为荤油或猪大油。它是从猪肉提炼出来，初始状态是略带黄色、半透明液体的食用油，常温下为白色或浅黄色固体，具有猪油的特殊香味，深受人们欢迎。猪油的乳化性能比较好，在面点中常常用来制作各种油酥类点心。

（2）奶油　奶油又称淇淋、激凌、克林姆，是从牛奶中提取的黄色或白色脂肪性半固体食品。它是由未均质化之前的生牛乳顶层的牛奶脂肪含量较高的一层制得的乳制品。

　　刚刚经过分离出来的奶油称之为稀奶油 (cream)，里面的含脂率在 10% 左右，然后经过杀菌冷却，可以作为一种食品添加剂来使用，增加面点产品的风味。稀奶油经过再次分离或浓缩，将脂肪控制在 35% 左右，经过杀菌冷却，就是通常所说的打发稀奶油或者发泡稀奶油（whipping cream)，一般用于蛋糕制作时打发奶泡用。市售一般用塑料桶或屋顶包或无菌纸盒包装。

　　（3）黄油　黄油是从奶油中产生的，将奶油进一步用离心器搅拌就得到了黄油，黄油里还有一定的水分，不含乳糖，蛋白质含量也极少。黄油与奶油的最大区别在于成分，黄油的脂肪含量更高。优质黄油色泽浅黄，质地均匀、细腻，切面无水分渗出，气味芬芳。在面点中也常常用来制作油酥类点心。

第四节　食品添加剂

　　面点中往往要加入一些添加剂，如膨松剂、香精和色素，使面点质地膨松、色泽更加艳丽和增加面点的香味。

一、膨松剂

　　膨松剂是调制发酵面团的重要原料，在面团中加入膨松剂，可使面团组织膨松胀大，使面点口感松软，膨松剂大体上可分为生物膨松剂和化学膨松剂两类。

（一）生物膨松剂

1. 酵母

酵母可分为液态鲜酵母、压榨鲜酵母和活性干酵母三种。

液态鲜酵母含水量在 90% 左右，发酵力较强，但容易酸败变质，制好后要立即使用。

压榨鲜酵母即浓缩成块状的鲜酵母，含水量在 75% 左右，发酵力强而均匀，但也容易酸败，特别是在夏天，必须放入冷藏保存。

活性干酵母是经过脱水的粒状酵母，含水量仅 10% 左右，不易酸败，但发酵力较弱，使用时须经过溶于温水，加入饴糖的培养过程，才能恢复繁殖性能。

2. 面肥

面肥即酵面团、酵种、老肥，是面点制作中发酵面点的传统发酵原料，面肥内除含有酵母外，还含有很多的醋酸菌等杂菌，在发酵过程中，杂菌繁殖产生酸味，所以，采用面肥发酵的方法，发酵后必须加入碱来中和，以减弱面团的酸味。

（二）化学膨松剂

化学膨松剂有发粉和矾碱盐两类，发粉又可分为泡打粉、氨粉（即臭粉）、小苏打粉等几种。矾碱盐等添加剂中，矾通常指的是明矾，近年来已不提倡使用；碱常常指的是食碱，在下面其它类中介绍；盐指的是食盐，在调味料中已作介绍。

1. 泡打粉

泡打粉是一种复合膨松剂，由苏打粉添加酸性材料，并以玉米粉为填充剂制成的白色粉末，又称为发泡粉和发酵粉。泡打粉是一种快速发酵剂，主要用于面点制品之快速发酵。在制作蛋糕、发糕、包子、馒头、酥饼、面包等食品时用量较大。

在面点制作过程中先将所要制取的面粉（或其它粮食粉类）按 $2\% \sim 3\%$ 泡打粉的比例拌和均匀（过量加入泡打粉会导致食物味苦），然后放入适量温水或冷水揉搓或搅拌，给予一定的发酵时间，即可进取蒸、烘、烤、煎等方法制作成各式面点品种。

2. 氨粉

氨粉又名臭粉，也有许多人叫它阿摩尼亚，主要成分为碳酸氢铵，用在需膨松的点心之中，面包、蛋糕中几乎不用。氨粉在加热时才产生气体，产物是氨气。由于氨气在水中的溶解度较大（1 体积的水能溶解 700 体积的氨气），如果碳酸氢铵用在水蒸面点产品里的话，会使成品有股氨臭味，所以，一般用在油炸面点中，因为氨气在高温下易于挥发。

3. 小苏打

小苏打也叫食粉，化学名称叫碳酸氢钠，碱性，是通过受热分解产生二氧化碳气体使面团膨松，属于化学反应。它的俗称也叫"焙烧苏打"，能与酸中和，消除酵面中的酸味，所以适合用在可可、巧克力这样的酸性原料的点心里。

二、香料类

香料类常常用到是香精。香精是用多种香料调和而成的，有天然香精和合成香精之分。

（一）天然香精

天然香精是一种香料的混合物，代表了该种动植物的香气，可以直接用于加香面点产品中，但由于受到品种、产地、生产季节等的影响，天然动植物香料产量比较少，不能满足市场的需求；而且天然动植物香料一般价格都较贵，如果直接用于加香面点产品中，成本高，市场难以接受；加之芳香植物在加工处理过程中部分芳香成分被破坏或损失，所以通常天然香料不直接用于加香面点产品。

（二）合成香精

合成香精为人工合成的，品种多，产量大，成本低，弥补了天然香料的不足，增大了芳香物质的来源，但合成香精是单体香料，其香气比较单一，目前，市场上常见的香精有香草、薄荷、可可、柠檬、椰子、杏、桃、菠萝、香蕉、苹果、玫瑰、杨梅、山楂等多种多样香型的品种。

三、色素类

色素是给面点增加颜色的辅料，有天然色素和合成色素之分。

（一）天然色素

天然色素是由天然资源获得的食用色素，主要从动物和植物组织及微生物（培养）中提取，其中植物性着色剂占多数。天然色素不仅具有给面点着色的作用，而且相当部分天然色素具有生理活性。

按来源可分为植物色素（如叶绿素等）、动物色素（如紫胶红等）、微生物色素（如红曲色素等）。此外，它还可包括某些无机色素。

常见的天然色素有焦糖色素、胭脂树橙色素、红曲色素、栀子黄色素、辣椒红色素和姜黄色素等。天然色素能更好地模仿天然物的颜色，色调较自然，但成本较高，保质期短。

此外，自制天然色素是比较健康的，比如菠菜汁、胡萝卜汁、芹菜汁、苋菜汁、南瓜泥等，加入面粉中和成各种颜色的面团，可制作各种好吃又好看的面点。

（二）合成色素

合成色素多以煤焦油为原料制成，通称煤焦色素或苯胺色素。这类色素的特点是色泽鲜艳，着色力强，色调多样，成本低廉，但有的具有一定的毒性，在生产过程中可能混入有毒杂质，故有逐步被天然食用色素取代的倾向。合成食用色素中砷及重金属含量不得超限。

目前国内使用的较多的合成色素有 9 种，包括苋菜红、胭脂红、新红、柠檬黄、日落黄、靛蓝、亮蓝、赤藓红、诱惑红等。常见使用量为 0.05 ～ 0.10g/kg。

四、其它类

（一）食碱

食碱就是苏打，学名碳酸钠。苏打是 soda 的音译，俗名除叫苏打外，又称纯碱或苏打粉。无水碳酸钠是白色粉末或细粒，易溶于水，水溶液呈碱性。它有很强的吸湿性，在空气中能吸收水分而结成硬块。在发面的过程中会有微生物生成酸，面团发起后会变酸，必须加食用碱（碳酸盐）中和酸，才能制作出美味的面食。

（二）枧水

枧水，也称碱水，或称食用枧水，是一种复配食品添加剂，广式糕点常见的传统辅料。其主要成分为碳酸钾和碳酸钠，但一般情况下都加入10%的磷酸盐或聚合磷酸盐，以改良保水性、黏弹性、酸碱缓冲性。

（三）吉士粉

吉士粉是一种香料粉，浅黄色或浅橙黄色，具有浓郁的奶香味和果香味，系由疏松剂、稳定剂、食用香精、食用色素、奶粉、淀粉和填充剂组合而成。吉士粉原在西餐中主要用于制作糕点和布丁，后来通过香港厨师引进，才用于中式面点中。吉士粉易溶解，适用于软、香、滑的冷热甜点之中（如蛋糕、蛋卷、面包、蛋挞等糕点中），主要取其特殊的香气和味道，是一种较理想的食品香料粉。

（四）塔塔粉

塔塔粉的学名叫酒石酸氢钾，是一种酸性的白色粉末，主要用途是帮助蛋白打发以及中和蛋白的碱性。因为蛋白的碱性很强，而且蛋储存得愈久，蛋白的碱性就愈强，而用大量蛋白制作的面点都有碱味且色带黄，加了塔塔粉不但可中和碱味，颜色也会较白。如果没有塔塔粉，也可以用一些酸性原料如白醋来代替。

（五）蛋糕油

蛋糕油又称蛋糕乳化剂或蛋糕起泡剂，呈膏状，其主要成分是单酸甘油酯和棕榈油，是制作海绵类蛋糕不可缺少的一种添加剂，也广泛用于各中式、西式酥饼中，主要起乳化作用。

（六）明胶

明胶是由动物皮肤、骨、肌膜、肌腱等结缔组织中的胶原部分降解而成，为白色或淡黄色、半透明、微带光泽的薄片或粉粒，又叫作动物明胶、鳔胶。明胶属于一种大分子的亲水胶体，可以用来制作糖果添加剂、冷冻食品添加剂等。

（七）琼脂

琼脂是由海藻中提取的多糖体，常用海产的麒麟菜、石花菜、江蓠等制成，是目前世界上用途最广泛的海藻胶之一。它在面点中运用能明显改变食品的品质。
琼脂可用作增稠剂、凝固剂、悬浮剂、乳化剂、保鲜剂和稳定剂。

复习思考题

1. 面粉是如何分类的?
2. 高筋面粉是如何定义的?
3. 中筋面粉是如何定义的?
4. 低筋面粉是如何定义的?
5. 米及米粉的种类是如何分类的?
6. 干磨粉、湿磨粉、水磨粉各有什么特点?
7. 面点中常见的淀粉原料有哪些?
8. 杂粮类原料主要有哪些?
9. 坯皮原料有哪些?
10. 制馅原料有哪些?
11. 调辅原料有哪些?
12. 面点中常用的食品添加剂有哪些?

第四章

中式面点制作基础

"台上一分钟，台下十年功"，任何一个行业都有它的基本功。对于中式面点而言，在了解中式面点制作工艺流程的基础上，熟练地掌握面点的基本功，显得尤为重要。因为它是中式面点制作的基础，是学习各种面点品种的前提，也是中式面点品种制作合乎规范和达到一定质量的保证。

第一节　中式面点制作工艺流程

中式面点制作技术内容丰富，千百年来，发展至今，已经形成了一整套行之有效的制作工艺流程和制作方法。其中最主要的流程体现在这几个操作环节上。

一、原料选备

（一）选择原料

在制作中式面点之前，一定要预先根据具体面点品种的制作要求，选择合适的原料。在选用原料时应熟悉原料的性质、特点和运用范围。如：制作包子应选用中筋面粉；制作面包应选用高筋面粉；制作蛋糕应选用低筋面粉；油酥面团酥心应选用低筋面粉，酥皮应选用中筋面粉，油脂常选择固态油脂（如熟猪油、黄油等）；制作汤圆常选择湿磨粉等。

（二）工具准备

根据具体面点品种的制作要求，选择合适的工具或设备，逐一放在顺手的地方，以方便面点的制作。例如，查看工具是否备齐，工具是否完好，设备是否运转正常等，如果发现异常情况，及早排除隐患。

（三）原料加工

在原料选好、工具备妥之后，适当做一些预加工，例如，根据具体面点品种的制作配方，进行面粉的过筛、原料的"称重"和"量容"；检查老酵面（面肥），保证发酵面团的使用；碱水的制备；果仁的预先烤制等初步的加工。

二、制作馅心

馅心的调制是面点制作中一道极为重要的工序，馅心的质量口味的好坏不仅直接影响面点的风味特色，对面点的型也有直接的影响。实际情况下，根据具体面点品种，制作相应的馅心，例如三丁包制作"三丁馅"；汤包要提前制作"皮冻馅"等。

三、调制面团

调制面团包括和面、揉面和饧面等。

和面是将粉料与水或其它辅料掺和调匀成面团的过程。和面是整个面点制作技能中的最初工序，也是一个重要环节。

揉面是将面团的原辅料揉匀、揉透、揉顺，达到下一步操作的要求。

饧面是将揉好的面团盖上保鲜膜或湿洁布，等待其形成面筋网络的过程。

四、面点成型

成型的准备包括搓条、下剂、制皮、上馅等操作过程。它是用调制好的面团、馅心，按照面点的要求，运用各种方法制成多种形状的生坯的过程。其手法有搓、包、捏、卷、切、削、拨、叠、擀、按、钳花、滚粘、镶嵌、挤注，以及用模具等十几种。

五、面点熟制

将面点生坯加热，使之成熟的操作过程。以色香味形来鉴定，行业中有"三分做功，七分火功"之说。

六、美化装盘

面点成熟时，首先选择合适的餐具，盘、碗、碟、盅或异型餐具等，其次，选用合适的装盘方法，舀、放、提、移、夹等手法各有所妙，最后根据具体的情况，进行适当的装饰美化，使其令人耳目一新。

第二节　中式面点基础制作工艺

中式面点基础制作工艺实际上就是面点的基本功。虽然随着科技的发展，面点机械设备不断推陈出新但是也不能完全包揽面点制作的所有基础工艺，还需要面点操作人员的配合。目前面点制作还属于手工艺性质的操作，强调手上的"功夫"；基本功好了，面点制作不但效率高，而且质量也能得到保证。它主要包括以下几个环节。

一、和面

（一）和面的概念

和面是一项基本功，是制作面点的首要环节。和面是依据面点制品的要求，将粉料与水、油、蛋等辅料调制成面坯的过程。

（二）和面的方法

和面有手工和面和机械和面两种类型，手工和面可分为调和法、搅拌法、抄拌法三种方法。

1. 手工和面

（1）手工和面的方法

① 抄拌法（图1）　将面粉放入缸（盆）中，中间掏一坑塘（圆凹形），放足第一次水量，双手伸入缸（盆）中，由下向上反复抄拌。抄拌时，用力均匀适量，手不沾水，以粉推水，促使水粉结合，成为雪片状（有的叫穗形片）。这时可加第二次水，继续用双手抄拌，使面呈结块状态，然后把剩下的水洒在上面，揉搓成为面团。适合于和大块的面团。

图1

② 调和法（图2）　将面粉倒在面案上围成中薄边厚的圆形。将水倒入中间，双手五指张开，从外向内，一点一点调和，待面粉和水结合成为片状后，再掺适量的水，和匀在一起，揉成面团。适合于冷水及温水调制的面团。

图2

③ 搅和法（图3）　先将面粉倒入盆中，然后左手浇水，右手拿擀面杖搅和，边浇边搅，使其吃水均匀，搅匀成团。用搅和法要注意两点：和烫面时沸水要浇

图3

遍、浇匀，搅和要快，使水、面尽快混合均匀；和蛋糊面时，必须顺着一个方向搅匀。在操作过程中，手要灵活，动作要快，不能让水溢跑到外面。一般适用于烫面和蛋糊面等。

（2）手工和面的操作要领

① 掌握掺水比例　初学者最好不要一次加水，一般分三次为宜，第一次加入总量的 60% ～ 70%，第二次为 20% ～ 30%，最后作为补充。其加水量的多少要根据面点制品的要求、温度、湿度、面团的性质以及粉料的吸水情况而定。

② 注意站立姿势　和面时，双脚自然站立，两腿自然分开，身体略向前倾，两臂顺势放开，身体离案板应有一拳或 10cm 的距离，用力自然，避免用力过猛使案板移动。

③ 做好收尾工作　面团和好后一般都要用干净的湿布或保鲜膜盖上，以防面团表面干燥、结皮和裂缝。和面完毕后及时清理案板或面缸等，例如：沾在案板上的面可用面刮刀刮去，沾在手上的可双手对搓去掉，要做到手洁、案板净。

2. 机械和面

如图 4 所示。机械和面是采用和面机和面，将粉料和水、蛋等放入和面缸中，启动机器，掌握先慢后快，最后再慢的规律，经搅拌钩的剪切、揉捏作用，粉料中的糖类（淀粉和纤维素）和水或油脂等均匀分布在蛋白质骨架之中，形成面团。温度是影响面团质量的重要因素。调制面团最佳温度为 18 ～ 22℃。

（三）和面的质量标准

和面的质量标准主要是从融合度、软硬度以及视觉效果等方面来鉴别的。例如：水、粉融合，粉料吃水均匀，坯不夹干粉粒，软硬适当，符合面坯工艺性能要求；卫生要达到"三光"，即手上要光、面团要光、案板（缸、盆和工具）要光。

图 4

二、揉面

（一）揉面的概念

揉面是指将和好的面坯经过反复揉搓，使粉料与辅料更为均匀调和，形成柔润、光滑的符合质量要求的面坯的过程。

（二）揉面的方法

面团不同或同种面团的制品不同，揉面的方法也不相同，揉面主要有揉、搋、擦、捣、摔、叠等六种动作。其中揉面又可分为单手揉（图5）、双手揉（图6）、双手交叉揉三种（图7）。

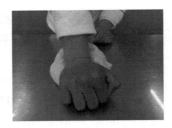

图5

（三）揉面的质量标准

无论采用何种方法揉面，都要求揉出的面坯光滑、均匀、软硬度合适，符合制品的制作要求。

（四）揉面的操作要领

1. 采用正确的揉面姿势

揉面时用力较大，要求站立揉面，上身要稍往前倾，双臂自然伸直，两脚成丁字步，身体与案板保持一拳的距离，揉面时要善用手掌的力道反复搓揉面团，例如：可用手指将面团整理成椭圆形状后，再次反复搓揉，直到面团外观呈现光滑状为止。揉小块面团时，右手用力，左手协助，揉大块面团时，双手一齐用力，揉面时用力要均匀。

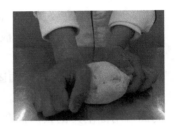

图6

2. 根据制品要求选择正确的揉面方法

有的面点制品要求面团筋性足，韧性强，如水饺、面条等面团，可以选择揉制法揉面；有的面点制品要求面团不能产生面筋网络，如油酥面团，则可以选择擦制法揉面。

图7

3. 把握好揉面的技巧

揉面的关键在于既要揉"活"又要有"劲"。所谓"活"指的是揉面时用力要适当，顺着一个方向揉，不能用力过猛，来回翻转，面成团后有一定的韧性。所谓"劲"指的是面团组织结合紧密，柔韧性大。面团要反复揉，尤其是水调面团，揉的次数越多，韧性就越强，色泽就越白，做出的成品质量就越好。

三、饧面

（一）饧面的概念

饧面，也称作醒面，是指将和好的面，在进一步加工或烹饪前静置一段时间，这个过程就叫作饧面。饧面的过程，使面团中各种原料得到充分融合，更好地形成面筋网络，使得和好的面更易加工，做出的面点更加筋道或柔软，口感也更加细腻和顺滑。

（二）饧面的方法

如图8和图9所示，将和好的面团放置于面盆中，并用保鲜膜或湿洁布盖住面团，或面团抹油，或用盖子覆盖于面盆上，或将面盆置于饧发箱中，调好相应的湿度和温度，进行饧发，达到具体面点品种的制作要求。

图8

（三）饧面的质量标准

饧好的面团表面光洁，或筋道，或膨松，或柔顺等，便于进一步操作。

（四）饧面的操作要领

① 盖好湿洁布或保鲜膜。

② 根据具体的面点品种要求把握饧发时间。制作

图9

麻花、馓子和油条的面团，饧发时间一般比较长，例如，传统炸油条要饧发8个小时；而制作一般面点品种的面团，饧发时间比较短，大概20min左右。

③ 饧面的过程就是一个简单的静置过程，不需要太多的多余动作。至于饧面时在面团上盖上包馅膜或湿洁布，或是在面盆上加个盖子，那纯粹是为了防止静置时面团中的水分被蒸发或风干。根据气候条件，在空气湿度较大的夏天，饧面时就没有封膜、盖洁布或是在面盆上加个盖子的必要。

④ 值得提醒的是，在气温较低的时候进行饧面时，对于发面一定要进行保温，否则由于失温产生胀缩作用，会使得发面团出现塌缩现象，从而降低发酵的效果，并降低饧面的效果，也影响后面的二次发酵。

四、搓条

（一）搓条的概念

搓条是取适量揉好的面坯，经双手搓揉，制成一定规格、粗细均匀、光滑圆润的条状过程。

（二）搓条的方法

搓时先取一块面团，捏、拉成条形放在面案上，用双手掌根压在条上，来回推搓，使条向两端延伸，成为粗细均匀、光洁的圆柱形长条（图10）。

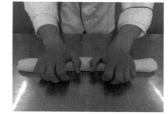

图10

（三）搓条的质量标准

动作娴熟，条身紧实，粗细均匀、光滑圆润。

（四）搓条的操作要领

1．用力均匀，轻重有度

操作时用手掌推搓，两手着力均匀，两边用力平衡，才能使搓出的条粗细均匀（从这一头到另一头粗细必须一样，这样下剂子时，不至于发生粗的部分剂大，细的部分剂小的现象）。

2．双手配合，连贯自如

只有做到双手配合，连贯自如、起落自然，才能使搓出的条光洁（不能起皮、粗糙）、圆整、粗细一致。

3．手法得当，把握规格

要用手掌根摁实推搓，不能用掌心，掌心发空，摁不平、压不实，不但搓不光洁，而且不易搓匀。圆条的粗细，根据成品需要而定。如馒头、大包的条粗一些，饺子、小包的条细一些。但不论粗的或细的，都必须均匀一致。

五、下剂

（一）下剂的概念

下剂是将搓好的剂条按照制品制作要求，分成一定规格、份量面剂（剂子，或称坯子）的过程。

（二）下剂的方法

根据不同种类的面坯性质和操作需要，选用不同的方法。常用的有摘剂、挖剂、拉剂、切剂、剁剂等方法。

1．摘剂

摘剂（图11）是下剂的主要操作方法，适用范围最广。其手法如下：一手握住剂条，使剂条从虎口处露出相当剂子大小的截面；另一手的大拇指，食指和中指靠紧虎口捏住露出的截面，顺势往下一摘即可。每揪下一个剂，要趁势将剂条露出一个剂的截面，并转动一下，以保持剂条圆整。

图11

2．挖剂

挖剂（图12）又称铲剂，具体手法如下：将搓好的剂条拉直放在案板上，一手按住，另一手四指弯曲成挖土机的铲形，从剂条下面伸入，顺势向上一挖即可。然后按剂条的手趁势往后移动，让出一个剂子的截面，进而再挖，如此连续操作。

图 12

3. 拉剂

拉剂（图 13）适用于稀软面团（如馅饼面团），用手的五指抓住面团的一小块，一块块拉下成面剂。

4. 切剂

切剂（图 14）主要用于卷制的剂条，不能搓条或不宜用其它方法下剂的面团。其方法是用刀将剂条或摊按成一定形状的面团，顶刀切成适当大小的剂子或剂块。适宜于制皮时表面要求光滑平整、不损坏剂条内部结构的面坯，如制作油酥面坯的明酥品种；也适用于柔软、粘手无法用手工来分坯的面坯，如米粉坯、淀粉坯。

图 13

5. 剁剂

剁剂（图 15）是将搓圆的剂条或面团放在案板上整理好，用刀剁好一个一个的剂子或半成品（即不再经过成型）。这种方法速度快，效率高，但质量不均。适用于无馅品种的直接成型的面坯，如刀切馒头等。

图 14

（三）下剂的质量标准

无论采用何种方法下剂，都要求剂子大小均匀，形态整齐，重量一致。

（四）下剂的操作要领

① 无论采用哪种方法下剂，都要求手法灵活，动作熟练，速度快。

图 15

② 要根据不同的面点品种要求和面团的特性来确定合适的下剂方法。

六、制皮

（一）制皮的概念

制皮是按面点品种和包馅的要求将面坯剂子制成一定质量要求的薄皮过程。制皮的技术要求高，操作方法较复杂。制皮质量的好坏直接影响着包馅和制品的成型。

图 16

（二）制皮的方法

由于各面点品种的要求不同，制皮的方法也有所不同，常用的有按皮、拍皮、捏皮、摊皮、压皮、擀皮等几种方法。

1. 按皮

按皮是将下好的剂子立放在案板上，用手掌跟部按成中间稍厚边沿稍薄的圆形皮（图 16）。适用于一般糖包、菜包、馅饼等。

图 17

2. 拍皮

拍皮与按皮基本相似，即将剂子稍加整理，先压一下，再用手掌沿剂子周围拍，拍成中间稍厚、周围稍薄的圆皮（图 17）。也是大包一类品种的常用方法。

3. 捏皮

捏皮是先把剂子按扁，再用手指捏成圆窝形即可（图 18）。适用于米粉面团制作汤团之类的品种。

4. 摊皮

摊皮是一种特殊的制皮方法。摊皮是将高沿锅或平锅架于火上，火候要适当，再拿着面团不停地抖动（防止往下流），顺势向锅内摊成圆形皮，并迅速拿起面团继续抖动，待锅中的皮熟时即取下，再行摊制（图 19）。摊制的皮，要求形状圆整，厚薄均匀，没有砂眼，大小一致。主要适用于制作春卷皮。

5. 压皮

压皮也是特殊的制皮法。压的方法较多，如广东澄粉面团制品的坯皮的压法是先将剂子压一下，再一手拿刀压在剂子上，另一手按住刀面向前旋压，成为一边稍厚、一边稍薄的圆形皮（图 20）。

图 18

图 19

图 20

6. 擀皮

擀皮是当前最普遍的制皮法。由于适用范围广，擀皮的工具和方法都有差别。下面介绍几种主要的擀法。

（1）水饺皮（包括蒸饺皮、汤包皮等）的擀制方法　用小面杖擀制，且分为单杖和双杖两种（图21，图22）。单杖擀皮时，先将剂子按扁，一手捏住边沿，一手擀制（擀到剂皮的五分之二处为宜），双手密切配合，擀一下，剂皮顺一个方向转动一个角度，直至大小适当，中间稍厚，四周略薄，成圆形即可。

图21

（2）馄饨皮的擀制方法　用大面杖擀制。先将面团揉、折成方形团块，再用大面杖向四周擀开成矩形，然后卷在面杖上，双手压住向前推滚，每推滚几次，打开拍一次粉（多用淀粉），直至擀成薄而匀的大薄皮，叠起，切成梯形、三角形或方形小片即可。在擀制过程中，也可采取压的方法，即在卷起后将面杖抽出，适当用力在卷起的条上顶杖或斜向压 1～2 遍，然后打开，卷起再压，最后卷起推擀几次即可（图23）。这种擀、压结合的方法，厚薄均匀，且效率高，但只适用于比较硬的面团。

图22

（3）烧卖皮　用特种擀面杖（腰鼓形小走槌、橄榄杖等）擀制。要求擀成中间稍厚的荷叶边（即边上有皱纹）圆形，擀时先将剂子按扁，放在多倍于剂子的面粉堆（面扑）中，再用两手捏住面杖两端，适当用力压住剂子的边缘，边擀边顺一个方向转动，直至擀成为止（图24）。擀的关键在于两手用力平衡，着力点放在剂子边上，并使面杖灵活转动。

图23

（三）制皮的质量标准

无论采用何种方法制皮，都要求皮形圆整、大小一致，厚薄符合制品要求。

图24

（四）制皮的操作要领

① 手法正确，双手配合协调，动作熟练，速度快捷。

② 要根据不同的面点品种要求和面团的特性来确定合适的制皮方法。

③ 无论采用哪种制皮方法，制成的皮子要大小、厚薄规格一致。

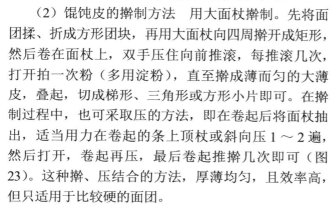

七、上馅

（一）上馅的概念

上馅是指在坯皮中间放上调好的馅心的过程（图25）。这是包馅品种制作时一道必要的工序。上馅的好坏会直接影响成品的包捏和成型质量。如上馅不好，就会出现馅心外流、馅心过偏、馅心穿底等缺点。所以，上馅也是重要的基本操作之一。根据品种不同常用的上馅方法有包馅法、拢馅法、夹馅法、卷馅法、滚粘法等。

图25

（二）上馅的方法

1. 包馅法

包馅法是最常用的一种方法，用于包子、饺子等品种。但这些品种的成型方法并不相同，根据品种的特点可分为无缝、捏边、提褶、卷边等，因此上馅的多少、部位、手法随所用方法不同而变化。

（1）无缝类　无缝类品种一般要将馅上在中间包成圆形或椭圆形即可。无缝类点心不要把馅心上偏，馅心要居中。此类品种有豆沙包、麻蓉包等。

（2）捏边类　这类品种要将皮折叠上去，才能使皮子边缘合拢捏紧，馅心正好在中间。此类品种有水饺、蒸饺等。

（3）提褶类　提褶类品种因提褶面点呈圆形，所以馅心要放在皮子正中心。此类品种主要为包子，例如三丁包、菜肉包等。

（4）卷边类　卷边类品种是将包馅后的皮子依边缘卷捏成型的一种方法。一般采用中间上馅，上下覆盖，依边缘卷捏。此类品种有盒子酥、鸳鸯酥等。

2. 拢馅法

拢馅法是将馅放在皮子中间，然后将皮轻轻拢起不封口，露一部分馅，如烧卖等。

3. 夹馅法

夹馅法主要适用糕类制品，即一层粉料加上一层馅。要求上馅量适当，上均匀并抹平，可以夹上多层馅。对稀糊面的制品，则要蒸熟一层后上馅，再铺另一层，依次蒸熟制作。如豆沙凉糕等。

4. 卷馅法

卷馅法是先将面剂擀成片状，然后将馅抹在面皮上，一般是细碎丁馅或软馅，再卷成筒形，做成制品切块，露出馅心，如豆沙卷、如意卷等。

5. 滚粘法

此种上馅方法较特殊，即是把馅料搓成型，蘸上水放入干粉中，用簸箕摇晃使干粉均匀地粘在馅上，如摇元宵、橘羹圆子等。

（三）上馅的质量标准

① 根据具体面点品种的不同，选择合适的馅心。
② 上馅位置准确，不影响具体面点品种外观。
③ 上馅数量恰当，馅多馅少，随具体面点品种而定。

（四）上馅的操作规范

上馅的操作规范如下：左手托住坯皮，右手用馅挑将馅心按规定的数量，挑入坯皮中，左手四指自然弯曲，然后再用馅挑将馅心按下抹平即可。

八、成型

中式面点品种的形状千姿百态，惟妙惟肖。成型是运用各种手法将具体面点品种进行形状塑造的过程。

我国面点的具体手工成型的方法很多，而且各地叫法不统一，大致有揉、包、捏、卷、搓、抻、切、削、拨、叠、摊、擀、按、钳花、模压、滚粘、镶嵌、挤注等。

（一）揉

揉是面点制作的基本动作之一，也是制品成型的方法之一，是将下好的剂子用手揉搓成球形、半球形的一种方法（图26）。揉分为双手揉和单手揉两种手法，其中双手揉又分为揉搓和对揉两种方法。揉是比较简单的成型方法，一般只用于制作馒头、团子、圆形面包等。

图26

（二）包

包是面点成型中的一项必须掌握的主要技术，是将制好的皮子或其它薄形的原料（如春卷皮、粽叶等）上馅后使之成型的一种方法。可以分为包入法、包拢法、包裹法等，常和卷、捏、搓等结合使用。

1. 提褶包法

主要用于小笼包、大包及中包之类的面点制品。提褶包法的技术难度较大，需要一边提褶一边收拢，最后收口、封嘴（图27）。一般提褶制品的褶子要求

图27

清晰，纹路要稍直，应不少于 18 个褶，最好是 24 个褶或 32 个褶。例如，扬州的三丁包子要求"鲫鱼嘴，荸荠鼓，32 道纹褶，味道鲜"。

2. 烧卖包法

用左手托住皮子，右手持馅挑把馅心刮入皮子中心，随即以左手五指轻轻包起捏拢，形成烧卖皮的颈口，让馅心微露口外，皮子边缘自然交错，折压均匀呈荷叶状，随后在手心中转动几下，同时用大拇指和食指再次整形，最后在馅中点缀色彩鲜艳的形状小的配料（图 28）。

图 28

3. 馄饨包法

馄饨多以面皮、肉馅为主，再佐以盐、胡椒面、味精、酱油、猪油、香油、葱花及高汤。因馅料、汤料、吃法、调味等不同，而有多种吃法。馄饨的包法有官帽式、枕包式、伞盖式和抄手式等几种。

4. 汤团包法

将出好剂的小面团稍微搓光至圆滑，用拇指在中间按出一个洞，然后捏成一个小窝。填入适量的馅，收口捏紧，搓成圆球形或在圆球形收口的地方留个尖部。

5. 春卷包法

皮料平置于案板上，把馅料放在皮料上，左右两边皮向中间折起，使半成品长 8cm，卷起后使之成为直径 3cm 左右粗的卷，卷边缘用湿淀粉或沾水粘好，将包好的春卷，口朝下压着摆放。

6. 粽子包法

将新鲜的粽箬叶用热水烫一下，再用清水泡软，取其中 2～3 片粽叶交错叠起、理顺，呈一张完整的皮子，在顶端用大拇指窝起呈圆锥状，此时放入泡好的糯米为主调制而成的馅心，顺势将粽叶卷起盖住圆锥口部，继续顺粽子形状包裹，裹紧后用棉线或草绳扎起，即可。粽子的形状可以根据各人的操作手法，包裹成正三角形、正四角形、尖三角形、方形、长形等各种形状。

（三）捏

捏是在包的基础上进行的一种综合性的成型法，需要借助其它工作和动作配合。捏是将上馅的皮子，按成品形态要求，经双手的指上技巧制成各种不同造型的半成品的方法。根据品种的形状不同，捏又可分为一般捏法和捏塑法两种。

一般捏法即用包入法入馅后将边皮收拢，捏紧，主要用于无提褶包类的成型，如豆沙包、莲蓉包。捏塑法主要适用于提褶包子、花式蒸饺和一些象形点心等花式品种，具体有提褶捏法、推捏法、捻捏、折捏、叠捏、扭捏、花捏等手法

（图 29，图 30）。

（四）卷

卷是面点成型的重要方法，它是以卷的方法为主，配以其它动作和手法的一种综合成型方法。

卷是采用卷馅法上馅后，将坯料连同馅一起卷拢成圆柱形的一种方法。一般和搓、切、叠等方法配合操作。卷可分为单卷法和双卷法两种。

单卷法是将平铺在案板上的坯皮抹上一层油，加上馅料，将坯馅从一头卷到另一头，成为单卷圆筒形；双卷法是将平铺在案板上的坯皮抹上一层油，加上馅料，从坯馅两头向中间对卷，卷到中心两卷靠拢且紧靠而成两卷粗细一致的双圆筒形（图 31，图 32）。

（五）搓

搓的成型方法主要用于麻花类制品的成型，具体搓法有两种：一种是先将饧好的剂条用双掌搓成粗细均匀的长条，再用双手按住两头，一手往后，一手往前搓上劲。然后一手将一头交给另一手成为双条，再顺劲搓紧，成双股即可。另一种是先将两个剂条分别搓成粗细均匀、长短一致，并上好劲的单条，然后将两根单条合在一起，按搓单条时的相反方向再搓上劲，一手从后（或前）面向另一边转一圈，至条的三分之二的位置，用拇指将头靠住在条的内侧，食指和中指拿住条的外侧拉顺；再将两头扣在里边，合拢成 3 股绳状麻花即成。

（六）抻

抻的成型法主要用于面条，制品形状比较简单，但技术难度较大，特别是细如发丝的龙须面，是面点制作的一门绝技。具体抻法如下。

1. 溜条

溜条有的叫溜面。将和好饧透的面团，切取一块在案板上反复推揉，揉至上劲有韧性，搓成粗条（感觉条涩，可抹些碱水），握住两头捏起，离开案板，向两头连抻带抖，抻长后打扣并条（有死把与活把之分，总向一只手打扣为死把，两手对扣为活把），并条后再抻，如此反复抻抖，把面溜出韧性，溜顺溜匀，成麻花形即成。

图 29

图 30

图 31

图 32

2. 出条

出条有的地方叫开条、放条，即将溜好的大条，开成均匀的细面条。当大条溜好后，放在案上，撒上补面，用两手按住两头对搓，上劲后，两手拿住两头一抻，甩在案上，一抖对折成双股，一手食指、中指、无名指夹住条的两个头，另一手拇指、中转抓住对折处成为另一头，然后向外一翻，一抻一抖（一甩），将条伸长，将头扣到另一手上，使条放在案上成三角形（有外套扣与内套扣之分，外套扣条口向内在外边抓扣，内套扣条口向外从里面抓扣），顺手抓住三角形的正中部位，反复抻匀，至面条达到要求的粗细即可。另一种开条法如下：将两个面头按在一起，一手掌心向上，中指勾住面条一端，手掌心向下，中指勾住面条另一端，反手向上将面条提起端平，用力抻长，放回案板上，撒上补面，照上述方法，再抻至要求的粗细度为止。不论哪种手法，都要注意动作迅速，一气呵成，不能缓劲。

抻面因规格和粗细程度不同，品种较多。粗细以扣数多少确定，扣数越多越细，500g 面粉一把的面团，一般为 8 扣，11 扣以上的面条就和头发丝差不多了。目前抻条的主要品种有中细条、扁条、空心条、三棱条、葛条（粗条）、一窝丝（细条）、龙须面（最细条，有的达 14、15 扣）等。

（七）切

切是以刀为主要工具，将加工成一定形状的坯料切割成型的一种方法。切的成型法，主要用于面条。分为手工切面和机器切面两种。常与擀、压、卷、叠等成型手法一起使用。如刀切馒头、花卷或成熟后改刀成型的千层糕等糕类制品。

（八）削

削亦是面条的成型法之一。用刀削出的面条又称为刀削面。削可以分为机器削和手工削两种（图 33）。

（九）拨

拨也是面条的一种成型方法。用筷子顺碗沿拨出的面条，叫拨鱼面，是一种别具风味的面条。

图 33

（十）叠

叠的成型方法，有的比较简单，如荷叶卷、千层油糕等；有的比较复杂，如凤尾酥、莲花酥、兰花酥等。

（十一）摊

这种成型法是使用稀软面团或浆糊状面团，边成型、边成熟的方法。例如，南方的三鲜豆皮、鸡蛋饼，北方的煎饼以及春卷皮等，都采用这种成型法。如煎饼，平锅架火上烧热，用舀子舀一些面糊倒入锅中，迅速用刮子把面糊刮薄、刮圆、刮匀，使之均匀受热，熟时揭下即可。南方的三鲜豆皮，成型方法大致相同，只是摊皮后还要打上鸡蛋糊摊开，用小火烤一会，再加糯米和三鲜馅料，煎制成熟。

（十二）擀

擀是运用面杖、通心槌等工具将坯料制成不同形态面皮的方法。擀制的方法多种多样，如饺子皮、烧卖皮、馄饨皮的擀法均不同，并常与叠、包、卷连用。

（十三）按

按又称"压"或"揿"。就是用手掌按扁、压圆成型。主要用于制作形体较小的包馅面点，如馅饺等。

（十四）钳花

使用花钳等工具，在制好的半成品或成品上钳花，形成多种多样的花色品种（图34）

图34

（十五）模压

即利用模具来成型。一是可以用模具来塑型，另一种可以用模具压制成型。

（十六）滚粘

一种特殊的成型方法，例如，北方的元宵又称摇元宵。具体操作方法如下：先把馅料切成小方块形或搓成小球，馅心要求大小一致，有一定的硬度（常常放入冰箱冷冻至硬），洒上些水润湿（或用笊篱装着在水里浸湿一下），放入装有糯米干粉的簸箕中，用双手均匀摇晃，馅心在干粉中来回滚动，粘上一层干粉；捡出放入笊篱再在水里浸后倒进干粉中继续摇晃，又粘上一层干粉。如此反复多次（一般要7次），像滚雪球一样，滚粘成圆形元宵（图35）。元宵的馅心必须干韧有黏性，糯米粉要求细腻，最好用石磨磨粉。盐城的藕粉圆子也是采用滚粘法成型的，成为一种地方特色名点。

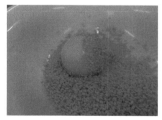

图35

（十七）镶嵌

镶嵌是将一种或多种辅料，嵌入或黏附在主料表面上成型的一种方式。有的是直接镶嵌，如枣糕、蜂糖糕等，就是在糕饼上嵌上几个红枣而成。有的是间接镶嵌，即把各种配料和粉料拌和一起，制成成品后，表面露出配料，如赤豆糕、百果年糕、八宝饭等。

（十八）挤注

挤注成型法主要用于浆糊状面团的点心成型，如手指饼干、泡芙、曲奇等，即将调制好的浆、糊状面团装入裱花袋里，捏紧袋口，使浆、糊从铜制裱花嘴挤出成长条形、星形、波浪形、饼形等各种形状。

此外，挤注法也是装饰点心的主要成型方法。如各式裱花蛋糕等，就是把调制好的挤花料（如掼奶油、豆沙泥等），装入带花嘴的裱花布袋或油纸卷成的喇叭筒内，在蛋糕上挤成各种亭台楼阁、山水人物、花草虫鱼、中西文字等吉祥图案花纹和字样，起到美化的效果（图36）

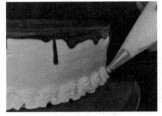

图 36

九、熟制

熟制，即运用各种方法将成型的生坯（又叫半成品）加热，使其在热量的作用下发生一系列的变化（蛋白质的热变性，淀粉的糊化等），成为色、香、味、形俱佳的熟制品。面点熟制方法，主要有蒸、煮、炸、烙、煎、烤（烘）等单加热法，以及为了适应特殊需要而使用的蒸煮后煎、炸、烤、蒸、煮后炒或烙后烩等综合加热法（又叫复合加热法）。

十、装盘

面点装盘在现代餐厅中也显得尤为重要，一是可以利用面点本身的造型特点来进行装盘，例如，莲藕酥、荷花酥等；二是可以借助于装饰型餐具组合而形成的拼摆，例如花托、纸垫、纸杯、荷叶、小花篮等。根据具体情况，采用排列式、倒扣式、堆砌式、各客式等装盘方法，彰显装饰面点的风味特点。

复习思考题

1. 中式面点制作工艺流程是什么？
2. 中式面点基础制作工艺分为哪几个环节？
3. 和面的概念是什么？

4. 和面的方法有哪些？

5. 揉面的概念是什么？

6. 揉面的方法有哪些？

7. 饧面的概念是什么？

8. 饧面的方法有哪些？

9. 搓条的概念是什么？

10. 搓条的方法有哪些？

11. 下剂的概念是什么？

12. 下剂的方法有哪些？

13. 制皮的概念是什么？

14. 制皮的方法有哪些？

15. 上馅的概念是什么？

16. 上馅的方法有哪些？

17. 成型的概念是什么？

18. 成型的方法有哪些？

19. 熟制的概念是什么？

20. 熟制的方法有哪些？

21. 装盘的常见方法有哪些？

第五章

中式面点面团调制工艺

面团对于中式面点的制作，其意义非同小可，它是各类面点品种的基础，面团调制好不好，直接关系到具体面点品种的品质和风味特点，所以，一定要了解面团本身的特点、调制方法和用途。

第一节　中式面点面团概述

一、面团的概念

一般来讲，面团是指用各种粮食的粉料或其它原料，加入水或油、鸡蛋、糖浆、乳浆等液态原料和配料，乃至食品添加剂作为介质，经过手工或机械的调制而形成的相对均匀的混合物体系。

面团是制作中式面点的基础，也是第一道工序，面团经过和面、揉面和饧面等过程后，就可以用来制作成品或半成品，其制作过程和要求要根据具体面点品种的特点来决定。其中由面点原料到形成面团的过程，被称为中式面点面团的调制工艺。

二、面团的作用

粮食粉料或其它原料经过手工或机械的混合操作后，形成了面团，其物理性能起了很大的变化，形成了具有柔韧性和延伸性的物料，对中式面点的制作发挥了很大的作用。

（一）面团的调制决定了面点制品的风味

不同的粮食粉料可以形成不同的面团，产生不同的面点制品风味；但相同的粮食粉料，由于调制方法不同也会使面团的物理性能不同，质地不一样，进而导致面点制品的风味也截然不同。例如，同样是面粉原料，不同的调制方法可以调制水调面团、发酵面团和油酥面团等，不同性质的面团适合于制作不同种类的面点品种，形成制品的不同风味，如水调面团品种的筋道、爽滑；发酵面团品种的膨松、松软；油酥面团品种的酥脆、油润等。

（二）面团的性质适合于不同的面点成型

面团是面点成型的基础，不同性质的面团适合于不同的面点造型，例如，水调面团中不同造型的花色蒸饺，如冠顶饺、蜻蜓饺、草帽饺……；发酵面团中不同造型的花色包子，如钳花包子、秋叶包子、土豆包子……乃至花馍等；油酥面团中不同造型花色酥点，如酥盒、梅花酥、海棠酥……；澄粉面团中不同造型的苏州船点等，还有其它面团都有不同造型的点心品种，主要是源于各色面团都有一定的延展性和可塑性，所以，不同性质的面团给面点制作创造了基础条件。

（三）面团的组成原料发挥了各自的特点

面点制作中需要有不同的原料来参与，坯皮原料、馅心原料、调味原料、辅助原料、添加剂等几乎一个都不能少，通过不同的面团调制方法，各种原料有机地组配在一起，相得益彰，发挥了原料本身在面团中的特点。

（四）通过面团的调制丰富了面点的品种

由于运用原料的不同，调制方法的不同，所形成的面团性质也不一样，这样就大大丰富了面点的品种。

（五）面团调制优化提高制品的营养价值

面团按属性一般分为水调面团、发酵面团、油酥面团、米粉面团和其它面团等，经过调制和工艺优化，形成了不同的面点品种，易于消化吸收，提高了面点制品的营养价值。

三、面团的分类

为了教学和研究的方便，可将面团根据不同的分类标准来进行划分，但由于原料多种多样，形成的面团品种也丰富多彩，所以要采用多层次的分类标准，才能比较全面地了解面团的全貌。

第一层次划分是按照面团的主要原料来分类，有麦类粉料面团、米类粉料面团和其它粉料面团之分；第二层次划分是依据调制面团的介质和面团形成的特性来分类，主要包括水调类面团、膨松类面团和油酥类面团等三类。

麦类粉料水调类面团根据调制的水温不同分为冷水面团、热水面团和温水面团等，膨松类面团根据所使用的添加原料和不同的膨松方法分为生物膨松类面团、化学膨松类面团和物理膨松类面团等。油酥类面团根据加工方法又分为松酥类面团和层酥类面团两种。

米类粉料面团根据调制的介质（添加原料）不同，分为水调类粉团和膨松类粉团之分，水调类粉团可细分为糕类粉团和团类粉团，膨松类粉团即为发酵粉团。

其它粉料面团主要包括杂粮类面团、澄粉面团、根茎类面团和果蔬类面团等（图37）。

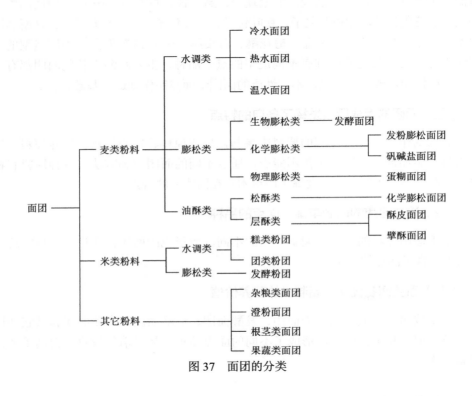

图37　面团的分类

第二节　水调面团调制工艺

水调面团，即面粉掺水（有的加入少量食盐、食碱等）调制的面团。水调面团离不开水，不同的水温也成就了不同的面团。常见的水调面团按其性质可分为以下几种面团。

一、冷水面团概述

（一）冷水面团的概念

冷水面团是用 30℃ 以下的冷水调制成的。冬天调制时，要用少量温水（30℃左右），调制出的面团才能好用，如夏季调制时，不但要用冷水，还要适当掺入少量的盐，因为盐能增强面团的强度和筋力，并使面团紧密，行业常说"碱是骨头，盐是筋"。冷水面团的成团主要是面粉中蛋白质的亲水性所起的作用。

（二）冷水面团的特点

冷水面团具有组织严密、质地硬实、筋力足、韧性强、拉力大，成熟制品色白、吃口爽滑等特点。冷水面团适宜制作水饺、馄饨、面条、春卷皮等。

（三）冷水面团的调制

在冷水面团调制过程中，常常用 500g 标准粉，加 200 ～ 300mL 水，特殊的面可多加，如搅面馅饼，面皮的吃水量在 350mL 左右。冷水面团的调制要经过下粉、掺水、拌、揉、搓等过程，调制时必须用冷水调制。

调制时先将面粉倒在案板上（或面缸里），在面粉中间用手扒个圆坑，加入冷水（水不要一次加足，可少量多次掺入，防止一次吃不进而外溢），用手从四周慢慢向里抄拌，至呈雪花片状（有的称葡萄面、麦穗面）后，再用力反复揉搓成面团，揉至面团表面光滑，已有筋性并不粘手为止，然后盖上一块洁净湿布，静置一段时间（即饧面）备用。

（四）冷水面团调制的操作关键

1. 水温控制要适当

冷水面团必须使用冷水，即使是冬季，也只能用 30℃ 左右的微温水，夏季不但要用冷水，还要掺入少量的食盐，防止面团"掉劲"。加盐调制的面团色泽较白。

2. 揉搓程度要把握

冷水面团中致密的面筋网络主要靠揉搓力量形成。面粉和成团块后要用力捣、掇、摔、擦、叠，反复揉搓，直至面团十分光滑、不粘手为止。

3. 掺水比例要准确

掺水量主要根据具体面点制品需要而定，从大多数品种看，一般情况下面粉和水的比例为 2：1，并且要分多次掺入，防止一次吃不进而外溢。

4. 静置饧面要到位

调制好的面团要用洁净湿布盖好，防止风干发生结皮现象，静置一段时间（饧面），使面团中未吸足水分的粉粒充分吸水，更好地形成面筋网络，提高面团的弹性，制出的成品也更爽口，饧面的时间一般为 10～15min，有的也可饧 30min 左右。

总而言之，冷水面团要求筋性大，但也不能过大，超过了具体面点制品的需要就会影响成型工作，遇到面团筋力过大的情况，除和面时和软一点外，还可掺些热水揉搓，也可掺入一些淀粉破坏一部分筋性，行业术语叫做"打掉横劲"。

二、温水面团概述

（一）温水面团的概念

温水面团是指用 50～60℃的水与面粉直接拌和、揉搓而成的面团，或者是指用一部分沸水先将面粉调成雪花面，再淋上冷水拌和、揉搓而成的面团。

（二）温水面团的特点

温水面团的特点是面粉在温水（50～60℃）的作用下，部分淀粉发生了膨胀糊化，蛋白质接近变性，还能形成部分面筋网络，温水面团的成团过程中，面粉中的蛋白质、淀粉都在起作用。

温水面团的性质处于冷水面团和热水面团之间，色较白，筋力较强，柔软，有一定韧性，可塑性强，成熟过程中不易走样，成品较柔糯，口感软滑适中。适合做花样蒸饺等。

（三）温水面团的调制

温水面团调制时，一是可直接用温水与面粉调制成温水面团；二是可用沸水打花，再淋入冷水的方法调制成温水面团。

（四）温水面团调制的操作关键

温水面团操作关键与冷水面团基本相同，但由于温水面团本身的特点在调制中特别要注意以下两点。

1. 水温掌握要准确

调制温水面团，50～60℃的水温比较适宜，不能过高和过低。过高会引起粉粒黏结，达不到温水面团所应有的特点；过低则面粉中的淀粉不膨胀，蛋白质不变性，也达不到温水面团的特点。只有掌握在 50℃左右才能调制出符合要求的温水面团。

2. 面团热气要散尽

因为温水面团里有一定的热气，所以要等面团中的热气完全冷却后，再揉和成面团盖上洁净湿布待用，此种面团适合制作花色蒸饺，制出的饺子不易变形，吃口绵而有劲。

三、热水面团概述

（一）热水面团的概念

热水面团是指用 70 ～ 90℃的水与面粉混合、揉搓而成的面团。

（二）热水面团的特点

热水面团的特点是面粉在热水的作用下，既使其中的蛋白质变性，又使淀粉膨胀糊化产生黏性，大量吸水并与水融合形成面团。行业中把烫面的程度称为"三生面""四生面"。"三生面"就是说，十成面当中有三成是生的，七成是熟的；"四生面"就是十成面当中有四成是生的，六成是熟的。一般面点品种大约都用这两个比例。

热水面团色暗，无光泽，可塑性好，韧性差，成品细腻，柔糯黏弹，易于消化吸收，适合做蒸饺、烧卖等。

（三）热水面团的调制

热水面团在调制过程中，一般常用方法就是把面粉摊在面板上，热水浇在面粉上，边浇边拌和，把面烫成一些疙瘩片，摊开散发热气后，适当淋入冷水和成面团。面团柔软的原因是因为面粉中的淀粉吸收热水后，产生了膨胀和糊化的作用。

如果烫好的面团硬了应补加热水揉到软硬适宜为止。如果面烫软了应补充些干面粉，否则会影响质量。

（四）热水面团调制的操作关键

1．调制热水要浇匀

热水面团调制过程中，热水淋烫使淀粉糊化产生黏性；使蛋白质变性，防止生成面筋。在面团调制的过程中，热水要淋烫浇匀。

2．面团热气要散尽

热水面团调制过程中，加水搅匀后要散尽热气，否则蓄在面团里，制成的面点品种不但容易结皮，而且表面粗糙、开裂。

3．加水分量要准确

热水面团调制，配方要准确，该加多少水，在和面时要一次加足，不能成团后再调整。

4．揉面程度要适当

热水面团揉匀揉光即可，多揉则生筋性，失掉了热水面团的特性。

四、水汆面团

（一）水汆面团的概念

水汆面团是完全用 100℃的沸水，将面粉充分烫熟而调制成的一种特殊面团。

（二）水汆面团的特点

面团在热水烫制过程中，其面粉中的蛋白质完全成熟变性，淀粉充分膨胀糊化。因此，水汆面团的特点是色泽暗、弹性足、黏性强、筋力差、可塑性高，适宜做煎炸类的点心，例如泡芙、泡泡油糕、烫面炸糕等。如果换作其它水调面油炸或煎，面点制品则坚实、僵硬，不够酥脆。

（三）水汆面团的调制

水汆面团调制时，先将水锅烧开，然后一边徐徐倒下面粉，一边搅拌，使面粉搅匀至熟。最后倒在涂油的案板之上，摊开面团，使其散尽热气，凉透。再加入适量油脂或蛋品等拌匀。

（四）水汆面团调制的操作关键

1．配料分量要准确

在水汆面团调制过程中，面粉和吃水量要基本均衡，搅拌后形成稠糊状。水多，面团易成稀糊，无法成团；水少，面团则干硬不透。

2．手工搅拌要均匀

在调制过程中，用手持擀面杖或筷子，一边加面粉一边搅拌，而且要搅匀烫透。

3．面团热气要散尽

面糊搅匀后要散尽热气，否则蓄在面团中，做成的制品不但容易结皮，而且表面粗糙、开裂。所以，汆好的面团要切开，让热气彻底散尽，凉透。

第三节　膨松面团调制工艺

在中式面点的制作过程当中，膨松面团的调制是一个十分重要的工艺，其中对于发酵工艺的把握，往往会直接关系到面点的膨松与口感，这对于面点成品的好坏有很大的影响。

膨松面团是在调制面团过程中，添加膨松剂或采用特殊膨胀方法，使面团发生生化反应、化学反应或物理反应，改变面团性质，产生许多蜂窝组织，使体积膨胀的面团。膨松面团的特点是疏松、柔软，体积膨胀、充满气体，饱满、有弹性，制品呈海绵状结构。

面团要呈膨松状态，必须具备两个条件：第一，面团内部要有能产生气体的物质或有气体存在。第二，面团要有一定的保持气体的能力。

根据以上两个条件，膨松类面团主要分为生物膨松类、化学膨松类和物理膨松类等几类面团，每类面团都有它的个性和特点。

一、生物膨松类面团

生物膨松类面团最主要的就是行业上所讲的发酵面团。

发酵面团即是在面粉中加入适量发酵剂，用冷水或温水调制而成的面团。行业上习惯称发面、酵面，是饮食业面点生产中最常用的面团之一。但因其技术复杂，影响发酵面团质量的因素很多，所以必须经过长期认真的操作实践，反复摸透它的特性，才能制作出多种多样的色、香、味、形俱佳的发面点心品种，例如包子、馒头等。

发酵面团的特点是体积膨胀、气孔均匀、体积饱满、富有弹性、暄软松爽。

（一）酵母的概念

酵母是一种典型的异养兼性厌氧微生物，在有氧和无氧条件下都能够存活，是一种天然发酵剂。酵母在面团中的发酵主要是利用酵母的生命活动产生的二氧化碳和其它物质，同时发生一系列复杂的变化，使面团膨松富有弹性，并赋予发酵面团制品特有的色、香、味。

（二）酵母的发酵原理

发酵面团的发酵剂主要有酵母、面肥、酒酿等，虽然使用的发酵剂不同，但是其原理是相通的。

在面团发酵初期，面团中的氧气和其它养分供应充足，酵母的生命活动非常旺盛，这个时候，酵母在进行着有氧呼吸作用，能够迅速将面团中的糖类物质分解成二氧化碳和水，并释放出一定的能量（热能）。在面团发酵的过程中，面团有升温的现象，就是由酵母在面团中有氧发酵产生的热能导致。

随着酵母呼吸作用的进行，面团中的氧气逐渐稀薄，而二氧化碳的量逐渐增多，这时酵母的有氧呼吸逐渐转为无氧呼吸，也就是酒精发酵，同时伴随着少量的二氧化碳产生。所以说，二氧化碳是面团膨胀所需气体的主要成分来源。

在整个发酵过程中，酵母一直处于活跃状态，在内部发生了一系列复杂的生物化学反应（如糖酵解、三羧酸循环、酒精发酵等），这需要酵母自身的许多酶参与。

在发酵面团调制中，要有意识地为酵母创造有氧条件，使酵母进行有氧呼吸，产生尽量多的二氧化碳，让面团充分发起来。如在发酵后期的翻面操作，有利于排除二氧化碳，增加氧气。但是有时也要创造适当缺氧的环境，使酵母发酵生成少量的乙醇、乳酸、乙酸乙酯等物质，提高发酵面团制品所特有的风味。

（三）酵母的作用

酵母在面团发酵过程中，主要起了 3 种作用：首先，生物膨松作用。酵母在面团中发酵产生大量的二氧化碳并由于面筋的网状组织的形成，而保留在面团中，使面团松软多孔，体积变大。其次，面筋扩展作用。酵母发酵除产生二氧化碳外，还有增加面筋扩展的作用，提高发酵面团的包气能力。再次，提高发酵面点制品的香味。酵母发酵时，能使产品产生特有的发酵风味。酵母在面团内发酵时，除二氧化碳和酒精外，还伴有许多与发酵制品风味有关的有挥发性和非挥发性的化合物，形成发酵制品所特有的蒸制或烘焙的芳香气味。最后，提高发酵面点制品的营养价值。酵母体内，蛋白质的含量达至一半，而且主要氨基酸含量充足，尤其是含有较多谷物内缺乏的赖氨酸，这样可使人体对谷物蛋白的吸收率提高，另一方面，它含有大量的 B 族维生素，提高了发酵面团制品的营养价值。

（四）面团的发酵方法

1. 酵母发酵法

（1）酵母调制面团的方法

第一，将活性干酵母粉放入小碗中，用 30℃ 的温水化开，放在一边静置 5min，让它们活化一下。因为酵母菌最有利的繁殖温度是 30 ~ 40℃。低于 0℃，酵母菌失去活性；温度超过 50℃ 时，会将酵母烫死。所以发面的最佳温度是 30℃ 左右。

第二，将面粉、泡打粉、白糖放入面盆中，用筷子混合均匀。然后倒入酵母水，用筷子搅拌成块，再用手反复揉搓成团。

第三，用一块干净的湿布将面盆盖严，为了防止表面风干，把它放在饧发箱中静置，等面团体积变大，面中有大量小气泡时就可以了。这个过程大概需要一个小时左右。在调制面团的过程中，要尽量地多揉搓面团，目的是使面粉中的蛋白质充分吸收水分后形成面筋，从而能阻止发酵过程中产生的二氧化碳气体流失，使发好的面团膨松多孔。

（2）酵母调制面团的操作关键

第一，酵母用量要准确。

有人认为发酵粉是天然物质，用多了不会造成不好的结果，只会提高发酵的速度，也许还能增加更多的营养物质。其实，酵母的用量是有标准的，一般为面粉重量的 1% 左右。

第二，活化酵母很重要。

将适量的酵母粉放入容器中，加 30℃ 左右的温水（和面全部用水量的一半左右即可，别太少）将其搅拌至溶化，静置 5min 后使用。这就是活化酵母菌的过程。然后再将酵母菌溶液倒入面粉中搅拌均匀。

第三，和面水温要掌握。

和面要用温水，温度在 25 ～ 28℃ 之间最好。

第四，用水比例要适当。

面粉、水量的比例对发面很重要。一般情况下，500g 面粉，水量不能低于 250mL，即约等于 2 ∶ 1 的比例。当然，可以根据品种、自己的需要和饮食习惯来调节面团的软硬程度。同时也要注意，不同的面粉吸湿性是不同的，要灵活运用。

第五，调制面团要揉光。

面粉与酵母、清水拌匀后，要充分揉面，尽量让面粉与清水充分结合。面团揉好的直观形象就是面团表面光滑滋润。水量太少揉不动，水量太多会粘手。

第六，饧发面团要适宜。

发酵的最佳环境温度在 30 ～ 35 ℃ 之间，最好别超过 40 ℃。湿度在 70% ～ 75% 之间。这个数据下的环境是最利于面团发酵的。

第七，巧用发酵辅助剂。

添加少许白糖，可以提高酵母菌活性、缩短发面的时间。

添加少许盐，能缩短发酵时间还能让成品更松软。

添加少许醪糟，能协助发酵并增添成品香气。

添加少许蜂蜜，可以加速发酵进程。

添加少许牛奶，可以提高成品品质。

添加少许酸奶，能让酵母菌活性更大。

添加少许鸡蛋液，能增加营养。

2. 面肥发酵法

面肥除含有酵母菌外，还含有较多的醋酸杂菌和乳酸杂菌。面肥是饮食行业传统的酵面催发方式，经济方便，但缺点是发酵时间长，易产酸，使用时必须加碱中和酸味。

常见酵面制作面肥的方法如下：取一块当天已经发酵好的酵面，用水化开，再加入适量的面粉揉匀，放置中盆中自然发酵，到第二天就成了面肥了。所以，面肥发酵面团就是利用隔天的发酵面团所含的酵母菌催发新酵母的一种发酵方法。

（1）面肥发酵面团的调制方法　在一般情况下，面粉、水和面肥的比例为 1 ∶ 0.5 ∶ 0.05 左右，具体应根据水温、季节、室温、发酵时间等因素来灵活掌握。

面肥发酵的面团按照发酵的程度大小可分作大发酵面团、嫩发酵面团；按照酵面的制作方法可分为碰酵面团、呛酵面团、烫酵面团等几种。分别介绍如下。

第一，大发酵面团又称全发酵面团，是指发酵成熟的面团。用这种面团加工成熟的面点特点是色泽洁白，形状饱满，口感暄腾，易于消化。它多用于馒头、花卷、大包子等。大发酵面团加入面肥时，采用的数量要适中，面肥量少，发酵速度就慢，面肥量大，则发酵速度快，老肥味太重，味不佳。当然，对面肥的加入量多少，还应当考虑当时气温高低、发酵时间、调面水温。就一般情况而言，春秋季每 500g 面粉搅入 75g 面肥为好，夏季为 500g 面粉，用 50g 面肥为当，冬季每 500g 面粉用 125g 面肥为宜。关于发酵时间而言，春秋季在 2.5h 左右，冬季在 3.5h 左右，夏季用 1.5h 就可以了，根据具体情况还可以进行调整。

具体的调制方法：先将面肥放在缸里，倒入水泡一会，用手把面肥在水中抓开；再放入面粉（或把面肥揪成小块和入面粉，再加水）用两手使劲搓，再用手掌揉，用拳头捣，要揉到面团有劲，揉透、揉光（达到手光、缸光、面光）。

第二，嫩发酵面团又称小酵面，是指还没有发足的面团，主要表现为面团仍有些韧性，弹性较强。它具有大发酵面团的一些膨松性质，又带有水调面团的一些韧性性质，用这种面团制熟的面点色泽较白，口感比大酵面有劲，适用于那些带少许汤汁、软馅面点品种的制作，如北方的"小笼包子"、南方的"蟹黄汤包"等，这种面团除发酵时间比大酵面团要短和面肥投放量少外，其它方面的要求与大发酵面团的调制基本相同。

第三，碰酵面团又称抢酵面、拼酵面。抢酵面就是用较多的面肥与水调面团拼合在一起，经揉制而成的酵面，故也称拼酵面。这种面团的性质和用途与大酵面团一样，实际上它是大酵面的快速调制法，可随制随用。

调制碰酵面团时，面肥的比例是根据品种的不同、气温的高低、静置的时间长短和老嫩来决定的。一般比例是 4 ∶ 6，即四成面肥加六成水调面团揉匀而成。也有 5 ∶ 5 的，即面肥和水调面团各一半。在天气很热，或急需使用酵面时，可以用碰酵面来处理。虽说碰酵面面团的性质和用途与大酵面团相同，但其成品质量不如大酵面团制品光洁。所以在操作过程中要注意面肥不能太老，最好用新鲜的面肥；如时间允许，碰好的面团最好饧一下再用。

第四，呛酵面团是指反复将发酵面团呛入一定数量的干面粉，每 500g 干面可用水 150～170g，发酵足后再使用。其特点是具有较松软的海绵体积，异常暄软，耐嚼力差，有明显的干噎感觉，适用于做"开花馒头"等。

第五，烫酵面团即是把面粉用沸水烫熟，拌成雪花状，稍冷后再放入面肥揉制而成的酵面。烫酵面在拌粉时因用沸水烫粉，所以制品色泽不白净；但吃口软糯、爽滑，较适宜制作煎、烤的品种，如黄桥烧饼、大饼、生煎包子等。

调制烫酵面团时在和面缸中放入面粉，中间扒一小窝，将沸水倒入窝中（面、水之比一般为 2 ∶ 1），用双手伸入缸底由下向上以面粉推水抄拌，成雪花状。稍凉后用双手不停地撅、捣，使其白撅透、揉透，再加入面肥（面粉、面肥之比为10：3），均匀地撅揉即可发酵。

（2）面肥发酵面团的兑碱技术　兑碱的目的是为了去除面团中的酸味，使成品更为膨大、洁白、松软。兑好碱的关键是掌握好碱水的浓度，一般以浓度40%的碱水为宜。

第一，配制碱水。

将50g食碱放入75g清水中溶解，即成40%碱水。饮食行业中遵循的测试碱水浓度的传统方法是切一小块酵面团丢入配好的碱水中，如下沉不浮，则碱水浓度不足40%，可继续加碱溶解；如丢下后立即上浮水面，则碱水浓度超过40%，可加水稀释；如丢入的面团缓缓上浮，既不浮出水面，又不沉底，表明碱水浓度合适。

第二，兑碱方法。

先在案板上均匀地撒上一层干面粉，将酵面放在干面粉上摊开，均匀地浇上碱液，并进一步沾抹均匀，折叠好。双手交叉，用拳头或掌跟将面团向四周撅开，撅开后卷起来再撅，反复几次后再使劲揉搓，直至碱液均匀地分布在面团中，否则会出现花碱现象。

第三，验碱方法。

验碱一般采用感官检验。用刀切开揉好的发酵面团，闻之有香味而无明显酸味和碱味，说明碱量适度；再查看切开的发酵面团横断面，如孔洞均匀，略呈圆形如芝麻大小，则酵碱合适。

饮食行业中传统的验碱方法是嗅、尝、揉、拍、看、试等几种。

嗅酵法是指酵面加碱揉匀后，用刀切开酵面放在鼻子上闻，有酸味即碱少了，有碱味即碱多了，无酸碱味为适当。

尝酵法是指取出一块加过碱揉匀的面团。放在嘴里嚼一下，味酸则碱少，有碱味则碱多，有酒香味而无酸碱味为正常。

揉酵法是指面团加碱之后用手揉面团，揉时粘手无劲是碱少；揉时劲大，滑手是碱多；揉时感觉顺手，有一定劲力，不粘手为正常。

拍酵法是将加过碱的面团揉匀，用手拍面团，拍出的声音空、低沉为碱少，声音实是碱多，拍上去"啪，啪"响亮的是正常。

看酵法是指加过碱的面团揉匀，用刀切开酵面，内层的洞孔大小不一是碱少，洞孔呈扁长条形或无洞孔是碱多，洞孔均匀呈圆形、似芝麻大小为正常。

试酵法是指取一小块加碱揉匀的面团放在笼上蒸，成熟后表面呈暗灰色、发亮的是碱少，表面发黄是碱多，表面白净为正常。

（3）面肥发酵面团调制的操作关键

第一，根据具体的面点品种选择调制合适的发酵面团。

第二，掌握面肥发酵面团的程度，怎样辨别面团是否起发适度呢？面团发酵

1～2h 后，看面团弹性过大，孔洞很少，则需要保持温度，继续发酵；如面团表面裂开，弹性丧失或过小，孔洞成片，酸味很浓，则面团发过了头，此时可以掺和面粉加水后，重新揉和成团，盖上湿布，放置一会，饧一饧，便可做面点了；如果面团弹性适中，孔洞多而较均匀，有酒香味，说明面"发"得合适，当时即可兑碱使用。

第三，把握兑碱技术。掌握如何配制碱水、兑碱方法和验碱方法，这样才能制作出膨松暄软、色味俱佳的面点品种。

3. 甜酒酿发酵法

（1）甜酒酿的概念　甜酒酿是江南地区传统小吃，是用蒸熟的江米（糯米）拌上酒酵（一种特殊的微生物酵母）发酵而成的一种甜米酒。

（2）甜酒酿制作面肥　每 500g 面粉掺酒酿（又叫江米酒、醪糟）250mL 左右，掺水 100～150mL，和成团置于盆内盖严，热天 4 个多小时，冷天 10 个小时左右，即可胀发成新面肥。

（3）甜酒酿发酵面团的调制方法

甜酒酿在制作馒头中使用，最主要的代表在河南周口和浙江金华，具有很强的地方传统色彩，一般都称之为米酒馒头。米酒馒头的制作方法有很多种，有的是直接利用甜酒曲长时间发酵面团，制作馒头；有的是利用甜酒酿中的酒水作为面团用水，再添加适当的酵母，制作馒头，这种发方法在浙江金华最典型；还有的是将甜酒酿和面粉调成面团共同长时间发酵，制作馒头。虽然方法不尽相同，但这些馒头都具有甜酒酿特有的醇香风味，而且口感细腻，是非常具有民族传统特色的面点品种。

（4）甜酒酿发酵面团调制的操作关键　第一，根据具体面点品种调制面肥。第二，采用合适的发酵方法调制面团。第三，能体现具体的地方特色。

（五）面团发酵程度的判断方法

判断发酵是否完成，其实是很重要的一环。首先除了依据发酵时间来看体积是否膨胀了 2～2.5 倍之外，其次还要看面团的状态，面团表面是否比较光滑和细腻。

最后再配合检测面团，具体方法是食指沾些干面粉，然后插入到面团中心，抽出手指。如果凹孔很稳定，并且收缩很缓慢，表明发酵完成。如果凹孔收缩速度很快，说明还没有发酵好（没有发酵好的面团明显的体积达不到 2 倍），需要再继续发酵。如果抽出凹孔后，凹孔的周围也连带很快塌陷，说明发酵过度（发酵过度的面团从外观看表面就没有那么光滑和细腻）。发酵过度的面团虽然也可以使用，但是做出的面点口感粗糙，口味酸涩，形状也不均匀和挺实。发酵不足的面团叫生面团，发酵过度的面团叫老面团，老面团可以分割后冷冻保存，在下次制作面团时可当作面肥加入面粉等和成面团。

二、化学膨松类面团

（一）化学膨松面团的概念

化学膨松面团是指将一些食品添加剂掺在面粉和水中调制而成的面团。一般使用糖、油、蛋等多量的辅助原料调制而成。主要品种有油条、桃酥、萨其马、棉花包等。

（二）化学膨松面团的调制原理

化学膨松面团是利用化学膨松剂在加热条件下发生化学反应的特性，使制品在熟制过程中发生化学反应，产生二氧化碳而膨胀，从而使制品具有膨松、酥脆的特点。

（三）化学膨松面团的种类

化学膨松面团所用的食品添加剂，叫化学膨松剂，主要有两类：一类是小苏打、氨粉、发酵粉等（通称发粉）；一类是矾碱盐。前一类单独作用，调制成发粉膨松面团；后一类要矾碱盐结合使用，膨松原理都是相同的。但是后一类矾碱盐面团，现在都改良了制作方法，去除了国家食品安全法明令禁止的添加剂——明矾。

（四）化学膨松面团的作用

第一，使产品体积增大，口感疏松柔软。膨松剂可使面点制品起发、体积膨胀，形成松软的海绵状多孔组织，使面点制品柔软可口，易咀嚼。面点制品体积的增大也可增加其商品价值。

第二，增加面点制品风味。化学膨松剂使面点制品组织松软，内有细小孔洞，因此食用时，唾液易渗入制品组织中，溶出面点中的可溶性的物质，刺激味觉神经，感受其风味。没有加入膨松剂的产品，唾液不易渗入，因此味感平淡。

第三，有利于消化。面点制品经起发后形成松软的海绵状多孔结构，进入人体后，更容易吸收唾液和胃液，使面点与消化酶的接触面积增大，提高了消化率。

（五）化学膨松面团调制的操作关键

第一，正确选择化学膨松剂。例如，桃酥里面一般放小苏打和泡打粉，棉花包里一般放泡打粉等。

第二，严格控制化学膨松剂的用量。根据国家食品安全法的规定，控制规定的化学膨松剂的用量。

第三，科学掌握调制方法。一般情况下，化学膨松剂先与面粉等拌匀，然后再加上水及其它原料搅拌成团。

三、物理膨松类面团

（一）物理膨松面团的概念

物理膨松面团是利用鸡蛋、油脂经过高速抽打，使鸡蛋、油脂在被抽打的运动中，把气体搅入鸡蛋中的胶性蛋白质内，然后与面粉等物料进行调制成蛋泡面团或蛋油面团。再经过几个工序加工成熟，在加热中使面团内所含气体受热膨松，使成品松发、柔软。这种制作方法就是物理膨松法，又叫机械力胀发，行话叫调搅法。

（二）物理膨松面团的种类

物理膨松面团根据调制面团中所用的膨松物料的不同，可分为蛋泡面团和蛋油面团两大类。前者以鸡蛋为主，搅打膨松后，加入面粉搅拌均匀成面糊；后者是面粉加上水和油脂，搅打成糊后，加入鸡蛋继续搅打成膨松状面糊。虽然在调制面团时，所用的原料略有区别，但都是以鸡蛋清作为膨松剂的，其成品的特点基本是一致的。制作的面点成品都色泽浅黄均匀，质地膨松柔软，入口绵软清香，小孔分布均匀，口味以甜为主，营养价值丰富。

（三）物理膨松面团的调制原理

物理膨松面团制作过程中，鸡蛋清通过高速搅拌，使之快速地打入空气，形成泡沫。同时，由于表面张力的作用，鸡蛋清泡沫收缩变成球形，加上鸡蛋清胶体具有黏度和加入的面粉原料附着在鸡蛋清泡沫周围，使泡沫变得很稳定，能保持住混入的气体，加热的过程中，泡沫内的气体受热膨胀，使面点成品疏松多孔并具有一定的弹性。

（四）物理膨松面团的作用

物理膨松面团呈较稀软的糊状，必须现制现用。制成的成品酥松性好、营养丰富、柔软适口，用于制作卷筒蛋糕、夹心蛋糕、泡芙等。

（五）物理膨松面团调制的操作关键

第一，严格选料和用料。例如鸡蛋一定要选择新鲜的，因为新鲜鸡蛋含氮物质高，灰分少，胶体溶液稠，浓度高，能打进的气体量大，稳定性好。白糖通常选择绵白糖，易于溶解。

第二，注意调制时的每一个环节。温度与气泡的形成和稳定有密切联系，新鲜鸡蛋清在 25 ～ 30℃室温中抽打起泡效果最佳，泡沫也最稳定。如果温度偏高或偏低，都不利于蛋泡的起泡。而且搅打的时候，一般先慢后快，顺着一个方向搅拌效率比较高。

第四节 油酥面团调制工艺

油酥面团是起酥制品所用面团的总称。它也分有很多种类。根据成品分层次与否，可分为层酥和混酥两种。根据成品表现形式，划分为明酥、暗酥、半明半暗酥三种。根据操作时的手法分为大包酥和小包酥两种。

一、层酥

（一）层酥的概念

所谓层酥，是用水油面团包入干油酥面团经过擀片、包馅、成型等过程制成的酥类制品。成品成熟后，显现出明显的层次，标准要求是层层如纸，口感松酥脆，口味多变。如北京的"如意酥"、山东的"千层酥"、河北的"油酥烧饼"、江苏的"黄桥烧饼"都是层酥的代表作。

（二）层酥的制作原理

为什么层酥需用水油面团做皮，干油酥面团做馅才能做好层酥点心呢？这是因为仅仅用干油酥面团做酥点，当然可以起酥，但面质过软，缺乏筋力和韧性，即使成型，在加热熟制过程中也会遇热而散碎。为了保证酥点酥松的特点，又要成型完整，就不能用干油酥面团来做皮，要用有一定筋力和韧性的面团来做皮料。用水调面团虽然做皮成型效果好，但影响点心酥性。最好的选择是用适量水、油调制的水油面团做皮。这样皮和馅心密切结合，水油酥包住干油酥，经过折叠，擀压，使水油酥与干油酥层层间隔，既有联系，又不粘连，既能使面团性质具有良好的造型和包捏性能，又能使熟制后的成品具有良好的膨松起酥性，并形成层次而不散碎。

水油面皮常以 30℃左右的温水及油脂调制而成。此种皮最为常见，也是酥皮中最为重要的面皮。所以在本节中重点讲述。

除了以上用水油面做皮之外，还有 3 种面皮。①糖油面皮　以面粉、饴糖、油脂、水调制而成（如苏式月饼所用的面皮）。②发酵面皮　以酵面来代替水油面，用烫酵来制作面皮。如上海传统点心"蟹壳黄"的面皮，先用 100g 面粉，5g 酵母，50 mL 30℃左右的温水调制成面团，待其充分饧发。然后在 400g 面粉中加入 150mL 左右 80℃的开水，成烫面皮，散尽热气后与上述充分饧发的面团搓揉拌和均匀，再次饧发即成面皮。③鸡蛋面皮　在面皮中原有的原料中再加入适量的鸡蛋，一般以 500g 面粉加 1 个鸡蛋，在广式面皮中应用较多（即擘酥）。

（三）层酥面团的调制

在调制层酥面团以前，要理解干油酥面团（简称干油酥）和水油面面团（简称水油面）的概念，以及它们在起酥中的作用和调成团的原理。

1. 干油酥

（1）干油酥概念　干油酥，指的是全部用油、面粉调制而成的面团。它具有很大的起酥性，但面质松散、软滑，缺乏筋力和黏度，故不能单独制成成品。它在层酥中所起的作用，一是可以作为馅心，二是使面点成品熟制后酥松。

（2）干油酥的制作原理　干油酥之所以能够起酥，是因为调制时只用油不用水与面粉调成面团的原故。干油酥所用的油是一种胶体物质，具有一定的黏性和表面张力。面粉加油调和，使面粉颗粒被油脂包围，隔开而成为糊状物。在面团中油脂使淀粉之间联系中断，失去黏性，同时面粉颗粒膨胀形成疏松性，蛋白质吸不到水，使面团不能形成很强的面筋网络体。原料成型后，再经过烤制加热成熟，使面粉粒本身膨胀，受热失水"碳化"变脆，就达到层酥的要求。这就是干油酥面团起酥的原理。

在认识到起酥原理后，下步就要弄明白油酥面团的成型原理了。当我们把油脂与面粉和成团后，面粉的颗粒被油脂包围。由于油脂的表面张力强，不易化开，所以油脂和面粉开始结合不紧密。但经过反复地搓、擦，扩大油脂颗粒与面粉的接触面，也就是充分增强了油脂的黏性，使黏结力逐渐加强，成为油酥面团。看来油酥面团能形成的主要原因是靠油脂表面张力黏结成团的。

（3）干油酥的调制方法　在我们充分认识到起酥原理、成团原理后，还不等于能调制好层酥面团。这就要求操作者要了解和掌握住它的调制方法。

由于用油脂与面粉调制面团，与用水、面粉调制面团的情况不同，所以调制面团的方法也就不相同。它所用的是"搓擦"法，行话叫"擦酥"。

所谓擦酥，是指面团拌和后，放在案板上滚成团，用双手的掌根一层层向前推，边推边擦，推成一堆后，再滚成团继续推擦。反复擦透的目的是使其增加油滑性和黏性。

干油酥的具体制法如下：先把面粉放在案板上或盆中，中间扒个坑，把油倒入搅拌均匀，反复擦匀擦透即可使用。

（4）干油酥调制的操作关键

第一，制作干油酥面团的面粉，宜选用低筋面粉（也有用蒸熟的面粉）起酥效果好。

第二，用动物性油脂比植物性油脂起酥效果好。这是因为动物性油脂在面团中呈片状和薄膜状，润滑面积大，结合的空气较多，所以起酥性更强。

第三，调制干油酥需用凉油，如果用热油，面团会黏结不起来。制成的成品容易脱壳和炸边。

第四，掌握配方要准。一般以500g低筋面粉，加油量200g为宜。

第五，注意水油面和干油酥的比例要适当。一般干油酥40%，水油面60%。

第六，调制好的干油酥面团软硬度和水油面面团相一致。

2．水油面

（1）水油面概念　水油面是用适当的水、油、面粉调制成的面团。它既有水调面团的筋力、韧性和保持气体的能力，又有油酥面团的滑润性、柔顺性和起酥性。它是介于这两者之间而形成特殊性能的面质。它的作用是与干油酥配合后互相间隔，互相依存，起着分层起酥的效果。使油酥面团具备了成型和包捏的条件，将干油酥层层包住，解决了干油酥熟制后散碎的问题。使成品既能成型完整，又能膨松起酥，达到了层酥的成品特点。

（2）水油面的制作原理　在水油面中，面粉中的蛋白质与水结合，形成面筋，使面团有了弹性、韧性，而油脂则限制面筋的形成。在面团中油脂以油膜的形成分布在面粉颗粒周围，限制了蛋白质吸水，阻止了面筋网络形成。即使在和面过程中形成了一些面筋碎块（局部），也由于油脂的隔离作用不能彼此黏结在一起，不会出现水调面团网络形成的现象，从而使面团弹性降低，可塑性和延伸性增强。水油酥面团的特性，决定了它在层酥点心中只能做酥皮的地位。

（3）水油面的调制方法　水油面的调制与一般面团的调制方法相同。水油面具体制法如下：先将面粉倒入案板或盆中，中间扒个坑，加水和油用手搅动水和油带动部分面粉，达到水油溶解后，再拌入整个面粉调制，要反复揉搓，盖上湿布饧15min后，再次揉透备用。

（4）水油面调制的操作关键　要想使层酥的点心制作顺利，水油面调制就要达标。调制好水油面的关键要把握以下几个环节。

第一，必须正确掌握水、油、面的配料比例。一般要求500 g面粉掺水200 mL、油100 g左右。

第二，以油、水掺全后同时掺入面粉为好，如果分别掺入面团，会给和面均匀带来极大的不便。

第三，面团要反复揉搓。搓透的标准是面团光滑、有韧性。否则制成的面点成品易产生裂缝。

第四，用水温度为30～40℃，夏天水温低一些，冬天水温高一些。

（四）层酥制品的制作

层酥即两块面组成，一块水油面皮，一块干油酥，用水油面皮包上干油酥，再根据具体面点品种成型、熟制而成。

1．根据操作时的手法分

制作层酥类面点还要注意"包酥"这个环节。包得好坏，能直接影响制品的质量，根据操作时的手法分具体分为大包酥和小包酥。

（1）大包酥　大包酥就是一次加工几个或几十个制品。包酥要注意擀制均匀，少用生粉，卷紧，盖上湿布等，每个环节都要掌握好，这样才能做出好的制品来。

（2）小包酥　所谓小包酥，即用一张面皮包一张酥面，一次只擀制少量的坯皮（最多4张）。先将酥面包入面皮内，擀长，卷起，再顺长折叠三层（或是卷起）。然后再按需要制作所需坯皮。其速度慢，效率低，但擀制方便，层次易清晰。

2. 根据成品表现形式分

加工层酥类面点制品还分为明酥、暗酥、半明半暗酥等三种。

（1）暗酥　暗酥就是酥层在里边，外面见不到，切开时才能见到，如双麻酥饼、黄桥烧饼等。按起酥方法又可分为叠酥、卷酥。

① 叠酥　叠酥是将起酥后的坯皮反复折叠而起，再用快刀切成所需坯皮形状，或圆或方，包馅即可，如海棠酥。

② 卷酥　卷酥是将起酥后的坯皮卷起，由右侧切下一段，将刀切面向两侧，按扁，擀开，光面向外包馅成型即可，如双麻酥饼。

（2）明酥　明酥就是酥层都在表面，清晰可见，如千层酥、兰花酥、荷花酥等。明酥又可分为圆酥、直酥（排酥）。

① 圆酥　圆酥是将起酥后的坯皮（面皮包入酥面，擀开折叠三层，再擀开）卷成圆筒形，用快刀由右端切下所需厚薄的剂子，将刀面向上，用擀棒由内至外（或是由外至内），擀成圆形皮。再将被擀的一面在外由反面进行包馅成型，最终使被擀一面的圆形酥层显在外面，如苹果酥。

② 直酥　直酥是将起酥后的坯皮卷成圆筒形后，用快刀由右端切下长段，再顺长段一切为二，成两个半圆形长段的坯子。将刀切面向案板擀成圆形皮，包入馅心，使直线酥纹显在外面，如萝卜丝酥饼。

（3）半明半暗酥　半明半暗酥就是部分层次在外面可见，如蛤蟆酥、蟠桃酥等。制作过程中将起酥后的坯皮卷成圆筒形，由右侧切下一段，将刀切面向两侧，在光面沿45°角斜切。切面向下，轻轻擀开，包馅即可。

（五）擘酥

1. 擘酥的概念

擘酥是广式面点最常用的一种油酥面团，由凝结猪油或黄油掺面粉调制的干油酥和水、糖、蛋等掺面粉调制的水面（或水蛋面）组成。其比例常为3：7。

2. 擘酥的制作原理

水面擀薄双倍于干油酥的大小，包住干油酥，经过折叠，擀压，使水面与干油酥层层间隔，既有联系，又不粘连，既能使面团性质具有良好的造型和包捏性能，又能使熟制后的成品具有良好的膨松起酥性，并形成层次而不散碎。

擘酥面团制品，起发膨松的程度比一般酥皮要大，各层的张开度比其它酥皮要宽且分明。因为它有韧性，受热时产生膨胀，成为层次分明的多层酥，所以有千层酥之称。其面点制品口感松香酥化，可配上各种馅心或其它半成品，如广式点心鲜虾擘酥夹、冰花蝴蝶酥、莲子蓉酥盒等。

3. 擘酥面团的调制方法

（1）调制干油酥　先将猪油熬炼，用力搅拌，冷却至凝结；再掺入少量面粉（每 500g 凝结猪油掺面粉 200g 左右），搓揉均匀，压成块，然后置于冰箱内冷冻 1～3h 至油脂发硬成为硬中带软的结实板块状，即为干油酥面。

（2）调制水面　水面基本制法与冷水面团相同，但加料较多，如鸡蛋、白糖。平均每 500g 面粉加鸡蛋 100g，白糖 35g，清水 225mL，拌和后用力揉搓，至面团光滑上劲为止，同样也放入冰箱冷冻。

（3）起酥　擘酥面团采用叠的起酥方法。先将冻硬的干油酥取出，平放在案板上，用走槌擀压成适当厚薄的矩形块；再取出水面也擀压成与干油酥同样大小的块；然后将干油酥重合在水面上，用走槌擀压、折叠 3 次（每次折成 4 折）；最后擀制成矩形块，置于冰箱内冷冻半小时即可。临用时，取出下剂，制成各种坯皮。

4. 擘酥面团调制的操作关键

第一，制作干油酥面团的面粉，宜选用低筋面粉 (也有用蒸熟的面粉) 起酥效果好。

第二，水面必须正确掌握水、蛋、糖、面的配料比例，而且要揉匀揉光。

第三，起酥前，干油酥和水面分别冷冻一下；起酥时，每次都要叠齐擀匀。

第四，起酥方法也可以采用开酥机来压制，擀压要轻而匀，油酥面和水面的软硬应当一致，否则易造成分层开裂的现象。

二、混酥

（一）混酥的概念

混酥是用蛋、糖、油和其它辅料混合在一起调制成的面团。混酥面团制成食品的特点是成型方便，制品成熟后无层次，但质地酥脆，代表品种有桃酥、甘露酥等。

（二）混酥的制作原理

调制混酥面团，一般必须具备蛋、水、油 (乳) 等物料。这些物料中的蛋乳含有磷脂，磷脂是良好的乳化剂。它可以促进面团中油水乳化。乳化越充分，油脂微粒或水微粒就越细小。这些细小的微粒分散在面团中，很大程度地限制了面筋网络的大量生成。具体分析如下。

第一，混酥面团内加入大量的油脂起了作用。油脂以球状或条状、薄膜状存于面团内。空气随着油脂搅进了面团中。待成型坯料在加热时，面团内的空气就要膨胀。另外，混酥面团用的油量大，面团的吸水率就低。因为水是形成面团面筋网络条件之一,面团缺水严重,面筋生成量就降低了。面团的面筋量越低,制品就越松酥。同时,油脂中的脂肪酸饱和程度也和成品的酥松性有关。油脂中饱和脂肪越高,结合空气的能力越大,面团的起酥就越好。

第二,混酥面团中加糖起了作用。糖的特性之一是具有很强的吸水性,糖能吸收面中的水分,面团中水分被糖吸收得越多,面筋形成的网络面积就越少,制品就越松酥。

第三,混酥面团中加入的化学疏松剂起了作用。在调制混酥时,仅仅依靠油所带进的面团的空气和糖分吸收水分的作用,还是不够的。为了使制品更酥松,有些点心在混酥面团调制时,往往要加入小苏打等。这是为了借用能产生二氧化碳的化学疏松剂的功效,从而使制品更加酥松。

总之,以上三种作用,就使混酥面团达到了酥脆效果。

(三)混酥面团的调制方法

混酥面团调制的方法是先将面粉和发酵粉拌匀,放在案板上,扒一窝塘,放入拌好的糖、油、蛋等与面粉等搅拌均匀,揉匀成团即可。

混酥面团调制的一般配方为面粉500g、白糖200g、猪油200g、鸡蛋200g、发酵粉10g。

(四)混酥面团调制的操作关键

第一,油、糖、蛋等辅料要搅拌均匀,才能拌粉,这样面团才能和得均匀。

第二,混酥调制适合22～30℃的室内温度。

第三,在调制面团时要一次性加准掺水量,避免面团和不匀。

第四,面团调制的时间不宜太长,以免面团产生一定的筋性。

第五,面团软硬度要适中。

第五节　米粉面团调制工艺

米粉面团简称为粉面,是用米磨成粉后与水或其它辅助原料调制成的面团。米含有大量的淀粉质,黏性重而韧性小,适宜做各种糕团。米粉制作的点心有江米条、粽子、元宵、汤圆、重阳糕、发糕、和果子、粑粑、白象糕、大米蛋糕、大米面包、炸麻球、糯米糍、枣泥拉糕、黄松糕、白糖年糕、汤团等制品。

一、米粉的种类和特点

米粉,按其加工方法,可分为干磨粉、湿磨粉、水磨粉三种。饮食业多用湿磨粉和水磨粉做精细点心。

籼米是三种稻米中唯一能够发酵的品种，由于硬度高，胀性大，黏性小，色泽灰白，故一般只可做米饭糕。籼米粉可直接做棉花糕等，但籼米粉大都是与其它粉料掺和使用。

粳米有薄稻米、上白粳、中白粳等几种级别。薄稻米现已不常见，上白粳米在色泽、黏性、香味上都较中白粳米好。粳米的黏性不及糯米，所以粳米一般只适合直接制作粢饭糕等，粳米粉主要是和其它米粉掺和后，制作糕团、船点等。

糯米的黏性最大，膨胀性小，吃口软糯而耐饥。糯米直接制作八宝饭、粽子等。磨成粉与粳米粉、籼米粉按不同比例掺和，可以做各种糕团。

二、掺粉与镶粉

掺粉是指将米粉、面粉与杂粮粉等根据具体面点品种的要求，按照一定的比例掺和在一起的过程。而镶粉是江苏苏州地区制作糕点的一个专用术语，它是指将糯米粉和粳米粉按照具体面点品种的要求，以及一定的比例掺在一起形成的混合粉。因为这两种米粉各有不同的特性，混合在一起后可以取长补短，以改善其特性。镶粉的种类很多，按照行业术语来分则有"一九""二八""三七""四六""五五"几种，可根据具体情况来选配。

全糯米粉：主要用于制作百果蜜糕、猪油年糕、油氽团子等，黏性大、韧性足，油氽制品松散，容易涨发。

"一九"镶粉：即一成粳米粉、九成糯米粉，黏性强，韧性比全糯粉稍大，适宜做青团子，精韧可口，清香扑鼻。

"二八"镶粉：即二成糯米粉、八成粳米粉，黏性较前者稍弱，硬性稍强，适宜做大方糕、小方糕、小小方糕等，皮子松软，富有弹性，配以五色馅心，色彩缤纷，十分鲜艳。

"三七"镶粉：即三成粳米粉、七成糯米粉，黏性较前稍弱，硬性稍弱，适宜做赤豆猪油糕、糖切糕、漱糖寿桃、肉团子等，可做多种点心，各有不同特色。

"四六"镶粉：即四成粳米粉、六成糯米粉，黏性逐渐减少，硬性逐渐增强，适宜做玫瑰拉糕、枣泥拉糕等苏式点心。成品蒸后不变形，食时不粘牙。还可做薯桃薄荷糕、番茄莲子糕等夏令佳点。

"五五"镶粉：即糯米粉、粳米粉各半，此粉软硬、黏性适中，吃口好，可塑性强，两全其美，适合制作各种苏式船点。

（一）掺粉的作用

第一，改进原料的性能，使粉质软硬适度，便于包捏，熟制后保证成品的形状美观。第二，扩大粉料的用途，使面点的花色品种多样化。第三，多种粮食综合使用，使各类粉中的营养成分互相补充，可提高制品的营养价值。

（二）掺粉的方法

一般是根据不同品种要求，用不同比例来掺和米粉，常用方法有以下几种。

第一，糯米粉、粳米粉和籼米粉掺和。这是最常见的镶粉方法，就是将糯米粉和粳米粉、籼米粉根据不同制品的要求，以不同的比例掺和制成粉团，这种镶粉便于制品成型，具体选择哪种比例，要根据品种灵活掌握。其制品软糯、滑润，可制成松糕、拉糕等。

第二，米粉与面粉掺和。米粉中加入面粉，能增加粉团中的面筋质。如糯米加入面粉，其性质糯滑而有劲，制出的成品挺括，不走样，制作船点用的米粉有时就要掺入一些面粉。

第三，米粉与杂粮粉掺和。米粉中加入豆粉、薯粉、玉米粉、小米粉、淀粉、芋头粉等，或加入南瓜泥、熟红薯泥等，能混合揉制作成各种特色点心。如果杂粮比例高于米粉，则为杂粮面，制成的点心成为杂粮点心。

三、米粉面团的调制

米粉有糯米、粳米与籼米三种。由于三种米的性质不同，所以加工成粉团后，它们的性能也各不相同。米粉面团一般分为三大类，即糕类粉团、团类粉团、发酵粉团。

（一）糕类粉团

糕类粉团根据成品的性质一般可分为黏质糕和松质糕两类。

1. 黏质糕粉团

黏质糕粉团是先成熟后成型的糕类粉团，具有黏、韧、软、糯等特点，大多数成品为甜味或甜馅品种，其调制方法是先将粉料搅拌后，上笼蒸熟，再取出揉透（或倒入搅拌机打透打匀）至表面光滑不粘手，最后再取出分块、搓条、下剂、制皮、包馅，做成各种黏质糕或叠卷夹馅，切成各式各样的块。其代表性的品种有年糕、蜜糕、寿桃、拉糕、豆面卷等。

2. 松质糕粉团

松质糕粉团简称松糕，它是先成型后成熟的品种，以糯米粉、粳米粉掺和后加入糖、水或熬成的糖水（又叫糖浆、糖汁等）拌成松散的粉粒状（目的是加热时容易透气成熟，不会夹生），筛入各种糕模中，蒸制成熟即成。

其制作过程中首先要注意加入的糖水量是关键，粉拌得太干则无黏性，蒸制时容易被蒸汽冲散，影响米糕的成型；粉拌得太软，则黏糯无空隙，蒸制时蒸汽不易上冒，从而出现中间夹生的现象，成品不松散柔软。其次，拌好的粉须静置一段时间，目的是让米粉充分吸水和入味。最后，拌好的粉里面会有很多团，不搓散，蒸制时就不易成熟，也不便于制品成型，所以需要过筛，这个过程也称为夹粉。

成品特点是多孔、松软，大多为甜味和甜馅品种，如松糕、马蹄糕、方糕等。

（二）团类粉团

团类制品又叫团子，大体可分为生粉团、熟粉团两类。

1. 生粉团

生粉团即是先成型后成熟的粉团。其制作方法如下：将少量粉先用沸水烫熟或煮成芡，再掺入大部分生粉料，调拌成块团或揉搓成块团，再制皮，捏成团子，如各式汤团。其特色是可包卤多的馅心，皮薄馅多、黏糯滑润。

生粉团子的调制方法，主要有如下两种。

（1）泡心法　泡心法适用于干磨粉和湿磨粉。将粉料倒在案板上，中间扒一个坑，用适量沸水将中间的粉烫熟，再将四周的干粉与熟粉一起拌匀，最后加入冷水，反复揉至柔软不粘手为止。

其制作过程中需注意：第一，掺水量要正确掌握，如沸水多，制皮粘手，难于成型，如沸水少，制成品容易裂口。第二，沸水投入在前，冷水加入在后，不可颠倒。

（2）煮芡法　煮芡法适用于水磨粉。取 1/2 的粉料，用清水调成粉团，压成饼状，再投入沸水中煮成"熟芡"，取出后马上与余下的粉料一起揉搓至细腻光滑且不粘手。

其制作过程中需注意：第一，根据天气的冷热，粉质的干湿，正确掌握用"芡"量多少。第二，生粉团的熟芡，必须等水沸后才可投入。第三，芡在生粉中主要起着黏合组织作用，用芡量多会粘手，不易制皮、包捏；用芡少了，成品容易裂口，下锅易破散。

2. 熟粉团

所谓熟粉团，即是将糯米粉、粳米粉加以适当掺和，加入冷水拌和成粉粒蒸熟，然后倒入机器中打透打匀或揉匀形成的块团。其制作过程中需注意：首先，熟粉团一般为白糕粉团，不加糖和盐等调味。其次，熟粉团因包馅成型后直接食用，所以操作时要特别注意卫生。

（三）发酵粉团

发酵粉团仅指以籼米粉调制而成的粉团。它是用籼米粉加水、糖、面肥、膨松剂等辅料经保温发酵而成的米粉面团。其制品松软可口，体积膨大内有蜂窝状组织，它在广式面点中使用较为广泛，著名的有伦教糕、棉花糕等。其方法是先制出水磨粉，压成干浆，然后与面肥或发酵过的糕粉、糖一起，拌和均匀，置于较暖处发酵，熟制前在加入枧水（或碱水）、发酵粉拌和匀，即可倒入笼屉的模具中蒸制成熟。

四、米粉面团的形成原理

米粉面团的调制主要由米粉的化学组成所决定。米粉和面粉的成分基本一样，主要是淀粉与蛋白质，但它们的性质并不相同。面粉所含的蛋白质是吸水能生成面筋的麦谷蛋白和麦胶蛋白，而米粉所含的蛋白质则是不能生成面筋的谷蛋白和谷胶蛋白；面粉所含的淀粉多为淀粉酶活动力强的直链淀粉，而米粉所含的淀粉多是淀粉酶活力低的支链淀粉。由于米的种类不同，情况又有所不同，糯米所含几乎都是支链淀粉，粳米的支链淀粉含量也较多，所以在调制黏性较强的粉团时，就要用糯米粉或粳米粉。

面粉加入一些膨松剂之后，制成的点心就比较疏松暄软，而糯米粉和粳米粉却很难做出暄软膨松的制品。因为糯米粉、粳米粉含有的支链淀粉较多，黏性较强，淀粉酶活性低，分解淀粉为单糖的能力很低，也就是说，缺乏发酵的基本条件（产生气体的能力），并且米粉蛋白质也是不能产生面筋的谷蛋白质和谷胶蛋白，没有保持气体的能力。因此，米粉虽可引入酵母发酵，但酵母的繁殖缓慢，生成气体也不能被保持，所以用糯米粉和粳米粉调成的粉团，一般都不能用来发酵。但籼米粉却可调制成发酵面团，因为籼米粉中的支链淀粉含量相对较低，可以做一些膨松的制品。

五、米粉面团的特性

（一）米粉面团黏性强，韧性较差

米粉主要由支链淀粉与直链淀粉构成，支链淀粉黏度非常大；直链淀粉则没有黏度；糯米淀粉中含支链淀粉98%，直链淀粉2%；粳米淀粉中含支链淀粉83%，直链淀粉17%；籼米淀粉中含支链淀粉70%，直链淀粉30%。

（二）一般不能单独用来做发酵制品

这一点在米粉面团的形成原理中已有阐述，仅有籼米粉例外。

（三）调制米粉面团一般使用热水

调制米粉面团往往采用"煮芡"和"烫粉"的方法来辅助操作，冷水调制的粉团质地比较松散，只能调制松质糕粉团。

（四）调制米粉面团有时需要掺粉

米粉面团调制时有时需要掺粉，以改善营养，形成质地，便于成型。

第六节　其它面团调制工艺

一、澄粉面团

澄粉面团，就是将澄粉即小麦淀粉用沸水烫制而调成的面团，故又称淀粉面团。其制品成熟后呈半透明状，柔软细腻，口感嫩滑。船点、虾饺皮、水晶饼皮就是用澄粉面团制成的。

（一）澄粉面团的调制方法

澄粉面团的调制方法是用 100℃的水（水温高澄粉面团才有黏性）将澄粉烫熟，倒在抹有猪油的案板上，揉匀成团后即用干净湿布盖好，或放于盆中调制，和好后加盖盖严，以防止风吹干、粗糙、干裂而不好包捏制作。为了便于操作，一般在调制时加入少量的生粉和油脂，其中咸面点可在面团中加些盐，甜味面点加些糖，使面团有味道。

（二）澄粉面团调制的操作关键

① 掌握澄粉、生粉、水、油的配合比例。一般 500g 澄粉，加入玉米淀粉 50g，油 50g，水 800mL。
② 在烧水时要注意，水开后就要将澄粉倒入搅匀。
③ 澄粉烫好后一定要趁热擦透，否则面团易夹生，成熟时易开裂。
④ 揉入生粉的目的是使面团有筋力。
⑤ 面团揉好后，一定要用湿布或保鲜膜包好，以免被风吹干结皮。

（三）澄粉面团的用途

澄粉面团常用于制作广式点心，如虾饺、粉果、水晶饼等。另外澄粉面团还可以制作各种象形面点，例如船点。

二、杂粮粉面团

杂粮粉面团即是将小米、玉米、高粱、豆类（如绿豆、豌豆、蚕豆、赤豆等）等磨成粉，加水调制或加入面粉掺和调制而成的面团，如北京的黄米炸糕、小米煎饼、玉米窝头、赤豆糕、绿豆糕等。

三、根茎类面团

根茎类面团是指将土豆、山药、芋头、南瓜等根茎类原料去皮煮熟，制成泥加入面粉或澄粉等粉料调制而成的面团。其成品软糯适宜，滋味甘美，滑爽可口，并带有浓厚的清香味和乡土味，如山药糕、芋头饺、南瓜饼等。

四、果类面团

果类面团是指利用莲子、菱角、板栗等原料制成的粉料、蓉泥与其它原料如面粉、澄粉、猪油等掺和调制而成的面团。由于所用原料性能不同，其调制方法也不同。常见的品种有马蹄糕、枣泥糕等。

五、鱼虾蓉面团

所谓鱼虾蓉面团，就是指利用鱼肉、虾肉制成泥蓉状，与澄粉或面粉、调味品配合调制而成的面团。此类面团的成品口味鲜美、营养丰富，但制作要求较高。

鱼虾蓉面团的调制方法：先将鱼或虾肉切碎，放入粉碎机打细成蓉状，放进盆内，加入适量的盐、水搅拌上劲，再加麻油、胡椒粉、味精等搅匀，成为鱼虾胶，然后在鱼虾胶内拌入适量澄粉揉匀即可。如用擀面杖擀成薄皮，可用来做鱼、虾饺皮，包制鱼皮馄饨、虾饺等。

复习思考题

1. 面团的概念是什么？
2. 面团的作用有哪些？
3. 面团是如何分类的？
4. 水调面团的概念是什么？
5. 冷水面团的概念是什么？
6. 冷水面团的特点是什么？
7. 冷水面团的调制方法是什么？
8. 调制冷水面团的操作关键是什么？
9. 温水面团的概念是什么？
10. 温水面团的特点是什么？
11. 温水面团的调制方法是什么？
12. 调制温水面团的操作关键是什么？
13. 沸水面团的概念是什么？
14. 沸水面团的特点是什么？
15. 沸水面团的调制方法是什么？
16. 调制沸水面团的操作关键是什么？

17. 水汆面团的概念是什么？

18. 水汆面团的特点是什么？

19. 水汆面团的调制方法是什么？

20. 调制水汆面团的操作关键是什么？

21. 膨松面团的概念是什么？

22. 膨松面团的分类是什么？

23. 发酵面团的概念是什么？

24. 酵母的概念是什么？

25. 酵母的发酵原理是什么？

26. 酵母的作用是什么？

27. 酵母调制面团的方法是什么？

28. 酵母调制面团的操作关键是什么？

29. 面肥的概念是什么？

30. 面肥发酵面团的调制方法是什么？

31. 面肥发酵的面团是如何分类的？

32. 面肥发酵面团的兑碱方法是什么？

33. 调制面肥发酵面团的操作关键是什么？

34. 甜酒酿的概念以及调制甜酒酿发酵面团的方法各是什么？

35. 面团发酵程度的判断方法是什么？

36. 化学膨松面团的概念是什么？

37. 化学膨松面团的调制原理是什么？

38. 化学膨松面团的种类有哪些？

39. 化学膨松面团的作用有哪些？

40. 调制化学膨松面团的操作关键是什么？

41. 物理膨松面团的概念是什么？

42. 物理膨松面团的种类是什么？

43. 物理膨松面团的调制原理是什么？

44. 物理膨松面团的作用有哪些？

45. 物理膨松面团调制的操作关键是什么？

46. 油酥面团的概念是什么？

47. 油酥面团的种类有哪些？

48. 层酥的概念是什么？

49. 层酥的制作原理是什么？

50. 干油酥的概念是什么？

51. 干油酥的制作原理是什么？

52. 干油酥的调制方法是什么？

53. 干油酥调制的操作关键有哪些？

54. 水油面概念是什么？

55. 水油面的制作原理是什么？

56. 水油面的调制方法是什么？

57. 水油面调制的操作关键是什么？

58. 层酥的概念是什么？

59. 大包酥的概念是什么？

60. 小包酥的概念是什么？

61. 明酥的概念是什么？

62. 暗酥的概念是什么？

63. 半明半暗酥的概念是什么？

64. 擘酥的概念是什么？

65. 擘酥的制作原理是什么？

66. 擘酥面团的调制方法是什么？

67. 擘酥面团调制的操作关键有哪些？

68. 混酥的概念是什么？

69. 混酥的制作原理是什么？

70. 混酥面团的调制方法是什么？

71. 混酥面团调制的操作关键有哪些？

72. 米粉面团的概念是什么？

73. 掺粉与镶粉的概念是什么？

74. 米粉面团的有哪些品种？

75. 黏质糕粉团的概念是什么？

76. 松质糕粉团的概念是什么？

77. 生粉团的概念是什么？

78. 生粉团的调制方法有哪些？

79. 熟粉团的概念是什么？

80. 发酵粉团的概念是什么？

81. 米粉面团的形成原理是什么？

82. 澄粉面团的概念是什么？

83. 澄粉面团的调制方法是什么？

84. 澄粉面团调制的操作关键是什么？

85. 杂粮粉面团的概念是什么？

86. 根茎类面团的概念是什么？

87. 果类面团的概念是什么？

88. 鱼虾蓉面团的概念是什么？

第六章

中式面点馅心制作工艺

馅心制作是在面点制作的过程中对操作要求较高的一项工艺，带馅面点的口味、形态、特点、花色品种等都与馅心有着密不可分的联系。因此，要充分掌握馅心的各种口味、形态，使面点色、香、味、形俱佳。

第一节 馅心概述

一、馅心的概念

馅心制作即制馅，是指将各种原料制成馅心的过程，主要有选料、初步加工、调味拌制、熟制等工序。

二、馅心的分类

馅心的分类主要从原料、口味、制作方法三个方面进行划分。

（一）按原料分类

馅心可分为荤馅和素馅两大类。例如生肉馅、菜馅等。

（二）按口味分类

馅心可分为咸馅、甜馅和咸甜馅三类。例如生肉馅、豆沙馅、叉烧馅等。

（三）按制作方法分类

馅心可分为生馅、熟馅两种。例如生肉馅、三丁馅等。

三、馅心的制作原理

作为馅心，除了要具有一定的风味之外，还要具有易于面点成型的特点。所以在馅心制作过程中，必须要注意这两个方面。

一般地，馅心调制主要有生拌与熟制两种方法。生菜馅具有鲜嫩、柔软、味美的特点，但多选用新鲜蔬菜制作，其含水量多在90%以上，而且黏性很差，必须减少水分，增加黏性。减少水分的办法是将蔬菜洗净切碎后，采用挤压或盐腌方法去除水分；增加黏性的办法则是采取添加油脂、酱类及鸡蛋等办法。而生肉馅，具有汁多、肉嫩、味鲜的特点，但必须增加水分，减少黏性。可采用"打水"或"掺冻"的办法，并加入调味品，使馅心水分、黏性适当，再搅拌上劲，易于成型。

熟菜馅多用干制菜泡后熟制，黏性较差；熟肉馅在熟制过程中，馅心又湿又散，黏性也差。所以，熟制馅一般都采用勾芡的方法，既增加馅心的卤汁浓度和黏性，使馅料和卤汁混合均匀，又保持馅心鲜美入味。

生甜馅水分含量少，黏性差，常采用加水或油打"潮"增加水分；加面粉或糕粉增加黏性。熟甜馅，为保持适当水分，常采用泡、蒸、煮等方法调节馅心的水分；原料加糖、油炒制成熟，增加黏性。

四、馅心的作用

馅心的制作影响到包馅面点的口味、形态和特色。所以，对于馅心在包馅面点中的作用必须要有充分的认识，总的说来主要有以下几点。

（一）馅心决定面点的口味

包馅面点的口味，主要是由馅心来体现的。原因有二：一是因为包馅面点制品的馅心占有较大的比重，一般是皮料占50%，馅心占50%，有的品种如春卷、锅贴、烧卖、水饺等，则是馅心多于皮料，馅心多达60%～80%；二是人们往往以馅心的质量，作为衡量包馅面点制品质量的重要标准，包馅制品的油、嫩、香、鲜，实际上是馅心口味的具体反映。由此可见，馅心对包馅面点的口味起着决定性的作用。

（二）馅心影响面点的形态

馅心与包馅面点制品的形态也有着密切的关系。例如，馅心调制硬度适当与否，对制品成熟后的形态能否保持不走样、不塌架、不损形有着很大的影响。

一般情况下，制作花色面点品种，馅心应稍硬些，这样能使制品在成熟后保持形态不变，同时有些面点制品，由于馅料的装饰，更使形态优美，例如在制作各种花式蒸饺时，在面点生坯表面的孔洞内装上火腿、虾仁、青菜、蟹黄、蛋白蛋黄末、香菇末等馅心，可使制品色泽美观，形态更加逼真。

（三）馅心形成面点的特色

各种包馅面点的特色，虽与所用坯料、成型加工和熟制方法等有关，但所用馅心也往往起着决定性的作用。如京式面点注重口味，常用葱姜、京酱、香油等为调辅料，肉馅多用水打馅，具有薄皮大馅、松嫩的风味；苏式面点，肉馅多掺皮冻，具有皮薄馅足、卤多味美的特色；广式面点，馅味清淡，具有鲜、滑、爽、嫩、香的特点。

（四）馅心增加面点的品种

由于馅心用料广泛，所以制成的馅心品种多样，从而增加了面点的花色品种。同样一只包子，因为馅心的不同，就可以产生不同的口味，形成不同的花式。如蟹粉包、鸡肉包、鲜肉包、菜肉包、水晶包、百果包、苹果包等，至于蒸饺、春卷、烧卖、汤团等品种，无一莫不如此，可见馅心品种的多种多样，才能增加面点制品的花色品种。

第二节　馅心原料的加工方法

一般地，馅心制作方法分为两类：第一，拌制法，是先将原料经初步加工或经预热处理，再切成丝、丁、粒、末、沙、泥（蓉）等形状，最后加调味料拌和而成，多为生馅；第二，熟制法，是将原料加工成各种形状后加热调味成馅，多为熟馅。无论生馅或熟馅在加工过程中，都有一定的制作要求和加工方法。

一、馅心的制作要求

（一）馅料的形状要加工细碎化

馅料细碎是制作馅心的共同要求。馅料形状宜小不宜大，宜碎不宜整。因为生坯坯皮是粉料调制而成，非常柔软，如果馅料大或整，则难以包捏成型，熟制时易产生皮熟馅生、破皮露馅的现象。所以馅料必须加工成丝、丁、粒、末、蓉（泥）等形状。具体规格要根据面点品种对馅心的要求来决定。

（二）馅心的水分和黏性要合适

制作馅心时，水分和黏性可影响包馅制品的成型和口味。水分含量多、黏性小，不利于包捏；水分含量少、黏性大，馅心口味粗"老"。因此馅心调制时，要适度控制水分和黏性。

（三）馅心口味调制要适当稍淡

馅心在口味上要求与菜肴一样，鲜美适口，咸淡适宜。但由于面点多是空口食用，再加上熟制时会损失掉一些水分，使卤汁变浓稠，咸味会相对增加。所以，馅心调味要比一般菜肴清淡些。但是，水煮的面点品种除外，例如水饺、馄饨等。

（四）根据面点的成形特点制馅

由于馅料的性质和调制方法的不同，制出的馅心有干、硬、软、稀等区别。制作包馅面点时，应选择合适硬度的馅心，这样，才不至于面点在熟制后"走形""塌架"。一般情况下，制作花色面点的馅心应稍干一些、稍硬一些；皮薄或油酥面点的馅心应软硬适中或用熟馅，以防影响面点制品形态和口味。

二、馅心原料的加工处理

（一）馅料选择

馅料的选择要考虑不同原料具有的不同性质，以及同一种原料不同部位具有的不同特点。由多种原料制作的馅心，应根据馅料性质合理搭配原料。

由于我国幅员辽阔，物产丰富，因而用于馅心制作的原料也是丰富多彩的，禽肉、畜肉等肉品，鲜鱼、虾、蟹、贝、参等水产品，以及杂粮、蔬菜、水果、干果、蜜饯、果仁等都可用于制馅，这就为选择馅料提供了广泛的原料基础。

选料时，一是无论荤素原料，都取质嫩、新鲜的，符合卫生要求的。对于各种豆类、鲜果、干果、蜜饯、果仁等料，更要优中选好；要检查是否受潮霉变，是否虫伤鼠害。二是在选料时，猪肉馅要选用夹心肉，因其黏性强，吸水量较大；牛肉馅选用牛的腰板肉、前夹肉；羊肉馅选用肥嫩而无筋络的部位；鸡肉馅选用鸡脯肉；鱼肉馅宜选海产鱼中肉质较厚、出肉率高的鱼；虾仁馅宜选对虾；猪油丁馅选用板油；用于制作鲜花馅的原料，常选用玫瑰花、桂花、茉莉花、白兰花等可以食用的鲜花。

（二）馅料加工

1. 原料的加工处理

（1）鲜活原料的加工处理　鲜活原料是指从自然界采撷后未经任何加工处理（如腌制、干制等）的动植物性原料。这些原料新鲜程度虽然都很高，却大都不宜直接食用，有的还含有不能被食用的部位。根据烹调和食用的要求，必须对这些原料进行合理的加工。例如，原料为畜肉、禽肉和水产品等，在制作之前，要将肉去骨、去皮，进行挑选和洗涤，特别是原料中的不良气味（苦、涩、腥味）都要经过处理去掉，对纤维粗、肉质老的肉类，如牛肉，应适当加小苏打浸制，使其变嫩，达到美味可口的效果。

（2）干货原料的加工处理 馅心选用豆类、干果、蜜饯等作为原料，一般来说，这些原料都有皮、壳、核等不能食用的部分，要进行加工整理除掉，如核桃仁，要去掉硬壳；莲子要去掉外皮、苦心；枣要去掉皮和核等。

其它制馅中所用的干货原料，为尽量恢复其鲜嫩、细腻、松软的组织结构，常用水发、碱发、油发等涨发处理手段，如木耳、香菇、海参、干贝、虾米等。干货涨发时，要根据具体品种的口味要求确定其涨发方法。

① 水发 水发主要有泡发、煮发、焖发、蒸发等方法。

泡发就是将干料放入沸水或温水中浸泡，使其吸水涨大。这种方法用于体小质嫩的或略带异味的干料，如鱼干、银耳、发菜、粉条、脱水干菜等。

煮发就是将干料放入水中煮，使其涨发回软。这种方法适用于体大质硬或带泥沙及腥膻气味较重的干料，如鱼翅、海参、鱼皮、熊掌等。

焖发就是和煮发相结合的一个操作过程。经煮发又不宜久煮的干料，当煮到一定程度时，应改用微火或倒入盆内，或将煮锅移开火位，盖紧盆（锅）盖，进行焖发。如鱼翅、海参等都要又煮又焖，才能发透。

蒸发就是将干料放在容器内加水上笼蒸制，利用蒸汽传热，使其涨发，并能保持其原形、原汁和鲜味，也可加入调味品或其它配料一起蒸制，以提高质量。如金钩、鲍鱼、鱼翅、干贝等都可采用蒸发。

② 碱发 碱发就是将干料先用冷水浸泡后，再放在碱水里浸泡，使其涨发回软的方法。碱发能使坚硬的原料质地松软柔嫩，如鱿鱼、墨鱼等干货原料，用碱发最为适宜。采用这种方法，是利用碱所具有的腐蚀及脱脂性能，促干料吸收水分，缩短发料时间，但也会使原料的营养成分受到损失。

③ 油发 油发就是将干货原料放在油锅中炸发，经过加热，利用油的传热作用，使干料中所含的水分蒸发而变得膨胀而松脆。油发一般用于胶质、结缔组织较多的干料，如鱼肚、蹄筋、肉皮等干货原料。

2. 原料的形状处理

为适应面点的成型、熟制的需要，馅料一般都加工成丝、丁、粒、末、蓉等形状。这是因为：第一，皮坯大都是以粮食类粉料制成的，性质较为柔软，如馅料是细小碎料，便于包捏、成型，操作方便。如使用大块原料制作馅心，在制品成型上就会产生困难。第二，馅料大多包在面点内部，如不细碎，在熟制时，就不易成熟，会产生皮熟、馅生或馅熟、皮烂等现象。第三，将原料加工成细碎小料，便于入味；尤其是熟馅，在烹制时易于入味，体现馅心鲜嫩味浓。

常用的形态处理方法如下。

（1）绞法　用绞肉机将原料绞碎。适用于将多种原料加工成细小的末、泥、蓉形状，如鲜肉、鱼肉、虾肉等。

（2）擦法　擦法分为两种，一种适宜蔬菜根茎、果实等原料加工成丝状，用擦板或刨加工，例如，擦萝卜丝、生姜丝等。

还有一种擦法适宜含粉质多的原料加工成泥蓉状或去皮，用筛擦洗，可保证粉粒细而爽滑，并去掉粗糙的皮，如豆沙、枣泥等。

（3）切法　运用厨刀将原料加工成大小、粗细适宜的各种丝、丁、粒状，如里脊肉、鸡肉、笋子等。扬州的三丁包子，是用鸡丁、肉丁、笋丁烩制而成的三丁馅制成，在原料形态上，鸡丁大于肉丁，肉丁大于笋丁。

（4）剁法　运用厨刀将原料加工成细碎的形态。一般先切成小料，再有顺序地剁匀、剁细，如青菜、虾仁等。

（5）研磨　适合质松脆、有硬性的原料加工成粉蓉状，采用研钵加工，如果仁、各种香辛料等。

（6）粉碎　采用粉碎机等工具加工成蓉状细料，如芝麻仁等。

（三）烹调处理

1. 原料的初步熟处理

（1）焯水　焯水是以水为加热介质使原料半熟或刚熟的一种方法。根据原料的性质和制馅的要求，焯水分为冷水焯水和沸水焯水。

大部分新鲜蔬菜都必须焯水，一般采取沸水焯水。焯水有三个作用：第一，使蔬菜变软，便于刀工处理。第二，消除异味，蔬菜中如冬油菜、芹菜等，均带有一些异味，通过焯水可以消除。第三，有效地防止部分蔬菜的褐变，如芋艿、藕、慈姑等，通过焯水可使酶失活，防止褐变。

对于牛羊肉等有膻味的动物性原料，根据制作馅心的需要，可以采取沸水焯水处理的方式。

（2）熟化

① 面粉熟化　将干面粉通过加热使蛋白质变性，从而降低面粉中面筋的含量，称为面粉的熟化。面粉经熟化处理后吃水量较高，可增加馅心的甜软酥松，使口味油而不腻，并能使馅心产生特殊的炒面香气。

面粉的熟化工艺有蒸熟、烘熟两种。蒸熟，是将生面粉放入用干笼布垫好的蒸笼中，通过蒸汽使面筋质凝固熟化。由于采用"干蒸"的工艺，面粉中的淀粉因含水量少不发生糊化，熟面粉冷却过筛后粉质仍然洁白松散。蒸熟的面粉，不仅用于制馅，还可用于蛋糕、棉花包、桃酥等只需少量面筋的品种。烘熟，是将生面粉用干净烤盘装好放入 120 ～ 140℃炉温中烘烤至熟。经过烘熟处理的面粉冷却过筛后有香气，色泽微黄，吃水量较大，多用于调制甜馅。

②糯米熟化　将糯米炒熟磨制成粉，称为糯米的熟化。糯米经熟化处理后具有吸水力强、黏性大的特点。利用糯米的这一特性制馅，可使馅心纯滑带韧、软糯清亮。例如，广式月饼馅心就是用熟化处理的糯米粉作为馅料黏合剂而形成广式月饼特色的。经熟化处理的糯米粉，行业中称糕粉，也叫加工粉或潮州粉。其工艺过程如下：先将糯米淘洗干净，再用温热水浸透，然后滤干水分与白沙炒制。炒时先用大火将白沙炒热，再倒入糯米迅速翻炒，待米粒发白发松即将糯米出锅，筛去白沙，冷却后磨制成粉。

刚制好的糕粉不宜使用，这种糕粉性较烈，行业中称为暴糕粉，如用于制作点心则制品口感较粗且容易变型，不好掌握。糕粉应摊放一段时间（约2～3周）才好使用，这时糕粉性质平和，口感细腻软糯，成品定型好，并可吸收馅心中较多的水分，使馅心更为软滑。糕粉是甜馅中理想的黏合原料。

2. 划油

划油，又称滑油、拉油，是指用中火力、中油量、温油锅，将原料放入油锅中迅速划开，划散成半成品的一种熟处理方法，"滑熘鸡片"的过油就属于这种方法。

划油取料主要取用很嫩鲜的鸡、鸭、鱼、虾或猪、牛、羊、兔等嫩鲜部位的原料。划油的原料必须加工成较薄、较细、体积小的形状，如薄片、细丝、小丁、细条等，这样才能使原料在加热中快速成熟，快速出锅，进而保证半成品滑嫩的口感要求。

划油工艺流程：把干净油锅放中火灶上，炕热，放入净油，加热到80～110℃，快速放入原料下锅划散，轻轻搅动，待原料浮到油面片刻后捞出，最后沥干余油备用。划油后的原料主要适应旺火速成的炒、爆、烹等烹调方法。在馅心制作中，滑鸡馅、三丁馅等品种都可以采用划油处理的方法来制作。

3. 烹法

馅心除了拌制之外，还有一些运用烹调方法的制馅手段。例如，炒馅、烩馅和熬馅等各种熟馅。

（1）三丁馅的制作　主料有鸡脯肉、猪肉、笋子等，调辅料有鸡蛋、精盐、料酒、色拉油、芝麻油、酱油、白糖、葱姜、味精等。制作时先将鸡脯肉、猪肉、笋子煮熟分别切成小方丁（鸡丁大于肉丁、肉丁大于笋丁）；然后锅内放油上火烧热，倒入鸡丁、肉丁、笋丁煸炒，同时放入鸡汤、精盐、酱油、白糖、味精、料酒等加热烧开，最后勾芡，淋入芝麻油出锅，倒入盆内即可。

（2）炒制豆沙馅　煮豆时，必须凉水下锅，旺火烧开，小火焖煮。炒沙时，锅面沸腾后降低火力，用小火翻炒。炒制时要注意掌握好火候，火力要调节适当，先用旺火炒制，使大量水分较快蒸发，再转入中、小火炒制，使馅变色，糖、油等滋味渗入馅料；还要不停地翻动，炒匀、炒透，防止粘锅、煳锅。否则馅不细滑，且可能出现"翻沙"、渗油现象。要豆沙色泽美观，可以在炒制时，加入少许食用碱。

4. 调味

调味是保证馅心质量的重要手段。各地由于口味和习惯的不同，在调味品的选配和用量上存有差异，北方偏咸，南方喜甜。因此，要根据顾客要求、季节、地域的具体情况而定。在馅心制作的过程中，巧妙施加咸味、甜味、酸味、苦味、辣味、鲜味等调味料，使馅心口味呈现花样繁多的局面。

烹调过程中的调味常常分为加热前调味、加热中调味和加热后调味等。加热前调味又叫基础调味，目的是使原料在烹制之前就具有一个基本的味，同时减除某些原料的腥膻气味。加热中调味也叫做正式调味或定型调味。调味在加热的锅中进行，主要目的是使各种主料、配料及调料的味道融合在一起，并且相互配合，协调统一，从而确定馅心的滋味。加热后调味又叫做辅助调味。

拌馅多为烹调前调味的方法，熟馅多采用加热中的调味方式。

5. 用芡

用芡是使馅料入味，增加黏性，提高包捏性能的重要手段。

用芡的方法有两种：勾芡和拌芡。勾芡指烹制馅心时在炒锅内淋入芡汁；拌芡指将先行调制入味的熟芡，拌入熟制后的馅料，拌芡的芡汁粉料可用生粉或面粉调制。

用芡可以使馅心卤汁浓稠，从而增加卤汁对原料的附着力。用芡既可以控制馅心的含水量，使馅心的软硬度与成型要求相适应，又可以增进馅心口味，使馅心更为充分地反映出调味的效果。制芡汁时应注意，馅心芡汁一般较菜肴稍浓稠。用芡恰当与否，对面点的口味与成型均可造成较大的影响。

（四）馅心的拌制工艺

拌制工艺是先将原料经初步加工或经预热处理，再切成丝、丁、粒、末、沙、泥（蓉）等形状，最后加调味料拌和而成，多为生馅。

1. 拌制

拌制是制作馅心常见的方法，是把经过选料、加工处理的原料直接拌制的一种方法。主要用于各种生馅和部分熟馅。

在馅心拌制过程中常常应注意几个方面。

第一，加入调味料的先后顺序要得当。加入调味料的先后顺序基本相同，首先是加盐、酱油（有的还加味精）于馅料中，经过搅拌确定基本咸味（加味精的还确定基本鲜味），使馅料充分入味，再逐次加水搅拌，然后可按品种要求掺入冻（应在加水后进行），最后再放味精、芝麻油、葱等。

第二，有些调味品要根据地方特色和风味特点投放，不能乱用；对于鲜味足的原料，应突出本味，不宜使用多种调料，以免影响风味；对于有不良气味的原料，除在加工处理中应先清除不良气味外，还可选用适当的调味料来改善、增强其鲜香味；调制馅心时不宜过咸，应以鲜香为宜。

第三，天气热时要现拌现用，及时冷藏，以免影响风味和质量。

2. 擦制

擦制主要用于生甜馅的制作。擦糖，也称为擦糖馅，是指将蔗糖"打潮"，经擦制将粉料黏附在糖颗粒表面，从而使馅心能黏在一起成团。避免过于松散和加热熟制后溶化软塌以及食用时烫嘴的缺点。

"打潮"是将蔗糖中加入适量的水或油拌匀，使糖颗粒表面湿润，产生一定的黏性，以便吸附粉料。用水"打潮"叫水潮，用油"打潮"叫油潮。加熟面粉是调制生甜馅中的一个关键，多加了馅心干燥，少加了起不到作用，检验标准是加粉后用手搓透，能捏成坨即可。油除了起黏合剂作用外，还能调节馅心的干湿度，增加馅心的鲜香味道。

3. 掺水

掺水，又称吃水、打水，是使生肉馅鲜嫩的一种方法。因为动物性原料黏性大，油脂重，加水可以降低黏性，使生肉馅达到软嫩多汁。加水时应注意以下几点：

第一，加水量的多少应根据制作的品种而定，水少则粘，水多则瀣。如以500g肉泥为准，一般吃水量为250g左右。

第二，加水必须在调味之后进行，否则，肉馅吸水量会降低，或者会出现肉馅水分逸出。

第三，水要分多次加入，防止肉蓉一次吃水不透而出现肉、水分离的现象。

第四，搅拌时要顺着一个方向用力搅打。边搅边加水，搅到水加足，肉质颗粒呈胶状有黏性为止。如：京式面点馅心口味上注重咸鲜，肉馅制作多用"水打馅"，佐以大葱、黄酱、味精、麻油等，使之口味鲜咸而香，天津的"狗不理"包子是其中典型的代表品种。

4. 掺冻

（1）皮冻制作　皮冻又叫冻。皮冻大体分为硬冻和软冻两类。两种冻制法相同，只是所加原汤量不同。硬冻放原汤少，每1000g煮好的肉皮加原汤1000～1500g；软冻放原汤多，每1000g煮好的肉皮加原汤2000～2500g。前者比较容易凝结，多在夏天使用，后者皮冻较嫩，适合于春、秋、冬季节使用。如果把煮烂的肉皮从锅中取出后绞碎，再用纯汤汁熬制而成、清澈透明的冻称为水晶冻。

制冻有选料和熬制两道工序。

① 选料　制皮冻的用料，常选择猪肉皮（最好选用猪背部的肉皮），因肉皮中

含有胶原蛋白，加热熬制时变成明胶，其特性为加热时熔化，冷却就能凝结成冻。在制皮冻时，如只用清水 (一般为骨汤) 熬制，则为一般皮冻。讲究的皮冻还要选用火腿、母鸡或干贝等鲜料，制成鲜汤，再熬肉皮冻，使皮冻味道鲜美，适用于小笼包、汤包等精细点心。

② 熬制　将肉皮洗净、去毛，将肉皮用沸水略煮一下，取出投入凉水中冲洗、去异味；放入锅中，加水或骨汤将肉皮浸没，用旺火煮至手指能捏碎时捞出肉皮，用刀剁成粒状或用绞肉机绞碎，再放入原汤锅内，加葱、姜、黄酒，用小火慢慢熬，一边熬一边撇去油污及浮沫，一直熬至肉皮完全粥化呈糊状时盛出，冷却后即成。

（2）掺冻方法　馅料中掺入皮冻可以使馅料稠厚，便于包捏；而且在熟制过程中皮冻熔解，可使馅心卤汁增多，味道鲜美。掺冻是南方面点常用的增加含水量的方法。有的馅心是在加水的基础上"掺冻"，如小笼肉包、汤包、饺子等的肉馅，都掺有一定数量的皮冻。

掺冻量的多少，应根据冻的种类及具体品种的坯皮性质而定。一般情况下，每1000g馅料加500g左右皮冻。如用水调面及嫩酵面等作坯皮，掺冻量可以多一些。而用大酵面作坯皮时，掺冻量则应少一些。否则，卤汁被坯皮吸收后，容易穿底漏馅。如苏式面点馅心口味上，注重咸甜适口，卤多味美，肉馅多用"猪皮冻"，使制品汁多肥嫩，味道鲜美。

例如，江苏淮安著名的"文楼汤包"为其代表性品种，且汤包熟制后，"看起来像菊花，提起来像灯笼"。同时，也正是由于运用了皮冻馅的原因，使汤包食用时，必须"轻轻提，慢慢移，先开窗，后喝汤"，增添了饮食的情趣。

5. 掺粉

在甜馅的制作时，为了调剂馅心的黏性、软硬度和香味，适量添加熟化的面粉或糯米粉的过程就叫掺粉。例如，制作生甜馅时，要加入粉料和油（水）以增加黏性，便于包捏，馅心熟制后不液化不松散，但掺入过多会使馅心凝结成僵硬的团块，影响馅心的口味和口感。所以加入的粉料和油（水）要适宜。

目前行业中常用的检验方法如下：用手抓馅，能捏成团不散，用手指轻碰能散开为好；如捏不成团，而且松散的状况是馅心黏性不足，应加油脂或水擦匀以增加黏性；如捏成团，却碰不散，黏性过大，应加粉料擦匀，以减少馅心黏性。

第三节　馅心制作案例

一、咸馅制作工艺

咸馅是面点中最为普遍的一种馅心，日常生活中常见的花色蒸饺、水饺、大肉包、菜包等都是咸馅面点制品。咸馅从不同原料的角度来看，可分为菜馅、肉馅、菜肉馅三种；从成熟与否的角度来看，又有生咸味馅和熟咸味馅之分。

（一）生咸味馅制作

生咸味馅是指将经过加工的生的制馅原料拌和调味而成的一类咸味馅心。用料一般多以禽类、畜类、水产品类等动物性原料以及蔬菜为主，加入配料及调料拌和而成。其特点是馅嫩多汁，口味鲜美。

1. 生素馅

（1）概念　生素馅，是指以新鲜蔬菜为原料，常常取料于蔬菜的茎、叶部位，比较鲜嫩清爽，经过摘洗、刀工处理、腌、渍、调味、拌制等精细加工而成，如白菜馅、韭菜馅、萝卜丝馅等。其特点是能够较多地保持原料固有的香味与营养成分，口味鲜嫩，爽口清香，不仅适用于制作春卷、馅饼之类，还可以制作包类、饺类等。

（2）案例

1）韭黄馅

① 原料选备

韭黄 350g，鸡蛋 250g，熟猪油 10g，麻油 15g，味精 1g，精盐 3g。

② 工艺流程

选料→切粒→加鸡蛋丁→调味→拌匀→成馅

③ 制作方法

A. 韭黄洗净切细末。

B. 将鸡蛋搅匀，放旺火蒸笼内蒸熟，取出切成米粒状。

C. 将鸡蛋粒加入调味料搅拌均匀后，再加入韭黄粒拌匀即成。

④ 操作关键

A. 鸡蛋一定要选择新鲜的。

B. 鸡蛋可以蒸成鸡蛋糕切成丁，也可以在锅中用油炒成雪花块状。

C. 鸡蛋蒸或炒制都要掌握火候，鸡蛋要不老不嫩，恰到好处。

2）白菜馅

① 原料选备

白菜 500g，油面筋 75g，绿豆芽 350g，香菜 50g，芝麻油 20g，芝麻酱 25g，盐 8g，味精 3g。

② 工艺流程

选料→切碎→调味→拌制→成馅

③ 制作方法

A. 将白菜切细剁碎，略腌后，挤干水分。

B．油面筋撕成小碎块；香菜切末备用。

C．绿豆芽择洗干净，焯水后入凉水过凉后切碎。

D．将以上原料倒入盆中混合，加盐、味精、芝麻油和芝麻酱拌和均匀。

④操作关键

A．白菜切碎后，要腌制一下，挤去水分。

B．要掌握绿豆芽焯水时间，焯水后一定要入凉水凉透。

C．这是典型的生素菜馅，忌用荤油。

3）萝卜丝馅

①原料选备

白萝卜1000g，虾皮25g，盐8g，味精5g，胡椒粉3g，葱花25g，芝麻油25g，熟火腿25g，水发香菇35g。

②工艺流程

选料→擦丝→焯水→调味→拌匀→成馅

③制作方法

A．白萝卜去皮擦成细丝，开水焯一下，捞出晾凉，挤去水分。

B．熟火腿切成末；水发香菇切末备用。

C．将萝卜丝、熟火腿末、水发香菇末等，加上虾皮、盐、味精、胡椒粉、葱花、芝麻油等拌匀即可。

④操作关键

A．萝卜丝必须用开水焯一下，去其辣味。

B．水发香菇须发透，没有硬芯。

4）青菜馅

①原料选备

青菜1000g，水发香菇100g，豆腐干2块，盐10g，味精3g，砂糖10g，植物油100g，麻油50g。

②工艺流程

选料→洗净、汆烫、冲凉、切碎、挤干水分→加配料→调味→拌匀→成馅

③制作方法

A．将青菜洗净汆烫完毕后立刻浸入冰水，待凉后切成碎末；再将提前泡发好的香菇改刀切碎；豆腐干用热水烫后去豆腥味，然后切粒。

B．将切好的青菜用纱布挤干水分，然后拌入切好的香菇粒、豆腐干粒，加入盐、砂糖、味精、植物油和麻油搅拌均匀后即可。

④操作关键

A．青菜一定要新鲜，然后洗净、汆烫、冲凉、切碎、挤干水分。

B．馅心要加入一定的油脂，例如植物油、熟猪油、麻油等，还可以加入猪油渣等，改善口味。

5）荠菜馅

① 原料选备

荠菜 250g，葱 15g，姜 15g，麻油 20g，精盐 3g，白糖 5g，熟猪油 15g，蚝油 5g。

② 工艺流程

选料→洗净、余烫、冲凉、切碎、挤干水分→加配料→调味→拌匀→成馅

③ 制作方法

A．荠菜择干净，浸泡 2h，洗净，焯水，冲凉，切碎挤干水分备用；葱、姜切末。

B．加上精盐、白糖、麻油、熟猪油、蚝油等调味料拌匀即可。

④ 操作关键

A．荠菜一定要新鲜。

B．馅心要加入一定的油脂，还可以加入猪油渣等，改善口味。

6）豇豆馅

① 原料选备

荠菜 250g，葱 15g，姜 15g，麻油 20g，精盐 3g，白糖 5g，生抽 5g，蚝油 5g。

② 工艺流程

选料→洗净、余烫、冲凉、切碎、挤干水分→加配料→调味→拌匀→成馅

③ 制作方法

A．豇豆择干净，浸泡 2h，洗净，焯水，冲凉，切碎挤干水分备用；葱、姜切末。

B．加上精盐、白糖、麻油、生抽、蚝油等调味料拌匀即可。

④ 操作关键

A．豇豆一定要新鲜。

B．馅心要加入一定的油脂，例如麻油、植物油、熟猪油等，还可以加入猪油渣等，改善口味。

7）药芹馅

① 原料选备

药芹 500g，虾米 25g，葱 15g，姜 15g，麻油 20g，精盐 3g，白糖 5g。

② 工艺流程

选料→洗净、余烫、冲凉、切碎、挤干水分→加配料→调味→拌匀→成馅

③ 制作方法

A．药芹去老叶、择干净，洗净，焯水，冲凉，切碎挤干水分备用；葱姜切末；虾米用热水泡发后，切粒。

B．加上精盐、白糖、麻油、虾米粒等拌匀即可。

④ 操作关键

A．药芹一定要新鲜。

B．馅心要加入一定的油脂，例如麻油、植物油、熟猪油等，还可以加入猪油渣等，改善口味。

8）豌豆苗馅

① 原料选备

豌豆苗 500g，葱 15g，姜 15g，麻油 20g，精盐 3g，白糖 5g，熟猪油 15g，味精 3g。

② 工艺流程

选料→洗净、余烫、冲凉、切碎、挤干水分→加配料→调味→拌匀→成馅

③ 制作方法

A．豌豆苗择干净，洗净，焯水，冲凉，切碎挤干水分备用；葱姜切末。

B．加上精盐、白糖、麻油、熟猪油、味精等调味料拌匀即可。

④ 操作关键

A．豌豆苗一定要新鲜。

B．馅心要加入一定的油脂，还可以加入猪油渣等，改善口味。

2．生荤馅

（1）概念　生荤馅又叫肉馅，是生馅的一种，以畜肉类为主，辅以其它如禽类或水产品等，斩剁成蓉后，一般经加水或掺冻，和入调味品搅拌上劲而成。其质量要求是鲜香、肉嫩、汁多，保持原料原汁原味，如猪肉馅、羊肉馅、牛肉馅等。

（2）案例

1）猪肉馅

① 原料选备

鲜猪肉 750g，精盐 5g，葱 25g，姜末 15g，麻油 75g，酱油 25g，白糖 10g，味精 5g，骨头汤或水 750g。

② 工艺流程

选料→斩蓉→加葱姜末、盐、酱油、白糖等→调味→骨头汤搅打（或掺水、掺冻）→成馅

③ 制作方法

A．将鲜猪肉洗净切成细粒、斩成蓉或用粉碎机搅打成蓉，倒入盆内，加葱、姜末、精盐、酱油、白糖搅拌均匀。

B．加入骨头汤（水）搅打上劲后放入麻油、味精，拌匀即成。

④ 操作关键

A．猪肉选择猪五花肉，或猪肉的肥瘦比例为 4:6 或 5:5 为宜。

B．肉蓉的吃水量应灵活掌握，肉馅以搅打上劲不吐水为准。

C．鲜肉馅要求牙黄色，在调味时酱油的用量不宜多。

D．鲜肉馅可以掺冻，掺冻的比例根据制品的要求而定。

2）羊肉馅

①原料选备

鲜羊肉 750g，胡萝卜 500g，葱 250g，麻油 75g，酱油 75g，花椒水 350g，姜末 25g，精盐 5g，花椒粉 3g，味精 3g。

②工艺流程

羊肉→制蓉→葱花、姜末、盐、酱油调味→花椒水搅打→成馅

③制作方法

A．鲜羊肉用粉碎机搅打成蓉，胡萝卜切成碎末，葱切成葱花。

B．羊肉蓉放入盆中，加葱花、姜末、精盐、酱油、花椒粉拌匀调味。

C．加入花椒水搅打肉蓉，边加边顺着一个方向搅动，搅成稠糊状上劲，再加入味精、麻油拌匀。

D．最后加入胡萝卜末拌匀即成为馅心。

④操作关键

A．选择肉质细嫩、肥瘦均匀的夹心肉或腰板肉。

B．要注意利用调味料祛除羊肉的膻味。

3）蟹肉馅

①原料选备

蟹肉 250g，蟹黄 25g，猪肥瘦肉 300g，精盐适量，酱油 10g，绍酒 15g，胡椒粉 5g，白糖 3g，鸡精 5g，葱 25g，姜末 15g，麻油 15g。

②工艺流程

选料→斩蓉→加葱、姜末、精盐、酱油、绍酒、白糖等→调味→拌匀→成馅

③制作方法

A．将蟹肉洗净切成小颗粒。猪肥瘦肉剁成蓉。

B．猪肥瘦肉蓉加蟹肉、蟹黄和调味料搅拌均匀即成。

④操作关键

A．蟹肉、蟹黄最好买活的螃蟹蒸制后现拆。

B．猪肉选择肥瘦相间的，这样做成的馅心口感比较好。

C．馅心要搅拌均匀。

4）海鲜馅

①原料选备

水发海参 300g，猪肥瘦肉 250g，海米 15g，胡椒粉 3g，鱼露 8g，葱 35g，酱油 15g，姜末 15 克，白糖 2g，料酒 15g，味精 2g，精盐 5g，麻油 15g。

②工艺流程

选料→斩蓉→加葱花、姜末、精盐、酱油、料酒、白糖等→调味→拌匀→成馅

③制作方法

A．先将水发海参洗净切成绿豆大的粒；猪肥瘦肉剁成蓉。

B．海米切成末；葱切成葱花。

C．将猪肥瘦肉蓉拌入海参粒、海米、葱花及其它原料，拌匀即成。

④操作关键

A．海参要预先涨发洗净。

B．猪肉选择肥瘦相间的，这样做成的馅心口感比较好。

5）鸡脯馅

①原料选备

鸡胸肉 250g，猪肥瘦肉 250g，绍酒 15g，酱油 15g，胡椒粉 5g，姜末 10g，葱末 15g，白糖 2g，精盐 3g，麻油 10g。

②工艺流程

选料→斩蓉→加葱末、姜末、精盐、酱油、白糖等→调味→拌匀→成馅

③制作方法

A．先将鸡脯肉、猪肥瘦肉洗净分别用刀剁成蓉。

B．鸡脯肉蓉、猪肥瘦肉蓉加调味料搅拌，拌匀即成。

④操作关键

A．原料选择要新鲜，鸡肉选择鸡脯部位；猪肉选择肥瘦相间的。

B．馅心要搅匀上劲。

6）牛肉馅

①原料选备

牛肉 500g，洋葱 50g，鸡蛋 1 个，姜汁 50g，嫩肉粉 2g，精盐 3g，胡椒粉 2g，料酒 15g，酱油 15g，味精 3g，麻油 25g，植物油 30g，清水 250g，干淀粉 50g。

②工艺流程

选料→绞蓉→加调味料腌渍→调味→拌匀→成馅

③制作方法

A．牛肉去净筋膜，洗净，绞成细蓉，用嫩肉粉、料酒、植物油拌匀后，静置约 40min，再加姜汁及清水 250g 搅拌均匀；洋葱切细末。

B．牛肉蓉加入洋葱末和匀，再加入精盐、胡椒粉、酱油、味精、麻油、干淀粉、鸡蛋液拌匀，即成。

④操作关键

A．牛肉一定要买新鲜的。

B．牛肉中不能有筋膜，且牛肉要绞细，才能多吃水分，使之细嫩。

C．嫩肉粉也可用苏打粉代替，但用量不可过多。

D．配料中可以加白萝卜碎，也可用韭菜、芹菜等代替，如无洋葱可用大葱代替。

7）鱼肉馅

① 原料选备

草鱼 1 条（750g/ 条），猪肥膘肉 25g，鸡蛋清 1 个，胡椒粉 3g，葱 15g，生姜 10g，绍酒 15g，精盐 3g，味精 3g。

② 工艺流程

选料→斩蓉→煮汤→调味→掺鱼汤搅打→成馅

③ 制作方法

A．草鱼宰杀后治净，去掉头尾、骨刺及鱼皮，取净鱼肉绞成蓉；猪肥膘肉剁成蓉。

B．将鱼头、鱼骨放入锅中，掺入清水，加入胡椒粉、葱、生姜、绍酒，上火熬至汤色乳白时，滤去料渣，即成鱼汤。

C．鱼肉蓉加入肥膘肉蓉和匀，再加入精盐、味精、鸡蛋清搅拌，边搅边加入冷鱼汤，直至搅拌上劲即成。

④ 操作关键

A．鱼肉必须去净骨刺，才能保证食用时的安全。最好选用较大的鱼或骨刺较少的鱼，也可以选择海鱼。

B．鱼蓉和肥膘肉蓉都要绞细，才能够吃较多的水分，馅料才会细嫩。

8）虾仁馅

① 原料选备

河虾 1000g，葱 15g，生姜 10g，绍酒 15g，鸡蛋清 1 个，精盐 3g，味精 3g，白胡椒粉 2g，猪肥膘肉 50g。

② 工艺流程

选料→取虾仁→斩蓉→调味→搅打→成馅

③ 制作方法

A．河虾洗净，剥或挤出虾仁，然后将虾仁漂洗干净，吸干水分，再斩成蓉；猪肥膘肉洗净，也斩成蓉；生姜、葱切末备用。

B．河虾蓉加上猪肥膘肉蓉，掺入葱姜末、绍酒、白胡椒粉、鸡蛋清等搅打上劲成馅心。

④ 操作关键

A．河虾蓉里除了掺入猪肥膘肉蓉之外，还可以加入荸荠粒等，以取其嫩。

B．河虾蓉一定要搅打上劲。

3. 生荤素馅

（1）概念　生荤素馅是指以生荤馅为基础，加入蔬菜原料拌制而成的生咸馅。此类馅心荤素搭配，营养合理，口味协调，使用广泛。适用于包子、饺子等。

（2）案例

1）豆芽猪肉馅

① 原料选备

鲜猪肉 750g，豆芽 150g，蚝油 8g，胡椒粉 8g，鱼露 6g，葱末 10g，姜末 5g，料酒 15g，精盐 3g，麻油 10g。

②工艺流程

选料→斩蓉→加葱末、姜末、料酒、精盐、蚝油、鱼露等→调味→加入豆芽搅打→成馅

③制作方法

A．将鲜猪肉洗净用刀剁成蓉。

B．豆芽去瓣去根洗净切细，用沸水焯至断生。

C．猪肉蓉加调味料搅拌均匀，再加入豆芽拌匀即成。

④操作关键

A．鲜猪肉要选择肥瘦相间的五花肉，或配比时采用肥肉 2 瘦肉 8 的比例。

B．豆芽用沸水焯后要挤去水分。

2）冬荠猪肉馅

①原料选备

鲜猪肉 750g，虾肉 250g，冬菇 100g，荠菜 100g，熟猪油 50g，虾籽酱油 10g，葱末 10g，姜末 8g，料酒 15g，胡椒粉 3g，精盐 5g，白糖 3g，鸡精 5g，麻油 15g。

②工艺流程

选料→斩蓉→加葱姜末、精盐、虾籽酱油、白糖等→调味→加入冬菇等搅打→成馅

③制作方法

A．将鲜猪肉、虾肉分别洗净剁成蓉。

B．冬菇、荠菜用沸水焯至断生，挤干水分，分别切细粒。

C．猪肉蓉、虾肉蓉加入调味料搅拌均匀，再加入冬菇、荠菜等拌匀即成。

④操作关键

A．鲜猪肉要选择肥瘦相间的五花肉，或配比时采用肥肉 2 瘦肉 8 的比例。

B．冬菇、荠菜等用沸水焯后要挤去水分。

C．荠菜沸水焯后，立即过一下冷水，以防荠菜变色。

3）双冬海鲜馅

①原料选备

净虾仁 500g，澳带 80g，水发海参 50g，鲜猪肉 150g，水发冬菇 50g，冬笋 150g，胡椒粉 3g，葱末 15g，姜末 10g，料酒 15g，精盐 5g，鸡精 5g，麻油 15g。

②工艺流程

选料→斩蓉、切粒→加葱末、姜末、精盐、料酒等→调味→加入水发香菇、冬笋等搅打→成馅

③制作方法

A．先将净虾仁、鲜猪肉洗净，分别用刀剁成蓉。

B．澳带、水发海参、水发冬菇、冬笋分别洗净切成绿豆大的粒。

C．虾仁蓉、猪肉蓉、澳带、水发海参放容器中，加入葱末、姜末、料酒、精盐、鸡精、胡椒粉等调味料拌匀上劲，再加水发冬菇粒、冬笋粒拌匀即成。

④ 操作关键

A．鲜猪肉要选择肥瘦相间的五花肉，或配比时采用肥肉2瘦肉8的比例。

B．水发冬菇、冬笋先用沸水汆后再切成粒，以去异味。

C．馅心要先搅拌上劲，再拌入水发冬菇粒、冬笋粒等。

4）黄花猪肉馅

① 原料选备

猪肥瘦肉500g，水发金钩150g，鱼露8g，胡椒粉3g，味精3g，麻油25g，精盐5g，料酒15g，葱末15g，姜末10g，鲜黄花200g。

② 工艺流程

选料→斩蓉→加姜末、精盐、鱼露等→调味→加入黄花、葱末拌制→成馅

③ 制作方法

A．将猪肥瘦肉洗净剁成蓉。

B．水发金钩洗净切成米粒状。

C．鲜黄花洗净用沸水焯至断生挤干水分，切成细末。

D．猪肉蓉、金钩粒加调味料搅拌均匀后，再加黄花、葱末拌匀即成。

④ 操作关键

A．鲜黄花一定要焯透，无鲜黄花可用干黄花代替，用时要煮熟。

B．猪肉选择有肥有瘦的，例如五花肉、前夹肉等部位。

5）瑶柱菌菇馅

① 原料选备

瑶柱300g，猪肉150g，鸡腿菇200g，酱油10g，葱25g，绍酒15g，姜汁15g，味精3g，麻油15g，精盐5g，虾油10g。

② 工艺流程

选料→剁细、斩蓉、切粒→加葱末、精盐、酱油、绍酒等→调味→拌匀→成馅

③ 制作方法

A．瑶柱洗净后入碗，放入姜汁、葱末、绍酒入笼蒸10余分钟，取出趁热压成丝剁细。

B．猪肉洗净用刀剁成蓉；鸡腿菇洗净切成细粒。

C．猪肉蓉加瑶柱碎，放入调味料搅拌匀，再放入鸡腿菇拌匀即成。

④ 操作关键

A．干瑶柱要现涨现发使用；瑶柱不能蒸得过火，以压成丝为佳。

B．猪肉选择有肥有瘦的，例如五花肉、前夹肉等部位。

6）鲜贝韭黄馅

①原料选备

鲜贝400g，猪肥瘦肉150g，韭黄200g，酱油15g，鱼露10g，姜汁10g，绍酒8g，鸡精5g，麻油10g，精盐3g，葱15g。

②工艺流程

选料→剁细、斩蓉、切粒→加姜汁、精盐、酱油、绍酒、鱼露等→调味→拌匀→成馅

③制作方法

A．鲜贝、猪肥瘦肉洗净分别剁成蓉。

B．韭黄、葱洗净分别切成细末。

C．先将鲜贝、猪肥瘦肉加调味料搅拌均匀。

D．再放入韭黄、葱末拌匀即成。

④操作关键

A．鲜贝选择新鲜的。

B．猪肉选择有肥有瘦的，例如五花肉、前夹肉等部位。

7）三鲜笋菇馅

①原料选备

猪肥瘦肉250g，鸡脯肉50g，大虾肉200g，水发海参200g，蘑菇100g，冬笋100g，酱油25g，绍酒15g，胡椒粉3g，葱末15g，姜末10g，蚝油15g，熟猪油15g，精盐5g，麻油15g。

②工艺流程

选料→剁细、斩蓉、切粒→加葱末、姜末、精盐、酱油、绍酒、蚝油等→调味→拌匀→成馅

③制作方法

A．将猪肥瘦肉、鸡脯肉分别洗净剁成蓉。

B．大虾肉、水发海参、蘑菇、冬笋分别洗净切成绿豆大的粒。

C．猪肥瘦肉、鸡脯肉、大虾肉、水发海参放容器中加调味料搅拌均匀。

D．加入蘑菇粒、冬笋粒拌匀即成。

④操作关键

A．原料选择一定要新鲜。

B．冬笋要用水焯一下去涩味。

C．猪肉选择肥瘦相间的，口感较好。

8）鱼肉菌菇馅

①原料选备

净草鱼肉500g，猪肥瘦肉100g，蘑菇20g，鸡腿菇30g，胡椒粉5g，绍酒15g，姜末10g，葱15g，精盐3g。

②工艺流程

选料→剁细、斩蓉、切粒→加葱、姜末、精盐、绍酒等→调味→拌匀→成馅

③制作方法

A. 将净草鱼肉、猪肥瘦肉洗净分别用刀剁成蓉状。

B. 蘑菇、鸡腿菇洗净后分别切成细粒。

C. 先将草鱼肉蓉、猪肉蓉放器中加调味料拌均匀。

D. 再加入蘑菇粒、鸡腿菇粒拌匀即成。

④操作关键

A. 原料选择要新鲜，鱼肉要现杀现剁，猪肉现斩蓉。

B. 蘑菇、鸡腿菇可以用沸水焯后挤干水分再拌入。

（二）熟咸味馅制作

熟咸味馅是将制馅原料经形状处理后，通过熟制加工而成的。它选料广泛，口味多变，并能缩短面点制品的成熟时间，既保持面点坯皮料的风味，又体现了口味醇厚、鲜香汁浓的特点。

1. 熟素馅

（1）概念　熟素馅是以蔬菜等为主料，经过加工处理和烹制调味而成的馅心。其特点是清香不腻、柔软适口，多用于花色面点品种。

（2）案例

1）翡翠馅

①原料选备

嫩青菜 1500g，熟猪油 300g，精盐 8g，白糖 50g，生姜 10g，熟火腿末 100g。

②工艺流程

选料→焯水→过冷水后挤干，切蓉→加盐略腌，挤出水分→加姜末、熟猪油、白糖等→调味→成馅

③制作方法

A. 将青菜质硬的菜帮切除后清洗干净，下开水锅焯烫，用冷水过凉沥干，再用刀剁成细蓉。

B. 生姜切末待用。

C. 将菜蓉装入布袋，挤干水分，再用少许盐，将菜蓉腌渍一下去涩味。

D. 然后将菜蓉与白糖、姜末、熟猪油一起调拌均匀、揉透，即成馅心。

④操作关键

A. 青菜要先焯水，再用冷水过凉沥干，保持绿色。

B. 青菜斩成蓉后，用盐略腌一下去涩味。

C. 菜蓉与白糖、姜末、熟猪油一起要调匀、揉透。

D. 选用嫩青菜为原料，也可以用豆苗、荠菜等其它绿叶菜代替。

2）豆腐馅

①原料选备

豆腐 500g，水发香菇 100g，冬笋 100g，虾籽 10 克，熟猪油 75g，精盐 25g，味精 10g，白胡椒粉 10g，葱 30g，姜 15g，绍酒 15g。

②工艺流程

选料→切丁→炒制→调味→拌制→成馅

③制作方法

A．将豆腐切成 0.7cm 见方小丁放入开水锅中烫透，捞出用冷水浸一下，沥干水分待用。

B．冬笋焯水后切 0.5cm 方丁；水发香菇切 0.7cm 见方的丁；葱、姜切末待用。

C．炒锅上火，放入熟猪油烧热，放葱姜末煸香；加入香菇丁、冬笋丁炒匀，放入绍酒、虾籽、精盐、味精、白胡椒粉调味后拌匀。

D．起锅后倒入豆腐拌匀即可。

④操作关键

A．豆腐一般选择老豆腐，切丁后要焯水，然后过冷水，去除豆腥味。

B．冬笋要焯水过冷水后切丁，去除涩味。

3）素蟹粉馅

①原料选备

胡萝卜 200g，土豆 100g，水发香菇 50g，水发黑木耳 50g，胡椒粉 5g，生姜 15g，葱 10g，熟猪油 50g，绍酒 15g，鸡精 5g，酱油 10g，精盐 2g，麻油 15g，湿淀粉 15g。

②工艺流程

选料→切粒→焯水→调味→炒匀→成馅

③制作方法

A．将胡萝卜、土豆、水发香菇、水发黑木耳、分别洗净切成小颗粒。

B．用沸水焯至断生，挤去水分。

C．锅内放油烧热，放入胡萝卜、土豆、香菇、黑木耳和调味料。

D．炒匀勾芡，起锅即成。

④操作关键

A．所有蔬菜洗净后切成小粒，焯至断生，挤去水分。

B．不宜在锅内久炒，以免影响风味。

C．适当勾芡，保持一定的稠度。

4）双冬馅

①原料选备

冬菇 250g，冬笋 250g，葱 15g，姜汁 10g，酱油 8g，麻油 10g，白糖 2g，精盐 3g，味精 2g。

② 工艺流程

选料→切粒→焯水→调味→炒匀→成馅

③ 制作方法

A．冬菇、冬笋分别洗净切成细粒。

B．用沸水焯一下捞起。

C．麻油入锅烧热，放入冬笋、冬菇加调味料炒熟入味即成。

④ 操作关键

A．冬菇、冬笋要新鲜。

B．冬菇粒、冬笋粒的大小规格基本一样。

C．原料不宜在锅内久炒，以断生为好。

5）南瓜馅

① 原料选备

南瓜 500g，白糖 600g，桂圆肉 25g，橄榄仁 25g，松仁 25g，黄油 20g，吉士粉 20g，清水 100g。

② 工艺流程

选料→搅打成蓉→加水及调料熬煮→调味→勾芡→成馅

③ 制作方法

A．橄榄仁、桂圆肉、松仁分别切成小米粒状。

B．南瓜去皮去子洗净，用机器将南瓜打成蓉。

C．锅内放水、南瓜蓉、白糖煮熟。

D．放入黄油、吉士粉搅浓稠起锅。

E．加橄榄仁、桂圆肉、松仁拌匀即成。

④ 操作关键

A．橄榄仁、桂圆肉、松仁等切成大小一致的粒状。

B．要恰当掌握馅的浓稠度，做到不干、不稀。

6）雪菜冬笋馅

① 原料选备

雪里蕻 450g，熟冬笋 150g，熟猪油 50g，鸡汤 100g，虾籽 5g，湿淀粉 15g，精盐 5g，酱油 10g，味精 1g。

② 工艺流程

选料→漂洗→切丁→炒制→调味→成馅

③ 制作方法

A．将雪里蕻反复用冷水泡去咸味，再剁成碎末；熟冬笋切细丁。

B．锅内加入熟猪油，烧热后煸炒笋丁，放入鸡汤、虾籽、酱油、精盐，焖 10min 左右盛出。

C．再在锅里放入熟猪油，烧热后煸炒雪里蕻，炒透后，放入笋丁、味精，用湿淀粉勾芡，拌和均匀即可。

④操作关键

A．雪里蕻一定要反复用冷水浸泡，漂去咸味。

B．熟笋丁要焯水，并先炒干水分，再加油煸炒。

7）素什锦馅

①原料选备

干香菇 20g，冬笋 150g，蘑菇 100g，豆腐干 50g，油面筋 75g，油菜 750g，葱 15g，姜 10g，植物油 25g，麻油 10g，盐 8g，味精 3g，酱油 15g。

②工艺流程

选料→初加工→切粒→炒制→调味→拌匀→成馅

③制作方法

A．干香菇用温水浸泡涨发后洗净，切成细粒；油面筋放在温水中泡软，然后切碎；蘑菇、豆腐干一起放入沸水中，焯水后捞出；冬笋放入沸水锅中煮熟；葱、姜切末。

B．油菜放入沸水锅中焯水，捞出用冷水冲凉，把油菜切碎后挤干水分。

C．将冬笋、蘑菇、豆腐干分别切成细粒。

D．把油菜末放入盛器中，加植物油、盐、味精、麻油拌匀。

E．锅内放油烧热，放下葱、姜末炸香，加入香菇粒，切碎的面筋、冬笋粒、蘑菇粒、豆腐干粒加盐、味精、酱油煸炒，盛出冷却后倒入油菜末中，拌匀即可。

④操作关键

A．油菜焯水后一定要用冷水冲凉，避免油菜氧化变色。

B．拌馅心时一定要等到凉透后再拌在一起。

8）梅干菜馅

①原料选备

梅干菜 350g，葱 15g，生姜 10g，绍酒 15g，酱油 15g，白糖 10g，精盐 3g，熟猪油 25g，肉汤 500g，湿淀粉 15g。

②工艺流程

选料→泡发→加葱姜末、精盐、酱油、白糖等煮入味→勾芡→成馅

③制作方法

A．梅干菜泡开后洗净，切碎；葱、姜洗净，切末。

B．锅中倒入适量的油烧热，放入葱末、姜末略微煸炒一下，捞出。

C．再放入梅干菜，干煸后加入酱油、白糖、精盐、肉汤适量，盖上锅盖，改用小火把梅干菜煮熟。

D．熟透后加入淀粉勾芡成馅。

④操作关键

A．梅干菜要用热水泡开，漂洗净后，挤干切碎。

B．煮制时将梅干菜煮熟焖透。

2．熟荤馅

（1）概念　熟荤馅是用畜禽肉及水产品等原料经加工处理，烹制成熟而成的一类咸馅。其特点是卤多汁紧，油重味鲜，肉嫩爽口，清香不腻，柔软适口。一般适用于酵面制品、米粉团制品、花色点心制品的馅心。

（2）案例

1）三丁馅

① 原料选备

猪肋条肉 450g，熟鸡脯肉 250g，熟冬笋 250g，熟猪油 50g，虾籽 6g，酱油 75g，白糖 75g，葱 15g，姜 10g，绍酒 15g，鸡汤 400g，盐 8g，湿淀粉 25g。

② 工艺流程

选料→切丁→葱姜末爆锅炒匀→调味→勾芡→成馅

③ 制作方法

A．猪肋条肉洗净焯水，然后放入清水锅中煮至七成熟捞出，冷却，切成约 0.7cm 见方的丁。

B．鸡脯肉焯水后切成约 1.5cm 见方的丁。

C．冬笋焯水后切成约 0.5cm 见方的丁。

D．葱、姜切末待用；锅中放油烧热，将葱姜末煸香。

E．将笋丁、猪肉丁、鸡肉丁放入锅中稍炒，放入绍酒、酱油、虾籽、白糖、鸡汤、盐，用旺火煮沸入味。

F．用湿淀粉勾芡，待卤汁渐稠后出锅，装入馅盆即成三丁馅。

④ 操作关键

A．三丁有大小之分，鸡丁的规格大于肉丁；肉丁的规格大于笋丁。这样可以使鸡丁比较突出，笋丁脆嫩易咀嚼。

B．三丁在刀工处理之前要洗净焯水，去异除涩。

C．制作时还要注意火候，使肉粒、鸡粒软烂适口，形整不散。

2）蟹粉馅

① 原料选备

活老母鸡 2500g，猪五花肉 1500g，活螃蟹 1500g，猪肉皮 1500g，猪骨头 1500g，葱末 50g，姜末 50g，白胡椒粉 10g，精盐 90g，绍酒 100g，绵白糖 15g，白酱油 100g，熟猪油 300g，水 5000mL（不包括焯水用水量和蒸蟹的用水量）。

② 工艺流程

选料→制汤→熬煮蟹粉→调味→混合冷凝→成馅

③ 制作方法

A．将活老母鸡宰杀、去内脏、洗净；猪肉皮、猪骨头洗净；猪五花肉洗净，切成 0.35cm 厚的大片。

B．将上述原料一起放入沸水锅中焯水后捞起，另换水 5000mL，再将所有原料一同放入锅中煮制。

C．当猪肉六成熟、鸡肉全熟时取出，将鸡肉剔下，与猪肉一起切成 0.3cm 见方的小丁。

D．肉皮酥烂时捞出搅碎，猪骨取出另作他用。

E．将活螃蟹刷洗干净，捆绑后蒸熟，去壳剔出蟹肉、蟹黄，称之为蟹粉。

F．锅内加熟猪油烧热，放入葱末、姜末各 15g 略炒，再加入蟹粉、绍酒 25g、精盐 10g、白胡椒粉炒匀入味待用。

G．将肉汤过滤、烧沸，加入肉皮蓉略煮半小时。

H．将肉皮蓉滤去，再烧沸后，撇去浮沫，下入鸡肉粒、猪肉粒及余下调味料。

I．最后加入炒熟的蟹粉煮沸即可。

J．将煮好的汤馅装于盆中，不断搅拌，待汤馅冷凝后搅碎即成。

④ 操作关键

A．此馅制作时要注意原料的选择，肉要选择五花肉；鸡选用老母鸡可以使馅心味道更加鲜美；猪肉皮要选择猪脊背的；螃蟹最好选择阳澄湖的大闸蟹；猪骨头选择猪筒子骨。

B．煮汤时时间要足够，使猪肉皮酥烂，用粉碎机打成蓉状。

C．活螃蟹要刷洗干净；旺火足汽蒸 10min；剔出蟹黄、蟹肉，炒成蟹粉。

D．将煮好的汤馅装于盆中，不断搅拌，使肉料等分布均匀，制成的汤馅中肉粒半沉半浮。

E．馅心制作时加水量要适中，要使馅心的汤汁浓而不黏糊。

3）咖喱牛肉馅

① 原料选备

生牛肉 250g，葱 15g，姜 10g，绍酒 15g，洋葱 50g，咖喱粉 15g，白糖 5g，胡椒粉 2g，熟猪油 25g，料酒 15g，湿淀粉 15g，骨头汤 100g，精盐 3g，味精 1g。

② 工艺流程

选料→煮熟→切粒→炒制→勾芡→成馅

③ 制作方法

A．将生牛肉洗净，加葱、姜、绍酒以及冷水等煮熟，然后切成粒状。

B．洋葱切成小丁。

C．锅烧热，注入熟猪油，把洋葱放入煸香，加入咖喱粉炒香，加入牛肉末炒匀，再下入其它调料，勾入适量湿淀粉炒匀即成。

④ 操作关键

A．洋葱一定要放在锅中煸香。

B．加入咖喱粉后火力不宜太大，以防咖喱粉变焦。

C．其馅有浓郁的咖喱味，宜作酥皮制品馅心。

4）叉烧馅

① 原料选备

叉烧肉 500g，面粉 50g，蚝油 25g，味精 1g，葱 15g，熟猪油 50g，酱油 30g，白糖 500g，精盐 2g，清汤 250g。

② 工艺流程

选料→切丁片→面捞芡→调味→拌匀→成馅

③ 制作方法

A．将锅烧热，倒入熟猪油，放入葱炸出香味后捞去（取其味）。

B．面粉下入油锅，上火加热，慢慢搅匀，小火炒成淡黄色，将清汤分 3 次下入，每次下入后均搅匀。

C．最后下入酱油、白糖、精盐、蚝油、味精，搅拌至细滑无粉粒，呈浓稠状的面捞芡。盛入盆中待用。

D．将叉烧肉切成长宽各约 1cm、0.3cm 厚的小片，倒入面捞芡盆内，用手轻轻拌匀即成。

④ 操作关键

A．以叉烧肉为主要原料，用拌芡的方法调制而成。

B．所用芡为面捞芡，别具特色。

C．叉烧肉可以由市场上购买，也可以自制。

5）熟鸡丁馅

① 原料选备

鸡肉 350g，鲜笋 50g，熟猪油 50g，精盐 3g，高汤 100g，白糖 3g，味精 2g，湿淀粉 15g。

② 工艺流程

选料→切粒→炒制→勾芡→成馅

③ 制作方法

A．鸡肉切成丁备用，鲜笋也切成小丁。

B．锅架火上，放入熟猪油烧热，先煸炒鸡丁、笋丁。

C．加入高汤和调料，开后焖煮，汁稍稠即放湿淀粉勾芡，冷却即成。

④ 操作关键

A．鸡丁略大，为 0.7cm；笋丁略小，为 0.5cm。

B．汤汁要适中，太稀难以包馅，太稠了则腻，不好吃。

6）熟猪肉馅

① 原料选备

生猪肉 250g，葱 15g，姜 10g，绍酒 15g，酱油 15g，白糖 15g，胡椒粉 2g，

熟猪油 25g，料酒 15g，湿淀粉 15g，骨头汤 100g，精盐 3g，味精 1g。

②工艺流程

选料→切粒→烧制→勾芡→成馅

③制作方法

A. 将生猪肉洗净，然后切成粒状。葱姜切成小粒。

B. 锅烧热，注入熟猪油，把葱姜末放入煸香，加入猪肉粒炒匀，再下入骨头汤及其它调料，烧制入味后，勾入适量湿淀粉炒匀即成。

④操作关键

A. 葱姜一定要放在锅中煸香。

B. 放入骨头汤之后要烧制入味。

7）火腿鲜肉馅

①原料选备

熟火腿 200g，猪肥瘦肉 300g，鱼露 5g，葱末 8g，姜末 6g，料酒 15g，味精 5g，熟猪油 25g，精盐 3g，麻油 15g。

②工艺流程

选料→煮熟→切粒→炒制→拌制→成馅

③制作方法

A. 将火腿切成绿豆大的粒。

B. 猪肥瘦肉洗净剁蓉。

C. 锅内放熟猪油烧热，放入姜末炸香，猪肉蓉炒散，略微变色。

D. 放入调味料、熟火腿炒匀。

E. 起锅放葱末、麻油拌匀即成。

④操作关键

A. 猪肉蓉不要炒得太老，变色即可。

B. 熟火腿也可不炒，直接拌入馅内。

8）三鲜馅

①原料选备

猪瘦肉 500g，鸡肉 100g，鲜虾肉 100g，酱油 15g，味精 3g，胡椒粉 5g，白糖 10g，料酒 15g，生粉 30g，精盐 5g，麻油 25g，葱 15g，生姜 10g，鲜汤 150g，湿淀粉 10g。

②工艺流程

选料→切粒→炒制→勾芡→成馅

③制作方法

A. 将猪瘦肉、鸡肉、鲜虾肉分别洗净切成粒。

B. 将猪肉粒、鸡粒、虾粒用精盐、料酒、生粉拌匀入麻油锅滑熟。

C. 将滑好的猪肉、鸡肉、虾肉加入其余调味料入锅，烧开后勾芡，拌匀起锅即可。

④ 操作关键

A. 三鲜原料可以切成丁、丝、粒等形状。

B. 三鲜原料在锅内不宜炒得过久，以免失水过多，影响鲜嫩口感。

C. 卤汁的量控制适中。

3. 熟荤素馅

（1）概念　熟荤素馅是将肉类原料加工处理、烹制调味后，再掺入加工好的蔬菜馅料拌匀即成。其特点为色泽自然，荤素搭配，醇香细嫩，卤多味美。

（2）案例

1）鸡粒馅

① 原料选备

鸡脯肉 250g，冬笋 50g，冬菇 50g，猪肥膘肉 50g，叉烧肉 100g，葱 15g，姜 10g，生抽 15g，精盐 5g，味精 5g，胡椒粉 5g，芝麻油 10g，熟猪油 100g，绍酒 15g，白糖 10g，湿淀粉 15g，蛋清 15g，鸡汤 200g。

② 工艺流程

选料→切粒→炒制→调味→勾芡→成馅

③ 制作方法

A. 将鸡脯肉、冬笋、冬菇、猪肥膘肉洗净并切成黄豆大小的细粒。叉烧肉切成黄豆大小的细粒；葱姜切末。

B. 鸡肉丁加少许精盐、绍酒拌匀，用蛋清、湿淀粉上浆。

C. 炒锅置于火上，加入一半熟猪油烧热，放入鸡丁划熟。

D. 炒锅加另一半猪油，倒入猪肥膘肉、叉烧肉、冬菇等煸炒，再放入鸡丁、葱姜末、绍酒、精盐、生抽、胡椒粉、白糖、味精和清汤烧沸后勾芡，淋入芝麻油出锅成馅。

④ 操作关键

A. 鸡脯肉较嫩，要采用划油的初步熟处理方法。

B. 芡汁的厚度要适中。

2）猪肉萝卜馅

① 原料选备

猪肥瘦肉 350g，胡萝卜 150g，绍酒 15g，酱油 5g，葱末 15g，姜末 10g，胡椒粉 3g，味精 2g，麻油 15g，精盐 5g。

② 工艺流程

选料→斩蓉→加葱姜末、精盐、酱油、白糖等→调味→骨头汤搅打（或掺水、掺冻）→成馅

③ 制作方法

A．将猪肥瘦肉洗净分别用刀切成粒。胡萝卜洗净切成细粒。

B．锅内放油烧热，放入姜末炸香，然后放入猪肉粒炒散，加酱油、麻油、精盐、胡椒粉等炒入味。起锅拌入胡萝卜粒、葱末即成。

④操作关键

A．选择猪五花肉制作，有肥有瘦。

B．馅心炒制入味后再拌入胡萝卜粒。

3）猪肉榨菜馅

①原料选备

猪肥瘦肉 500g，榨菜 150g，绍酒 15g，酱油 15g，花生酱 10g，葱 15g，味精 3g，白糖 3g，麻油 10g，精盐 3g，生姜 10g，植物油 25g。

②工艺流程

选料→洗净切粒→炒制→调味→拌制→成馅

③制作方法

A．将猪肥瘦肉洗净切成绿豆大的粒。

B．榨菜漂去咸味，洗净切成小米粒状。

C．锅置火上，用植物油将猪肉粒炒去血水，加入调味料炒入味。

D．放入榨菜、葱炒拌匀起锅即成。

④操作关键

A．如榨菜过咸，要用水多浸泡一些时间。

B．猪肉选择有肥有瘦的，这样口感比较好。

4）猪肉芽菜馅

①原料选备

猪肥瘦肉 500g，芽菜 150g，绍酒 15g，酱油 10g，姜汁 10g，胡椒粉 3g，白糖 2g，麻油 15g，味精 3g，葱末 15g，植物油 25g，精盐 3g。

②工艺流程

选料→洗净切粒→炒制→调味→拌制→成馅

③制作方法

A．将猪肥瘦肉洗净切成绿豆大的粒。芽菜洗净切粒。

B．锅内放植物油烧热，投入猪肉粒炒散。再加入调味料、芽菜炒匀起锅，拌入葱末即成。

④操作关键

A．猪肉选择有肥有瘦的，这样口感比较好。

B．肉不能在锅内久炒，以免炒硬影响口感。

5）猪肉咸菜馅

①原料选备

猪肥瘦肉 500g，干咸菜 150g，麻油 15g，味精 3g，酱油 15g，葱末 15g，精盐

3g，姜末 15g，植物油 75g，绍酒 15g。

②工艺流程

选料→洗净切粒→炒制→调味→拌制→成馅

③制作方法

A．将猪肥瘦肉洗净切成豌豆大的粒。干咸菜用温水浸泡后煮熟切成细末，挤干水分。

B．锅内放油烧热，投入猪肉粒炒去血水。加入调味料、干咸菜末炒匀入味，起锅拌葱末即成。

④操作关键

A．猪肉选择有肥有瘦的，这样口感比较好。

B．干咸菜要用温水浸泡去除多余的咸味。

6）猪肉酸菜馅

①原料选备

猪肉 250g，酸菜丝 500g，熟猪油 50g，香油 50g，酱油 15g，精盐 5g，葱花 15g，姜末 10g，味精 1g。

②工艺流程

选料→洗净切粒→炒制→调味→拌制→成馅

③制作方法

A．猪肉剁成末，用熟猪油煸熟，加入酱油、精盐、味精炒匀，出锅晾凉。

B．加入葱花、姜末、香油及酸菜丝，拌匀成馅。

④操作关键

A．猪肉买肥瘦相间的，如五花肉等。

B．酸菜在切丝之前要用水泡，去除部分咸味。

7）洋葱牛肉馅

①原料选备

牛肉 350g，洋葱 250g，葱 35g，姜 15g，绍酒 15g，精盐 3g，味精 2g，白糖 10g，酱油 10g，麻油 15g，植物油 75g，湿淀粉 10g。

②工艺流程

选料→洗净切粒→炒制→调味→拌制→成馅

③制作方法

A．牛肉洗净剁粒；洋葱切丁；葱姜切末。

B．锅内注油烧热，加洋葱丁炒香，再放入牛肉粒炒熟，加入绍酒、精盐、味精、白糖调味，勾芡，淋入麻油制成馅料。

④操作关键

A．牛肉买前夹肉或牛里脊肉，容易入味。

B．洋葱买紫皮的，香气充足。

8）羊肉芹菜馅

①原料选备

羊肉 500g，芹菜 200g，姜 15g，精盐 3g，白糖 5g，醪糟汁 15g，豆瓣酱 10g，花生油 50g。

②工艺流程

选料→洗净切粒→炒制→调味→拌制→成馅

③制作方法

A．姜、芹菜择洗后切末；羊肉切粒。

B．锅内注油烧热，放入豆瓣酱炒酥，再放入羊肉粒炒匀，最后掺入醪糟汁、精盐、白糖、姜末、芹菜末搅拌成馅料。

④操作关键

A．羊肉最好是绵羊肉，膻味小。

B．豆瓣酱要剁细；醪糟汁用筛子过滤。

二、甜馅制作工艺

甜味馅是指添加白糖、蜂蜜等甜味料以及其它荤素料调制而成的馅心。甜味馅制作工艺分为生甜馅制作和熟甜馅制作两类。

（一）生甜馅

1．概念

生甜馅是以糖为主要原料，配以粉料（糕粉、面粉）和干果料，经擦、拌而成的馅心。加入的果料主要有果仁和蜜饯两类。其特点是松爽香甜，甜而不腻，且带有各种果料的特殊香味。常用的品种有白糖馅、麻仁馅、水晶馅、五仁馅。也有的馅将玫瑰、桂花等拌入糖中再制成馅，这样不仅增加了风味，同时也增加了香味，使制品更具特色。常用的品种有玫瑰白糖馅、桂花水晶馅等。

2．案例

（1）玫瑰馅

1）原料选备

鲜玫瑰花 250g，白糖 250g，熟面粉 50g，熟猪油 75g，玫瑰香精 1～2 滴，饴糖 75g。

2）工艺流程

选料→洗净→浸渍→掺粉→搓匀→成馅

3）制作方法

①将鲜玫瑰花洗净，沥尽水，用白糖浸渍一个星期成甜玫瑰酱。

②将白糖、熟面粉、甜玫瑰酱混合拌匀。

③再加熟猪油、玫瑰香精、饴糖反复搓揉均匀即成。

4）操作关键

①玫瑰要用白糖浸渍后才香浓，一层花一层糖，这样浸渍一个星期后使用效果才佳。

②掺粉要搓匀。

（2）桂花馅

1）原料选备

鲜桂花 150g，白糖 300g，熟面粉 120g，猪板油 100g，熟芝麻粉 30g，饴糖 30g，花生油 20g。

2）工艺流程

选料→浸渍→掺粉→擦制→搓匀→成馅

3）制作方法

①将鲜桂花洗净沥尽水分，再用一部分白糖制成桂花酱。

②猪板油洗净用刀剁成蓉。

③将白糖、熟面粉、桂花酱、熟芝麻粉混合拌匀。

④加猪板油蓉、花生油、饴糖搓匀。

⑤装模具箱压紧，切成小方块即成。

4）操作关键

①桂花酱蜜制四至五天使用效果才佳。

②掺粉要拌和均匀。

（3）瓜子馅

1）原料选备

瓜子仁 250g，糖冬瓜条 25g，白糖 250g，猪肥膘肉 100g，熟面粉 100g，饴糖 100g。

2）工艺流程

选料→切粒→加猪肥膘肉蓉、掺粉、擦制→模压→切粒→成馅

3）制作方法

①将瓜子仁、糖冬瓜条用刀铡成小米粒状。

②猪肥膘肉用刀剁成蓉。

③将白糖、熟面粉、瓜子仁、糖冬瓜拌和均匀后，再加猪肥膘肉蓉、饴糖反复揉搓均匀。

④装模具箱压紧，切成大颗粒即成。

4）操作关键

①瓜子仁、糖冬瓜条要用刀铡碎。

②猪肥膘肉要剁成细蓉。

③掺粉要均匀，擦制要擦匀擦透。

④熟面粉要过筛，以免出现白点。

（4）五仁馅

1）原料选备

核桃仁 50g，松子仁 50g，瓜子仁 50g，橄榄仁 50g，杏仁 50g，白糖 250g，生猪板油 120g，熟面粉 150g，饴糖 100g。

2）工艺流程

选料→切粒→加生猪板油蓉、掺粉、擦制→模压→切粒→成馅

3）制作方法

①将核桃仁、松子仁、瓜子仁、橄榄仁、杏仁分别用刀切成米粒状。

②生猪板油洗净用刀剁成蓉。

③将白糖、熟面粉、五仁拌和均匀。

④加入饴糖、生猪板油蓉揉搓均匀。

⑤装模具箱压紧，切成大颗粒即成。

4）操作关键

①五仁要用刀铡碎。

②生猪板油要剁成细蓉。

③掺粉要均匀，擦制要擦匀擦透。

④熟面粉要过筛，以免出现白点。

（5）水晶馅

1）原料选备

猪板油 600g，白糖 400g。

2）工艺流程

选料→切丁→加白糖腌渍→成馅

3）制作方法

①将猪板油撕去表面薄膜，切去带血的猩红部分，用刀切成 1cm 见方的小丁。

②然后按板油丁与白糖为 3：2 比例拌和均匀。待糖渍至 48h 以后即可作馅。

4）操作关键

①选用猪板油，色泽要白。

②要去掉筋膜，切细丁，与白糖一起擦成泥状。

（6）白糖馅

1）原料选备

绵白糖 500g，熟面粉 150g，熟猪油 50g。

2）工艺流程

选料→拌制→搓匀→成馅

3）制作方法

① 先将绵白糖和熟面粉拌匀。

② 加入熟猪油搓匀即可

4）操作关键

① 一定要先拌匀。

② 加入熟猪油后要搓匀

（7）果脯蜜饯馅

1）原料选备

各种果脯蜜饯 500g，绵白糖 250g，麻油 25g，熟面粉 75g，熟猪油 10g。

2）工艺流程

选料→切粒→拌制→搓匀→成馅

3）制作方法

① 将各种果脯切成小方丁。

② 把果脯丁与白糖按 2∶1 的比例拌和。

③ 加入适量的熟面粉拌匀，最后用麻油、熟猪油等搓擦均匀即可。

4）操作关键

① 果脯蜜饯的种类很多，要注意口味、色泽的搭配。

② 各种果脯要切成小方丁。

（8）松子馅

1）原料选备

去皮松子 35g，炒熟的面粉 30g，砂糖 30g。

2）工艺流程

选料→拌制→搓匀→成馅

3）制作方法

① 去皮松子放保鲜袋中。用擀面杖压碎。

② 将炒熟的面粉、松子、砂糖放入碗中，混合均匀后即为馅料。

4）操作关键

① 松子去皮后压碎。

② 馅料一定要混合均匀。

（二）熟甜馅

1. 概念

熟甜馅是指以植物的种子、果实、根茎等为主要原料，用糖、油炒制而成的一类甜馅。因加工中将其制成泥蓉状，所以也称为泥蓉馅。其特点是质地细腻油润，甜而不腻，果香浓郁，是制作花色面点的理想馅心。常见的品种有豆沙馅、枣泥馅、山药馅、莲蓉馅等。

2. 案例

（1）山药馅

1）原料选备

淮山药 500g，白糖 200g，熟猪油 100g，糖桂花 25g，清水少许。

2）工艺流程

选料→蒸熟→压成茸炒制→调味→成馅

3）制作方法

① 将淮山药洗净，削去外皮，上笼蒸烂后用刀抿成细泥待用。

② 炒锅上火，放入熟猪油、白糖和少许清水，熬溶后加入糖桂花。

③ 倒入山药泥，用中火炒拌，炒成干粥状即可。

④ 盛起冷却后待用。

4）操作关键

① 选用地方特产淮山药为主要原料，充分利用它味甜质面的特点。

② 加入白糖、糖桂花制成熟甜馅，使其具有香甜可口的特点。

（2）奶黄馅

1）原料选备

鸡蛋 500g，白糖 500g，奶油 250g，鹰粟粉 200g，鲜牛奶 500g，吉士粉 50g。

2）工艺流程

选料→搅打成稀糊状→慢火蒸制→边蒸边搅→成熟糊状→成馅

3）制作方法

① 先将鸡蛋放入蛋桶中打匀，加入鲜牛奶、白糖、奶油、鹰粟粉、吉士粉，继续打匀。

② 将打匀的原料倒入盆里，上笼用慢火蒸。

③ 边蒸边搅拌（每 5min 搅一次），大约蒸 1h。

④ 蒸搅成熟成糊状即成。

4）操作关键

① 馅料要采用蒸制的方法成熟，不能放在锅中煮，放在锅中煮容易煳底。

② 蒸制时要边蒸边搅，搅拌的目的是不让粉料沉底，使馅料质地均匀、细腻，防止成品夹生或结块。

（3）芋蓉馅

1）原料选备

荔浦芋头 1000g，白糖 1000g，熟猪油 150g。

2）工艺流程

选料→切块蒸熟→压蓉→拌油炒制→成馅

3）制作方法

① 先将芋头去皮蒸熟趁热压烂成蓉。

② 将芋蓉、白糖放入不锈钢或铜锅中用中小火炒制。

③ 待水分将尽时，加入 1/2 熟猪油，边加边炒。

④ 至蜂巢状时，再加入另外 1/2 熟猪油，炒至油料混合均匀。

⑤ 用铲子铲出一点芋蓉，待冷，摸一下，若不粘手，立即盛起即成。

4）操作关键

① 选用广西特产荔浦芋头为原料。

② 将芋头蒸熟压成蓉。

③ 要用中小火炒制。

（4）架英馅

1）原料选备

鸡蛋 350g，鲜椰汁 100g，白糖 150g，炼乳 50g，黄油 80g，奶粉 20g，吉士粉 50g。

2）工艺流程

选料→打浆→调糊→蒸制→切块→成馅

3）制作方法

① 先将鸡蛋磕入碗内打散，加入鲜椰汁、白糖、炼乳、黄油、奶粉、吉士粉搅和均匀。

② 放入方盘内入蒸笼用旺火蒸熟。

③ 凝结取出切成小方块即成。

4）操作关键

① 选择新鲜的鸡蛋。

② 鸡蛋液打匀后用筛过滤一下。

③ 蒸时每 5 ～ 10min 搅动一次，以便蒸透。

（5）椰黄馅

1）原料选备

椰奶 350g，熟鸡蛋黄 10 个，白糖 150g，奶油 100g，澄粉 50g，吉士粉 30g，哈密瓜 30g，提子 30g，橄榄 30g。

2）工艺流程

选料→加工→配料→加热→拌制→成馅

3）制作方法

① 将熟鸡蛋黄用刀压散成粉状。

② 哈密瓜、提子、橄榄分别切成米粒状。

③ 椰奶入锅，加入白糖、奶油、澄粉、吉士粉、蛋黄搅匀加热至熟呈厚糊状。

④ 放入哈密瓜、提子、橄榄拌匀起锅即成。

4）操作关键

① 熟鸡蛋黄要新鲜。

② 在锅中加热要不停地搅拌，火宜小，防止煳底，熟即停火。

③ 最后放入配料后搅拌均匀。

（6）奶油水果馅

1）原料选备

鲜奶油 300g，白糖 200g，明胶 3g，草莓 75g，猕猴桃 100g，吉士粉 5g，清水 100g。

2）工艺流程

选料→配料→熬煮→加水果料→成馅

3）制作方法

① 将猕猴桃去皮，草莓去蒂，分别切成绿豆大的粒。

② 锅置火上，放清水、鲜奶油、白糖、明胶熬化。

③ 加吉士粉搅匀至熟，起锅晾凉。

④ 加入草莓、猕猴桃拌匀即成。

4）操作关键

① 水果要新鲜。

② 在熬制馅心时，火要小，勤搅动，稠浓适度。

③ 晾凉后再拌入水果粒。

（7）芝麻馅

1）原料选备

黑芝麻 350g，白糖 500g，熟面粉 150g，猪板油 120g，饴糖 35g。

2）工艺流程

选料→洗净→炒熟→调味→掺粉、擦制→成馅

3）制作方法

① 黑芝麻淘洗干净，下锅炒熟，起锅晾凉后用机器打成粉。

② 猪板油加白糖剁蓉。

③ 将黑芝麻粉、熟面粉、白糖、板油蓉拌匀。

④ 加饴糖反复搓揉后装模具箱压平，用刀切成小方块即成。

4）操作关键

① 芝麻也可烤熟。

② 炒芝麻火要小，否则易煳。

③ 掺粉、擦制要掺匀擦透。

（8）洗沙馅

1）原料选备

红豆750g，白糖250g，熟猪油100g，红糖150g，植物油50g，熟芝麻10g。

2）工艺流程

选料→煮豆→擦豆→炒豆沙→出锅→成馅

3）制作方法

①将红豆淘洗干净，放入开水锅内煮糯。

②用铜细网过罗，再用布袋装好，吊干水气。

③锅内放油烧热后放入红豆沙炒至吐油。

④放入红糖、白糖炒匀炒透，撒上芝麻起锅即成。

4）操作关键

①选择红豆，清洗后放入水锅煮烂。

②要用铜细网过罗去除豆皮。

③炒沙时，油分几次加入，用火宜小。

（9）冬蓉馅

1）原料选备

冬瓜750g，白糖500g，吉士粉25g，澄面50g，熟猪油50g，黄油20g，饴糖30g，清水100g。

2）工艺流程

选料→煮熟沥干→打成蓉→炒制→勾芡→成馅

3）制作方法

①将冬瓜去皮、去子，洗净，切成块，用沸水煮熟沥干，用机器打成蓉。

②澄面与吉士粉用清水调匀，作勾芡用。

③锅置火上，放入熟猪油烧热，下入冬瓜蓉、白糖、饴糖、黄油炒匀。

④加入澄面和吉士粉调好的粉芡，搅匀浓稠至熟即成。

4）操作关键

①冬瓜要新鲜，去皮、去子煮熟，沥干水分。

②馅心浓稠度要把握恰当，不能过稀，也不能过稠，以免影响成品效果。

（10）莲蓉馅

1）原料选备

莲子750g，白糖750g，色拉油300g，碱5g。

2）工艺流程

选料→浸泡→干蒸→捣泥→炒制→成馅

3）制作方法

①莲子放入沸水内加少许碱浸泡。

②用刷子刷去皮，去除莲芯，清洗干净。

③将莲子入笼屉干蒸，至酥烂取出，捣成泥状。

④炒锅烧热，先下少许的色拉油和白糖炒制，待糖熔化，倒入莲蓉，边铲边翻炒。

⑤继续加白糖，炒至稠浓，水分蒸发，不粘锅与铲子，即可出锅。

4）操作关键

①莲子去皮洗净后，应立即煮制，避免水泡太久，导致回生上色。

②莲子捣烂后，要用罗筛过筛，擦成细泥。

③火候掌握要适度，先用中火，后改用小火。

复习思考题

1. 馅心的概念是什么？
2. 馅心是如何分类的？
3. 馅心的制作原理是什么？
4. 馅心的作用有哪些？
5. 馅心的制作要求有哪些？
6. 馅心原料的加工处理有哪些步骤？
7. 生咸味馅的概念是什么？
8. 生素馅的概念是什么？
9. 生荤馅的概念是什么？
10. 生荤素馅的概念是什么？
11. 熟咸味馅的概念是什么？
12. 熟素馅的概念是什么？
13. 熟荤馅的概念是什么？
14. 熟荤素馅的概念是什么？
15. 生甜馅的概念是什么？
16. 熟甜馅的概念是什么？

第七章

中式面点成型工艺

我国面点起源甚早，大约在商周时期，已从一般饮食中分化出来，先秦时代已有很多花式品种，如糗、饵、餈、酏食、糁食、粔籹等。经过几千年的发展，面点品种更是丰富多彩，具体造型呈现千姿百态，点、线、面、体应有尽有，可谓洋洋大观，表现了面点成型的魅力。

第一节　中式面点的形态

我国面点的造型技法复杂，种类繁多，基本形态丰富多彩。总体上看，面点的外形特征，概括起来有几何形、象形、自然形等，其主要基本形态有包类、饺类、条类、糕类、团类、卷类、饼类、冻类、饭粥类、其它类等多种。

形成不同形态的面点品种其实是有一定的实际原因的：第一，区别基本形态是为了便于经营，区分品种、口味。在面点制作中，不同的点心品种有不同的造型，同一点心品种为了区别不同口味也具有不同的造型。如豆沙包、普通肉包的收口常为鲫鱼嘴的造型；菜包、菜肉包的收口常常捏扁呈"一"字形；三丁包的收口捏出三角形等，其主要是为了经营的方便，而产生了形态上的各异，然后一脉相承传下来。即使同一品种、不同地区、不同风味流派也有不同形态。如鲜肉大包全国大多数地区形态为提褶包，而湖南地区的传统形态为四眼包等。第二，形态的选用更能体现面点的名副其实，增添情趣、意境。如绿茵白玉兔、像生雪梨、南瓜团子、土豆包等。第三，造型也便于成熟，形成制品的风味。形态的选择要从坯皮、馅心、风味、成型、成熟多方面因素考虑，才能达到色、香、味、形、质俱佳的境界，同时也充分体现了面点师对面点的面坯、馅心、成型、成熟等技法掌握的水平高低。

综上所述，每一种面点的基本形态都是经过我国劳动人民的长期实践，尤其是面点师们的继承和发展的结果。

一、中式面点的总体外形

我国面点的造型种类繁多，但从总体上看，面点的外形都有一定的特征，概括起来有以下几个方面。

（一）几何形态

几何形态是造型艺术的基础。几何形态在面点造型中被大量采用，它是模仿生活中的各种几何形状制作而成。

几何形又可分为单体几何形和组合式几何形。单体几何形如汤圆、藕粉团子的圆形；粽子的三角形、梯形；方糕、四喜饺子的方形；锅饼、烧饼的长方形；千层油糕、蜂糖糕的菱形等。立体裱花蛋糕则是由几块大小不一的几何体组合而成，再加上与各种裱花造型的组合，形成美观的立体造型。总体上看这种蛋糕即属于组合式几何形。

（二）象形形态

象形形态可分为仿植物型和仿动物型。

1. 仿植物型

这是面点制作中常见的造型，尤其是一些花式面点，讲究形态，往往是模仿自然界中植物的根、茎、叶、花、果实等形状而制成。有模仿花卉的，像船点中的月季花、牡丹花；油酥制品中的荷花酥、百合酥、海棠酥；水调制品中的兰花饺、梅花饺等。也有模仿水果的，像酵面中的石榴包、寿桃包、葫芦包等，而船点中就更多了，如柿子、雪梨、葡萄、橘子、苹果等。模仿蔬菜的有青椒、萝卜、蚕豆、花生等。

2. 仿动物型

仿动物型也是较为广泛的一种造型，如酵面中的刺猬包、金鱼包、蝙蝠夹、蝴蝶夹等；水调面点中的蜻蜓饺、燕子饺、知了饺、鸽饺等；船点中就更多了，如金鱼、玉兔、雏鸡、青鸟、玉鹅、白猪等。这些都是仿动物型面点。

（三）自然形态

自然形态采用较为简易的造型手法，使点心通过成熟而形成的不十分规则的形态，如开花馒头，经过蒸制自然"开花"。其它如开口笑、宫廷桃酥、蜂巢蛋黄角、芙蓉珍珠饼等也是成熟过程中自然成型的。再如唐代的"石鏊饼"，如今的"石子馍"，是一种用烧烫的石子烙熟的薄面饼，表面凹凸成型，具有浓郁的乡土自然气息。

二、中式面点的基本形态

（一）包类

包类主要指各式包子，大都属于发酵面团。其种类花样较多，根据发酵程度分为大包、小包。根据形状分为提褶包，如三丁包子、小笼包、菜肉包等；花式包，如寿桃包、金鱼包、秋叶包等；无缝包，如糖包、水晶包、奶黄包等。

（二）饺类

饺类花色品种较多，其形状有木鱼形，如水饺、馄饨等；月牙形，如蒸饺、锅贴、水饺等；梳背形，如虾饺等；牛角形，如锅贴等；雀头形，如小馄饨等；还有其它象形品种，如花式蒸饺等。按其用料分则有，水面饺类，如水饺、蒸饺、锅贴；油面饺类，如咖喱酥饺、眉毛饺等；其它还有澄面虾饺、玉米面蒸饺等。

（三）糕类

糕类多用米粉、面粉、鸡蛋等为主要原料制作而成。米粉类的糕有松质糕，如五色小圆松糕、赤豆猪油松 糕等；黏质糕，如猪油白糖年糕、玫瑰百果蜜糕等；发酵糕类，如伦教糕、棉花糕等。面粉类的糕有千层油糕、蜂糖糕等。蛋糕类有清蛋糕、花式蛋糕等。其它还有山药糕、马蹄糕、栗糕、花生糕等用水果、干果、杂粮、蔬菜等制作的糕。

（四）团类

团类常与糕并称糕团，一般以米粉为主要原料制作，多为球形。品种有生粉团，如汤团，鸽子圆子等；熟粉团，如双馅团等。其它还有果馅元宵、麻团等品种。

（五）卷类

卷类用料范围广，品种变化多。品种有酵面卷，可分为卷花卷（如四喜卷、蝴蝶卷、菊花卷等）、折叠卷（如猪爪卷、荷叶卷等）、押切卷（如银丝卷、鸡丝卷等）；米（粉）团卷，如如意芝麻凉卷等；蛋糕卷，如果酱蛋糕卷等；酥皮卷，如榄仁擘酥卷等；饼皮卷，如芝麻鲜奶卷等。其它还有春卷、肠卷等特殊的品种。

（六）饼类

饼类历史最为悠久。根据坯皮的不同可以分为水面饼类，如薄饼、清油饼等；酵面饼类，如黄桥烧饼、酒酿饼、普通烧饼等；酥面饼类，如葱油酥饼、苏式月饼等。其它还有米粉制作的煎米饼、子孙饼、发酵米饼等；蛋面制作的肴肉锅饼、牛肉锅饼、韭黄锅饼等；果蔬杂粮制作的荸荠饼、桂花粟饼、土豆饼、南瓜饼等。

（七）酥类

酥类大多为水油面皮酥类。按照酥层呈现方式分为明酥，如萱化酥、藕丝酥、木桶酥、鱿鱼酥、灯笼酥等；暗酥，如双麻酥饼、黄桥烧饼等；半明半暗酥，如苹果酥、蟠桃酥、雪梨酥等。其它还有桃酥、莲蓉甘露酥等混酥品种。

（八）条类

条类主要指面条、米线等长条形的面点。面条类有酱汁卤面，如担担面、炸酱面、打卤面等；汤面，如清汤面、花色汤面等；炒面，如素炒面、伊府面等；其它还有凉面、焖面、烩面等品种。油条、云南的过桥米线等也属于条类制品。

（九）冻类

冻类为夏季时令品种，以甜食为主，如西瓜冻、杏仁豆腐等。

（十）饭粥类

饭类是我国广大人民尤其是南方人的主食。可分为普通米饭和花式饭两种。普通米饭又分为蒸饭、焖饭等，花式饭则可分为炒饭、盖浇饭、菜饭和八宝饭等。

粥类这也是我国广大人民的主食之一，分为普通粥和花式粥两类。普通粥又分为煮粥和焖粥。花式粥则可分为甜味粥，如绿豆粥、腊八粥等；咸味粥，如鱼片粥、皮蛋粥等。

（十一）其它类

除了前面已提到的面点形态外，还有一些常见的品种如馒头、麻花、粽子、烧卖等，也是人们所喜爱的大众化品种。

第二节　中式面点的成型方法

面点的形状可谓是千姿百态，极大地丰富了我国面点的品种。但只要领会了面点的成型特点及其理念，并结合面点制作的实际，勤于探索，就能掌握面点的成型技法，塑造好面点的形状并创造出丰富多彩、形状各异的新的面点品种来。

按面点成型技法分，一般有手工成型、模具成型、装饰成型和艺术成型等四种方法。

但无论采取哪一种造型技法，面点造型中的一系列操作技巧和工艺过程都要围绕食用和增进食欲这个目的进行，首先是好吃，其次才是好看，既能满足人们对饮食的欲望，又能使人们产生美感。所以，无论哪一种成型技法，都要注意以下两点。

第一，面点造型力求简洁自然。我们在制作面点时，要力求简洁、明快，向抽象化方向发展。一方面因为制作面点的首要目的是食用，而不是观赏；另一方面，过分讲究逼真，费劲费工，面点易受污染，不符合现代快节奏生活的需要。简洁、明快、自然，既能满足食欲，又卫生，是追求的方向，那种繁琐装饰，刻意写实的做法要坚决摈弃。

第二，面点也要讲求形象生动。我国面点的形，主要表现在面团、坯皮上加以表现，历来面点师们就善于制作形态各异的花卉、鸟兽、鱼虫、瓜果等，增添了面点的感染力和食用价值。面点的味好、形好，不但可以给人以艺术上的享受，而且可以创造更好的经济效益。

总之，面点成型技法对于题材的选用，要结合时间因素和环境意识，宜采用人们喜闻乐见、形象简洁的物象为佳，如金鱼、白兔、玉鹅、蝴蝶、鸳鸯等。要善于抓住物象的主要特征，从生活中去提炼出适合面点造型特点的艺术造型。可通过运用省略法、夸张法、变形法、添加法、几何法等手法，既创造出形象生动的面点，又简洁迅速。例如，裱花蛋糕中用于装饰的月季往往省略到几瓣，但仍不失月季花的特征；"金鱼饺"着重对金鱼眼和鱼尾进行夸张则更加形象。比如做蝴蝶卷，将擀开的面皮撒点馅心，相向卷成双卷，用刀切成小段，用筷子夹成蝴蝶形，把蝴蝶身上复杂的图案处理成对称的几何形，使形象更加概括，但这些都是以蝴蝶的形体结构为基础的。制作孔雀看盘，往往突出孔雀的尾部，经过夸大处理，结合鲜艳的色彩，突出了孔雀开屏的美丽特征。

一、手工成型

手工成型是采用手工方法成型的一种技法。它又分为一般点心成型和花式点心成型两种方法。

中式面点长期以来是手工制作为主，经过了漫长的发展历程，特别是面点厨师的继承和不断创造，拥有了众多技法和绝活，形成了一系列的特殊技法，其制作过程、方法十分讲究。

例如，中式面点制作流程较为复杂，一般都要经过选料、配料、调制坯料、搓条、下剂、制皮、上馅(有的需上馅，有的不需要)、成型、成熟等过程。常用的成型技法就有搓、切、包、卷、擀、捏、叠、摊、抻、削、拨、滚粘、挤注、模具、镶嵌、钳花等十几种不同方法。每一种技法又可细分成多种手法，如捏的成型技法，可分为挤捏、推捏、绞捏、叠捏、塑捏等。这一部分内容在"第四章中式面点制作基础"中已有阐述。

二、模具成型

模具成型是利用各种具有不同花纹或造型的点心模具压印制作、辅以手工操作成型的方法。成品具有与模具相同的花纹或造型。

中式面点制作的模具又叫模子、印子，有各种不同的形状，如鸡、桃叶、梅花、佛手形状的，还有花卉、鸟类、蝶类、鱼类等。用模具制作面点的特点是形态逼真、栩栩如生，且使用方便、规格一致，例如，糕点中比较畅销的金龙鱼年糕模具，将自然染色的粉团压扁包入馅心，再放入鱼形的模具中，按压成型，一条鱼就栩栩如生地呈现出来了。

模具的材质有木制、铜制、铁制、银制，乃至现代的塑料制、硅胶制等。在使用模具时，不论是先入模后成熟还是先成熟后压模成型，都必须事先将模子抹上熟油，以防粘连。

主要成型方法有印模，如月饼、松糕等，花纹清晰，图案丰富；套模，如各式小饼干、小点心等，形态相同，规格一致；盒模，如蛋挞、花盏蛋糕等，大小相同，外形美观。

三、装饰成型

面点的装饰也俗称面点的盘饰。所谓盘饰，俗称围边，即在面点盛器内占有一定空间，点缀可食性的装饰物，以装饰美化面点造型，提高视觉效果，从而增进宾客食欲，给人以欢乐的情趣和艺术的享受。

面点盘饰常常在装盛面点的盘（碟）子边沿、一角、正中或底面进行，它主要目的是针对面点具体品种进行装饰、点缀，使盘饰与面点品种浑然一体，体现出一种色、形、意俱佳的艺术效果。所以盘饰的品种，多以色艳、象形、写意的形式出现，常见的有蔬果、花草、鸟兽、虫鱼、徽记、山水、楼阁、人物等制品。常用的手法如下。

（一）围边

这是一种最为普遍使用的盘饰方法。主要在盛器的内圈边沿围上一圈装饰物。例如，用各种有色面团，相互包裹，揉搓成长圆形，再用美工刀切成圆片、半圆片或花形片，围边点缀，烘托面点的造型。

（二）边缀

也是一种常用的盘饰方法。在盛器的边缘等距离地缀上装饰物。例如，用澄粉面团制作的喇叭花、月季花、南瓜藤等在对称、三角位处摆放，起到一定的装饰效果。

（三）角花

是当前最为流行的一种盘饰方法。在盛器的一端或边沿上放上一个小型装饰物或一丛鲜花。例如，用澄粉面团制的小鱼小虾、小禽小兽，缀以小花小草或直接用鲜花作陪衬，使整盘面点和谐美观。

（四）大手笔

这种盘饰手法，主要用面点品种展示、比赛，以增强艺术效果。例如，采用面塑制作的人物、亭台楼阁、风景等装饰，创造整盘面点的意境，引人入胜。

面点盘饰除了采用以上常见的手法外，还应注意利用各种配器和垫衬物来加以美化。例如，为了突出面点品种艺术效果，常选择菱形盘、柳叶碟、水晶盅、小圆笼、漆盒、红木托、紫砂盘等特殊器皿装盛，在盛器底部还可以垫上荷叶、纸托、绢纱、草编垫等，使点心更加赏心悦目。

此外，在制作面点盘饰的过程中，还须注意几方面的情况。

第一，面点以食用为主，盘饰美化为辅。所用盘饰制品，应是熟制品和可以直接食用的加工制品，不影响整盘面点的食用卫生要求。

第二，盘饰制品的色泽应鲜艳明快。盘饰制品常用面点工艺中卧色法和套色法配色，制作时，要注意色彩的纯度，多用暖色调（红、黄、橙），慎用冷色调（蓝、绿）。

第三，盘饰制品造型应简洁、明了、自然。在盘饰制作过程中，常选用人们喜闻乐见、形象简洁的素材，如花、鸟、虫、鱼等，制作时要善于抓住对象的特征，创造出形象生动的制品，做到既简洁又迅速，少用过分逼真、费工费时又易污染的盘饰制品。

第四，盘饰制品应与面点制品主题相近或相配，易于形成一个协调的整体。只有盘饰制品与面点制品相互呼应，盘饰才能起到辅助美化作用，才能创造和谐的意境，使整盘面点生色。

四、艺术成型

面点艺术成型是研究面点原料的自然形态和运用模具及各种面点制作技法，使面点成为各种不同造型的艺术品。面点造型是一种工艺美，是把艺术融入面点造型的一种方法；设计成功的面点以精湛的工艺、熟练的手法、高雅的造型、典雅的色彩效果令人倾倒。

面点的造型艺术是饮食活动和审美意趣相结合的一种艺术形式，既有技术性，又有观赏性。例如，采用较为简单的造型手法自然形成的不十分规则形态的自然形态艺术；模仿几何图形；将原料做成自然界的各种动物、植物、花卉、果实等形状的象形造型法；以剪刀为主要工具，在原料表面绘制出各种花纹的剪绘法；利用各种艺术造型的模具将原料冲压成型的模印法；将原料用多种表现手法塑、捏成各种艺术形象的塑绘法。不论使用哪一种方法，面点的造型、取形要美观、大方、吉利、喜庆、高雅。成品形态美的获得，必须依靠坚实的造型技巧和艺术审美情操。因此，面点师必须要懂得绘画和雕塑，同时注意发挥面点原料的特点，掌握面点造型的美学规律。在这一点上，我国历代的面点师创造无数艺术成型的点心实例，其中有两个比较有代表性的杰作，一个是南方的船点，另一个是北方的花馍。

（一）船点

1. 船点的概念

船点是我国江南地区传统名点，流传在苏州、无锡等太湖周边地区，相传起源于唐代，当初采用米粉和面粉捏成各种动植物形象，在游船上作为点心供应，因而得名。

旧时主要交通工具是船只，行船的速度比较慢，往往一趟船少说几天多则半个月，吃饭自然要在船上解决，这些点心就是为一些坐船的达官贵人们准备的，因此不但味道可口，还必须香、软、糯、滑、鲜、型。红楼梦中，刘姥姥二进大观园时，所吃的精美点心就是船点。

2. 船点的种类

苏式糕点历史悠久，久负盛誉。在船点未出现之前，就有菜馆点心、面馆点心、糕团、茶食、饼慢和小食品等，这为船点的发展打下了基础。事实证明，苏式船点是苏式糕点推陈出新的产物。

船点制作极为精细，并采用各种天然色素，做成色彩绚丽、造型各异而又形态逼真的花色细点，既可供人们食用，又可作为观赏的艺术珍品。

《红楼梦》中的枣泥山药糕、如意糕、菱粉糕、桂花糖蒸新栗粉糕、藕粉桂花糖糕、梅花香饼、吉祥果、炸饺子、奶油炸各色小面果子、糖蒸酥酪、鸡油卷儿、松瓤鹅油卷、奶油松瓤卷酥，都是十分精致的船点。可见清代的船点制作技艺已达到相当精美的境地，很有特色。起始，船点口味偏咸，后因游客多为食鸦片的显贵、纨绔子弟，他们在吸鸦片之后，很想吃点甜食，以调口味。因此，船点的口味由咸变甜，发展至今，多为甜食。

3. 船点的制作

苏州船点采用镶粉制作而成的。镶粉是指用5成糯米粉和5成粳米粉掺和而成的米粉。熟芡的制法是取镶粉的1/3用热水和成粉团，笼内垫上干净湿布，将粉面蒸熟，另2/3用清水揉成团，与熟芡揉成团，然后着上各种颜色（颜色要淡一点）摘成剂子，包入馅心，制成各种动植物形状（如鲜桃、黄梨、玉鹅、月季花、小鸡、茄子等），上笼蒸熟，刷点油即可。其中船点的馅心，甜的有玫瑰、豆沙、糖油、枣泥等，咸的有火腿、葱油、鸡肉等。一般是动物品种用咸馅，植物品种用甜馅。

船点经历代名师精心研究，专用米粉为原料，制作出的船点精巧玲珑，既可品尝，又可观赏。其中苏州船点选料考究、制作精美、口感极佳，加上艺术造型的包装，可说是苏州点心中的阳春白雪。

4. 船点的传承

就苏式船点的造型而言，过去比较呆板、单调，只有两粉两面，即"四点心"，但在历代面点师的勤劳智慧和刻苦钻研下，在造型和用色等方面有了发展和提高，苏式船点的品种也就相应地大幅度增加，由过去的"四点心"发展到现在的花色饺子、花色馒头、花色卷子、花色油酥；从题材的选用来讲，由过去的橘子、荸荠、桃子等水果之类的船点，发展到各种飞禽走兽、虫鸟花卉、名蔬佳果、园林风景之类的花色船点，造型艺术较过去更为精湛、完美，更加丰富多彩。目前各种花色船点已达130余个品种，成为苏式点心中一枝新秀。

（二）花馍

1. 花馍的概念

花馍，不同地区叫法不同，也有称面塑、面花、捏面人等。因北方盛产小麦，为此，民间就遗留下来蒸花馍的习俗。流传在民间的花馍是用小麦面发酵，捏制成各种人物、动物、花卉等造型，用红枣以及各种豆类加以点缀，放入锅内蒸熟，趁其柔软时再施以彩绘，好看的花馍就算做成了。这些既能食用，又能作为礼物馈赠亲友的花馍，是中国特有的民间艺术，也是最具地域特色的种类之一。

花馍兼具食用、观赏、礼仪三大功能，是指尖上的艺术、舌尖上的美食、心尖上的情结。黄河两岸的人们世世代代用花馍的语言文化，有声无声地传承着一种真情。

2. 花馍的历史

在我国民间饮食文化中，花馍可谓历史悠久。据史料记载，早在汉代就有了花馍制作的记载，宋代民间就有把花馍用于春节、中秋节、端午节以及结婚、祝寿等活动的描述。花馍经过千百年的传承，如今它是民俗和民间艺术的成员，也是研究历史、考古、民俗、雕塑、美学不可忽视的实物资料。

民间花馍的制作，在黄河流域已是一种古老的传统，是民间习俗重要的技艺之一。它不仅从审美和造型上有吸引人的一面，更重要的是反映了民间的传统文化与内涵。花馍是土生土长的造型艺术，手手相传，那纯朴的造型，镌刻着黄河文化古老的印迹。它与民众休戚相关，因此也成为农耕文化的代表性艺术，广泛流传于黄河两岸的山西、陕西、山东、河南等地，影响极深，沿袭至今。

3．花馍的种类

民间花馍的造型五花八门，名目繁多，具有礼仪性、时令性，它的独到之处，就是各有各的讲究和寓意。人物有娃娃、寿星等。动物有牛、羊、鸡、猪、狗、虎、兔等。植物有桃、柿、佛手等。石榴花馍，象征榴开百子，多子多福；佛手、桃子花馍，寓意多福多寿；凤凰、牡丹花馍，象征荣华富贵；金鱼、荷花花馍，象征连年有余；牛、羊花馍，象征五畜兴旺；老虎花馍，象征虎虎生气以及美好的生活；祭灶神的枣馍，象征着劳动人民风调雨顺。

4．花馍的制作

花馍的制作原料以白面为主，经过发酵、揉面、捏制、笼蒸、着色几道工序。另有豆子、枣、米类、胡椒等辅料；制作所需的工具为极普通的剪刀、梳子、菜刀等；制作手法有切、揉、捏、揪、挑、压、搓、拨、按等。花馍除了可食用外，还具有很强的观赏性。制作花馍花饰时，有时用米类、豆类等粘贴而成，有时用食用色素上色而成。花饰内涵丰富，色彩鲜艳，造型千姿百态、粗犷生动、夸张变体，飞禽走兽、花鸟鱼虫、历史人物、民间传说，均可变成栩栩如生的艺术造型，表达对祖先的祭祀、长辈的祝福和对美好生活的憧憬，它是百姓寄托心愿的一种方式。

花馍的制作有明显的地域性特征，花馍与民俗结合，体现了劳动人民的理想和生活图景，也反映了劳动人民的聪明才智。由于地区的原因，花馍又反映了地域的艺术风格。有的夸张变形，旨在其神韵；有的似浮雕布满贴花，意在淡雅；有的嵌以插花，凸现美观；有的讲究蒸制染色，华丽别致；有的略加点缀，朴素淳厚；有的则以塑为主，着色为辅，讲究本原色彩。

5．花馍与时令

花馍在民间依不同岁时和用途有各种形式。乡间逢年节都要蒸制花馍。例如，春节蒸大馒、枣花、元宝人、元宝篮；正月十五做面盏，做送小孩的面羊、面狗、面鸡、面猪等；清明节捏面为燕；七巧做巧花（巧饽饽），形如石榴、桃、虎狮、鱼等；四月，出嫁女儿给娘家送"面鱼"，象征丰收；也有女儿出嫁做陪嫁用的"老虎头馄饨"；寒食节上坟时用"蛇盘盘"以示消灾；做春燕表示春回大地；婴儿满月做"囫囵"谓之"龙凤呈祥""猛虎驱邪"；老人祝寿用"大寿桃"等。

6．花馍与传承

就捏制风格来说，黄河流域粗犷豪放、淳朴的民风，都体现在了花馍的造型艺术上。这些花馍的形态、用途、色彩与当地的民俗风情联系紧密并发展变化。按照习俗，逢年过节、婚丧嫁娶，以及其它喜庆时日，捏花馍已成为一种必然的活动，以示庆贺。这些花馍，大都出自农村及城市家庭主妇之手，尤其在结婚、生子、祭祀和过各种民俗节日时，家家都要蒸制花馍。由于这种家家户户都要进行的民间活动，造就了一大批捏制花馍的能工巧匠，而且世代相传。

花馍的传承是"母亲的艺术"，过去每家每户有事，女人们都团坐在一起互相帮忙做花馍。制作过程包含了大量民间美术的元素在里边。做面花，也是"女红比巧手"形式之一，制作花馍时，制作工具是普通的剪刀、木梳等，关键是一双巧手。而和面、蒸馍的火候有讲究，只有技术高超的人才能蒸出形状好、不变形的花馍。表现了淳朴善良的农家妇女们的心灵手巧和艺术想象力。

另外，很多民间艺人在长期的"花馍"习俗活动中，不断发明创造，逐渐把"粮画"艺术从花馍中分离开来，充分利用粮食颗粒的形状、大小和颜色，把一粒粒粮食在木板、瓷器、纸片等上面拼粘成各种书法字体、吉祥图案等，表达劳动人民对美的追求，对美好生活的祝福。

复习思考题

1. 我国面点的外形特征有哪些？
2. 形成不同形态的面点品种的实际原因是什么？
3. 我国面点无论哪一种成型技法，都需要的注意点有哪些？
4. 我国面点手工成型的手法有哪些？
5. 常见的模具有哪些形状？
6. 盘饰的手法有哪些？
7. 在制作面点盘饰的过程中，须注意几方面的情况？
8. 船点的概念、种类？
9. 花馍的概念、种类？

第八章

中式面点熟制工艺

中式面点熟制工艺是面点制作的最后一道工艺，也是最为关键的一道工艺。熟制效果的好坏对成品质量影响很大，它涉及制品的形态、色泽、风味特色。面点制品的特色风味必须要经过成熟这一过程之后才能体现出来，例如成型的制品形状是否变化，馅心是否入味，色泽是否美观等。面点生坯做得再好，原料再高档，如果成熟不透就会前功尽弃。因此，成熟方法恰当，操作认真，才能使面点质量、制作特色得到充分体现。

第一节　熟制概述

在日常生活中，有些面点是先成熟后成型，例如糕点中的裱花蛋糕、奶油夹心蛋糕等。但大多数面点都是先成型后成熟的，这些制品的形态、特点基本上都在熟制前一次或多次定型，其熟制过程也是比较复杂，是较难掌握的一道工序，俗话说："三分做功，七分火功"，说的就是面点制作中熟制的重要性。

一、熟制工艺的概念

熟制工艺，即是运用各种方法将成型的面点生坯（又叫半成品）加热，使其在热量的作用下发生一系列的变化（蛋白质的热变性，淀粉的糊化等），成为色、香、味、形俱佳的熟制品的过程。

二、熟制工艺的重要性

中式面点熟制工艺对于面点的食用安全性以及面点的风味特征产生了很重要的影响。具体表现在以下几个方面。

第一，熟制工艺确定了面点制品的安全性。面点制品在成熟过程中，通过各种加热方法，对面点生坯(半成品)起到了一个消毒杀菌的作用，有害微生物被消灭，甚至一些有害的化学残留物质也被有效分解，使面点制品更易被人体消化吸收，食用更安全。

第二，熟制工艺决定了面点制品的色泽。虽然面点成品的色泽和面点使用原料本身的颜色有很大关系，但是，有相当一部分面点制品的色泽是在熟制后形成的。如经过煎、炸、烤的制品，往往发生了焦糖化和美拉德反应，使面点制品形成了诱人色泽和特殊的风味。

第三，熟制工艺形成了面点制品的质感。面点制品的质感，往往在合理的熟制方法后才可以形成。如发酵面点生坯蒸熟后形成松软的口感，例如馒头、包子等；水调面坯煮熟后形成滑爽韧劲的口感，例如，水饺、面条等；油酥面坯炸或烤制成熟后形成外酥内软的质感，例如，海棠酥、凤梨酥等。

第四，熟制工艺规范了面点制品的质量和规格。合适的成熟技法，是达到产品质量要求的保证。例如焦煳的制品，不仅颜色难看，甚至直接丧失了面点制品的可食性；没有完全熟透的制品，不仅口感差，甚至埋下了产生疾病的隐患。而很大一部分面点制品，其具体规格的最后形成，往往是成熟之后，如发酵制品、油酥制品等，正确成熟后会使制品形态饱满而自然，达到面点产品规范的质量规格要求。

三、熟制工艺的原理

（一）传热原理

1. 熟制工艺中传热方式

面点熟制技艺中传热的基本方式有三种：传导、对流和辐射。传导是指物体各部分无相对位移或不同物体直接接触时依靠物质分子、原子及自由电子等微观粒子热运动而进行热量传递的现象。对流是依靠流体的运动，把热量由一处传递到另一处的现象。无论是传导还是对流，都必须通过冷热物体的直接接触，即均须依靠常规物质为媒介来传递热量。而辐射的机理则完全不同，它是依靠物体表面对外发射可见或不可见的射线来传递热量的。

2. 熟制工艺中的传热介质

面点熟制工艺中经常使用的传热介质有水及水蒸气、油、空气、金属。

（1）以水为介质的传热　水是最普通、最常用的一种传热介质，在面点制作中应用极为广泛。主要的传热方式是对流。面点熟制工艺中以水为介质传热的熟制方法叫煮制成熟法；以水蒸气为介质传热的熟制方法叫蒸制成熟法。

（2）以油为介质的传热　油是一种重要的导热介质，具有加热温度高，传热迅速快捷，渗透力强的特点。以油为介质进行传热可以轻松达到制品香、脆、酥的效果。

（3）以空气为介质的传热　这种传热方式是以热空气对流的方式对原料进行加热。以空气为介质的传热，在熟制工艺中经常使用，主要的熟制方法是烤制成熟法。

（4）以金属为介质的传热　以金属为介质的传热，其传热方式是导热，利用锅底的热量把制品制熟。常用的熟制方法是烙制成熟法。

（二）熟制原理

1. 蒸制面点的熟制原理

制品生坯入笼蒸制，制品表面很快同时受热，制品外部的热量通过传导，向制品内部低温区推进，使制品内部逐层受热成熟。蒸制时，传热空间热传递的方式主要是通过对流，而制品内部的热量传递主要是通过传导。

制品在蒸制成熟过程中，制品生坯受热后蛋白质与淀粉发生变化，淀粉受热后膨胀糊化，糊化过程中，淀粉吸收水分变为黏稠胶体，出笼后，温度下降，冷凝成凝胶体，使成品表面光滑。另外,面粉中所含蛋白质在受热后开始热变性凝固，并排出其中的"结合水"，随着温度的升高，变性速度加快，直至蛋白质全部变性凝固，此时，制品的分子内部结构基本稳定，制品外形基本定型。在蒸制生物膨松面坯制品或其它膨松面坯时，受热后会产生大量气体，或者本身内部所含的气体受热膨胀，气体在面筋网络的包裹下，不能逃逸，从而形成大量的气泡，带动制品的体积增大，制品内部呈现出多孔、疏松、富有弹性的海绵膨松结构。

蒸制品的成熟程度和成熟速度，是由蒸汽温度和压力决定的，而蒸汽的温度和压力与加热火力及蒸笼（蒸柜）的密封程度相关，压力越大，蒸汽量越足，制品成熟的速度越快。蒸是温度高、湿度大的熟制方法，一般来说，蒸汽的温度大都在100℃以上，即高于煮的温度，而低于炸、烤的温度。蒸锅的湿度，特别是盖严笼盖后，可达到饱和状态，即高于炸、烤的湿度，而低于煮的湿度，所以，根据这些特点，在对待不同的蒸制品时，要选择合适的蒸制方法。

2. 煮制面点的熟制原理

煮是利用锅中的水作为传热介质产生对流作用使制品生坯成熟的一种方法。沸水通过对流将热量传递给生坯，生坯表面受热，通过传导的方式，使热量逐渐向内渗透，最后制品内外均受热成熟。在成熟的过程中，制品中蛋白质的热变性和淀粉的糊化作用在不同温度阶段发生变化。随着温度的不断升高，蛋白质最后变性凝固，淀粉颗粒吸水膨胀、糊化，其成熟原理与蒸制基本相同。

煮制法具有两个特点：一是熟制较慢，加热时间较长；二是制品较黏实，熟后重量增加。由于煮制是以水为介质的传热，而水的沸点较低，在正常气压下，沸水温度为100℃，是各种熟制法中温度最低的，传热的能力不足。因而，制品成熟较慢，加热时间较长。另外，制品在水中受热，直接与大量水分子接触，淀粉颗粒在受热的同时，能充分吸水膨胀，因而，煮制的制品较湿润，蛋白质吸水溶胀使吃口劲爽。在熟制过程中应严格控制成品出锅时间，避免制品因煮制时间过长而变糊变烂。

3. 炸制面点的熟制原理

油炸是将成型后的点心生坯投入已加热到一定温度的油内进行炸制成熟的过程。它具有两个特点：一是油量多；二是油温高。油炸时的热量传递，主要是以传导的方式进行，其次是对流传热。油脂通常被加热到 160～180℃时，热量首先从热源传递到油炸容器，油脂从容器表面吸收热量，再传递到制品的表面，然后通过传导把热量由制品外部逐步传向制品内部。在油炸过程中，被加热的油脂与点心进行剧烈的热对流循环，浮在油面的点心制品受到沸腾的油脂强烈的对流作用，一部分热量被点心制品吸收，而使其内部温度逐渐上升，水分则不断受热蒸发。

油炸过程中传导是主要的传热方式，同水相比，油脂的温度可达到 160℃以上，点心被油脂四周包围同时受热，在这样高的温度下，点心被很快地加热至熟，而且色泽均匀一致。油脂不仅起着传热作用，其本身也被吸附在点心内部，成为点心的营养成分之一。

热量传递到点心内部的快慢，随着油温、制品厚薄的不同而有所不同。油温越高，制品中心温度上升越快，油温越低，制品中心温度上升越慢；制品越厚，内部温度上升越缓慢，炸制时间也越长；制品越薄，内部温度上升越快，炸制时间也越短。

4. 煎制面点的熟制原理

在油煎过程中，温度上升到 180～200℃，生坯通过辐射、对流受热，表面水分蒸发，淀粉转化为糊精，并发生焦糖化反应，使制品形成金黄的色泽和酥脆的口感；在水油煎过程中，除了底部发生焦糖化反应之外，还会因为产生水蒸气，使制品上部发生淀粉的糊化作用，形成软糯的口感。这样就形成了内部松软、外部金黄酥脆的熟制品。

5. 烙制面点的熟制原理

烙制成熟法源自一种古老的"石烹"成熟方法，其成熟原理与烤制成熟法和煎制成熟法相类似，只是传热方式上比较单一，主要靠金属传导热量。即在烙制过程中，金属锅底受热，使锅体具有较高的热量。当生坯的一面与锅体接触时，立即得到锅体表面的热能，生坯水分迅速汽化，并开始热渗透，经两面反复与热锅接触，生坯蛋白质发生完全热变性，淀粉也发生不完全吸水糊化，并在后期发生水解反应、焦糖化反应，使制品生坯表现出色泽特点。

6. 烤制面点的熟制原理

当炉内温度升高到 200℃左右时，生坯在辐射、对流的环境中；首先表面受热后，水分剧烈蒸发，淀粉转化为糊精，并发生糖分焦化，使制品形成色泽鲜明、韧脆的外壳；其次，当表面温度逐步传导制品内部时，温度不再保持原来的高温，降为100℃左右，这样的淀粉仍可使淀粉糊化变为黏稠状，使蛋白质变为胶体，再加上内部气体的作用，水分散发少，这样就形成了内部松软、外部焦嫩、富有弹性的熟制品。

第二节　熟制方法

面点的熟制方法很多，主要可以分为蒸、煮、炸、煎、烙、烤等几种。凡是采用其中一种方法使面点制品成熟的称之为单加热法；采用两种或两种以上的方法使面点制品成熟的，称之为复加热法。具体采用单加热法或者复加热法要根据实际品种而定。

一、单一熟制法

（一）蒸

蒸是指在常压或高压的情况下，利用水蒸气传导使制品成熟的一种熟制方法。通常把这种蒸熟的制品叫"蒸食"或"蒸点"。它的主要设备是蒸灶和笼屉。蒸制法的使用范围也较广，包括面团制品和米类制品两大类。

1. 蒸制面点的操作方法

在蒸锅或蒸柜产生饱和蒸汽时，将上笼的制品，放入蒸制成熟即可。经过蒸制的点心吃口松软、馅嫩卤多、味道纯正，并能够保持制品种的营养成分不被破坏，是一种使用较为广泛的熟制方法。蒸制的点心很多，最典型的品种有各种馒头、包子、烧卖、蒸饺等。

2. 蒸制面点的工艺流程

蒸锅加水→生坯摆屉→上笼蒸制→控制时间→熟制下屉

（1）蒸锅加水　蒸锅使用前，先加进水，水量以八成满为宜。

（2）生坯摆屉　将生坯按一定的间距摆入屉内。要根据制品的不同特点在笼屉上垫上屉布或纸、菜叶等。

（3）上笼蒸制　生坯摆放整齐后，待水烧沸产生蒸汽后，将笼屉置于蒸锅上，将笼屉盖盖严，并根据制品的不同性质控制火力的大小。

（4）控制时间　蒸制时间要根据品种的特点灵活掌握。

（5）熟制下屉　制品经蒸制后，要及时下屉，以避免成品与屉布粘连而影响质量。

3. 蒸制面点的操作关键

第一，蒸锅内加水量以六到七成满为适宜。蒸汽是由蒸锅中的水产生的，所以水量的多少，直接影响蒸汽的大小。水量多，则蒸汽足；水量少，则蒸汽弱。因此，蒸锅中水量要充足。但是也要注意，水量过大时，水沸腾向上翻滚，容易浸湿制品，直接影响制品质量；过少时，蒸汽产生不足，则会使生坯死板不膨松，影响成熟效果。

第二，掌握制品的饧发要求。凡是膨松类制品在成型以后必须静置一段时间进行饧发，使制品生坯继续膨胀，以达到蒸后松软的目的。但要掌握好饧发的温度、湿度和时间、以免影响质量。饧发时一般温度控制在 30℃ 左右，时间在 10～30min 之间。要根据不同品种，适当掌握。

第三，注意生坯之间摆放距离。将制品生坯按一定间隔距离，整齐地摆入蒸屉，其间距应使生坯在蒸制过程中有膨胀的余地。间距过密，会使制品相互粘连，影响面点制品形态。

第四，必须水开汽足，盖严笼盖（或关严蒸柜门）。无论蒸制什么制品，都要求火旺汽足以后再上笼（或上柜）。在蒸制过程中要始终保持旺火，锅中水量要足，笼盖要盖严（蒸柜门关严），否则会出现制品不易胀发膨松，或产生粘牙、瘫痪、塌陷、僵皮等现象。

第五，灵活掌握蒸制时间。根据点心品种、质量要求等的不同掌握好蒸制时间。

（二）煮

煮是把成型的生坯投入开水锅中，以水为传热介质，利用水受热后产生的热量的传导和对流作用，使制品成熟的一种熟制方法。煮制法的使用范围也较广，包括面团制品（饺子、面条、馄饨等）和米类制品（汤糕、元宵、粽子等）两大类。

1. 煮制面点的操作方法

煮制时将面点成形生坯，直接投入沸水锅中，利用沸水的热对流作用将热量传给生坯，使生坯成熟。煮的使用范围较广，一般适用于冷水面团制品等，其特点是清润、滑爽、有汤汁、有咬劲。

2. 煮制面点的工艺流程

水烧沸→生坯依次下锅→盖上锅盖→保持水面的沸腾状态→熟后出锅

（1）水烧沸　凡用煮制法成熟的品种，一般先要将水烧开，然后才能把生坯下锅。

（2）生坯依次下锅　在将生坯投入沸水锅时，要边下生坯边用手勺推动，防止粘连。下生坯的数量要适当，不能一次投放过多。

（3）盖上锅盖　生坯下锅后要盖上锅盖，待水烧开后揭盖，保持水面的沸腾状态。在沸腾时应适时添加冷水（俗称"点水"），避免品种爆裂。

3. 煮制面点的操作关键

第一，开水下锅。煮制时一般事先将水烧沸，然后才能把生坯下锅。因为坯皮中的淀粉、蛋白质在水温 60℃以上才吸水膨胀和发生热变性，并在较短的时间内受热成熟，所以，沸水下锅才不会使点心出现破裂和黏糊。

第二，制品下锅数量要适当。同一锅中煮制制品的数量要适当，数量过多（水量不足）易造成制品粘锅、粘连、糊化、破裂等现象。煮制时应该边下生坯边用勺推动，以防制品粘连在一起，受热不均。

第三，掌握煮制时间和火力。在煮制过程中，要根据制品的特点掌握好煮制时间和火力。保持锅中的水"沸而不腾"，这样不仅能防止爆裂开口，而且可使生坯内外皆熟，保证面点制品的质量。

第四，适当点水。点水是为了保持水面平稳，每次发现水面开始翻腾时即向水中添加少量冷水，使之略为降温，行业中称为"点水"。点水具有防止制品因互相碰撞而破裂，促使馅心成熟入味，使制品表皮光亮，吃口劲爽的作用。一般而言，煮制水饺点三次水，煮制面条点一到两次水，煮制汤圆用中小火加热，点一到两次水即可保证成熟。

（三）炸

炸是以油为传热介质使制品成熟的一种熟制方法。炸制法的适用性比较广泛，几乎各类面团制品都可炸制，主要用于油酥面团、矾碱盐面团、米粉面团等制品。

1. 炸制面点的操作方法

在油炸炉或锅中加入适量油，烧热至预先设定的温度，放入生坯，浸入油中加热，根据具体品种的不同，控制油炸温度和炸制时间。炸制时用的油量较多，油温较高，注意安全操作。

目前炸制面点的油温，大体分为温油炸（90～150℃）、热油炸（180～220℃）两类。

（1）温油炸　适合于口感酥脆或带馅的品种。以油酥制品为例，在炸制时，要将油烧至五成热左右，将制品下锅，在生坯将要定型时加大火力，提高油温，使生坯迅速定型。操作时，不能用工具用力搅动，可用筷子轻轻拨动或采用轻轻晃动油锅的方法，使生坯均匀受热。特别是对于花色制品，动作一定要轻，不要破坏造型。

（2）热油炸　适合于能够迅速起发的品种，如矾碱盐面坯成品。油温一般要烧至七成热，将生坯下锅，迅速用工具翻动，使其受热均匀，待生坯起发成熟后迅速捞起。操作时要注意制品色泽的变化，避免出现焦煳现象。

2. 炸制面点的工艺流程

锅内放适量的油→升温→放入生坯油炸→控制油炸温度和炸制时间→出锅沥油

（1）锅内放适量的油　无论是温油炸和热油炸都需要较多的油量。

（2）放入生坯油炸　面点生坯要浸入油中加热，根据面点制品的要求确定是否要翻身炸制。

（3）控制油炸温度和炸制时间　在面点生坯炸制过程中，油温的高低要准确掌握，温度高，则上色快，温度低则上色慢。要根据具体面点品种，进行温度调节，同时要控制炸制的时间。

（4）出锅沥油　当面点制品达到清香、酥脆、色泽美观等风味特点时，及时捞出锅，沥去多余的油。

3. 炸制面点的操作关键

第一，炸时油量要充分，要使制品有充分的活动余地。用油量有时是生坯的十几倍或几十倍。

第二，注意油脂的清洁。炸制品所用的油脂必须清洁，若油脂不洁，会严重影响制品的质量和色泽，影响卖相，并且会影响热的传导和污染制品，使制品不易成熟，危害人体的健康。如使用植物油时应该事先熬制才能使用，这样才能去掉生油味道，保证制品的风味质量。如用已炸过面点的老油，则要经常清除杂质，以保证油质清洁。

在炸制制品时一般选用花生油。花生油透明晶亮、色淡黄，不生烟（少量的烟）、不起沫，可使制品着色均匀。此外还可通过调节油温来改变制品的着色程度，并使之具有花生的芳香气味。

第三，掌握火力，控制油温。不同的制品需要不同的油温，有的需要温度较高的热油，有的需要温度较低的温热油，有的需要先高后低或先低后高，情况极为复杂。油温的高低直接影响制品的质量，如油温高，成品易上色，炸制时间较短，成品质感外脆里嫩；油温低，炸制时间稍长，成品质感松脆、酥香。但油温过高，就会炸焦炸煳，或外焦里不熟；油温过低，色淡，不酥不脆，耗油量大。因此，要根据制品所要求的口感、色泽及制品的体积大小、厚薄程度等灵活掌握油温。

第四，要根据制品的需要控制炸制时间。一般情况下，需要颜色浅的或个体较大的品种，油温要低些，炸制时间要略长；需要颜色较深或制品体积小而薄的油温可稍高，而炸制时间相应地应该缩短。

（四）煎

与炸一样，也是用油传热的熟制法。不同的是，煎制法用油量较少，所以煎是利用少量油的热传导使制品成熟的一种方法。

1. 煎制面点的操作方法

一般都是用高沿锅或平底锅煎制，主要用于馅饼、锅贴、煎包等。煎时用油量的多少，根据制品的不同要求而定，一般以在平锅底抹薄薄一层为限。有的品种需油量较多，但以不超过制品厚度的一半为宜。煎法又分为油煎和水油煎两种。

（1）油煎法　油煎法是将锅架于火上，烧热后放油（均匀布满整个锅底），再把生坯摆入，先煎一面，煎到一定程度，翻个再煎另一面，煎至两面都呈金黄色，内外、四周均熟为止。从生到熟的全过程中，不盖锅盖。

（2）水油煎法　水油煎法做法与油煎有很多不同之处，锅上火后，只在锅底抹少许油，烧热后将生坯从锅的外围整齐地码向中间，稍煎一会（火候以中火、150℃左右的热油为宜），然后洒上几次清水（或和油混合的水），每洒一次，就盖紧锅盖，使水变成蒸汽传热焖熟。

2. 煎制面点的工艺流程

将锅炕干→放入适量油→逐面煎制（或洒水焖制）→煎（焖）熟上色→出锅沥油

（1）将锅炕干　煎制一般选用高沿锅或平底锅，制作时先将锅炕干。

（2）放入适量油　煎油量的多少根据具体面点的品种要求来定，煎制法最多用油量以不超过制品厚度的一半为宜。

（3）逐面煎制（或洒水焖制）　面点煎制一般都要求两面煎制，而且在煎制的过程中，根据具体面点品种，决定是否洒水、盖盖焖制等。

（4）煎（焖）熟上色　煎制品一般都要求两面上色。

（5）出锅沥油　煎制品出锅后要沥去多余的油，使制品吃起来不显得油腻。

3. 煎制面点的操作关键

第一，水油煎是将锅内放入少量油脂，烧热以后将制品放入，待煎制底面焦黄后再加入少量水，盖上锅盖，将这部分水烧开变为蒸汽，然后，以蒸汽传热的形式使制品成熟。加水量和加水次数要根据制品生坯成熟的难易程度来确定，每次加水，其水量都不宜超过制品生坯的1/3高度，否则生坯淹没水中过久，表面吸水过多，影响制品质量。最后在制品基本成熟，水分蒸发殆尽时，适当向锅中淋入油脂，利用油脂和水的不同蒸发热，使残留的水分进一步挥发，制品表面油润光滑，底面酥香不黏糊。

第二，油煎法的油量要适当多些，但不能超过摆放生坯厚度的一半。这种煎法不盖锅盖，不能煎制一面，要使两面都受热，煎制时间要长于炸。馅饼、煎吐司等则是利用油煎法直接成熟的。

第三，锅底的火力对煎制影响很大，为了均匀受热，必须转动锅的位置，防止局部焦煳。不同的面点制品需要不同的火候，操作时，必须按生坯的大小、厚薄和分量，控制掌握火候大小、温度高低。如采用恒温器具，则勤翻动坯体，如果是非恒温炉，则可以采取移动锅体和翻动坯体相结合的方式，尽量使生坯受热和成熟一致。

（五）烙

烙就是把成型的生坯摆放在平锅中，架在炉火上，通过金属传热的熟制法。在日常生活中，烙制成熟法操作相对简单、经济，又能适应营养卫生要求，应用面比较广，适合于各种水调面团、层酥面团和一些发酵品种，其制成品有烤、煎制品相类似的香脆外皮和柔软的内部口感，并且外表干爽、少油或无油。

1. 烙制面点的操作方法

烙的方法，可分为干烙、刷油烙和加水烙 3 种。

（1）干烙　制品表面和锅底，既不刷油，也不洒水，直接将制品入平锅内烙，叫做干烙。干烙制品，一般来说，在制品成型时加入油、盐等（但也有不加的，如发面饼等）。

（2）刷油烙　烙的方法和要点，均与干烙相同，只是在烙的过程中，或在锅底刷少许油（数量比油煎法少），每翻动一次就刷一次；或在制品表面刷少许油，也是翻动一面刷一次。

（3）加水烙　加水烙是利用锅底和蒸汽联合传热的熟制法，做法和水油煎相似，风味也大致相同。但水油煎法是在油煎后洒水焖熟；加水烙法，是在干烙以后洒水焖熟。加水烙在洒水前的做法，和干烙完全一样，但只烙一面，即把一面烙成焦黄色即可。

2. 烙制面点的工艺流程

平底锅（或饼铛）烧热→烙（焖）制→转动→出锅

（1）平底锅（或饼铛）烧热　将锅洗净烧热，这样生坯放入受热时不太容易粘锅底。

（2）烙（焖）制　保持生坯均匀受热，成熟一致。

（3）转动　在加热的过程中，如非恒温炉具，为了受热均匀，将锅适时转动。

（4）出锅　在生坯成熟后，及时出锅。

3. 烙制面点的操作关键

第一，控制火力，确定锅底温度。要根据制品的要求，选择合适的火力，同时火力要分散，使锅内中心及周边受热基本一致，控制好锅底的温度，才能保证成熟质量。一般而言，个大体厚的生坯，火力要小、温度要低些，以使内部能完全成熟，而个小体薄的生坯，温度可以适当高些，使制品能在较短时间内成熟，才能达到制品底面焦脆、内部鲜嫩的要求。在加热过程中，根据制品成熟的各个阶段，调节好火力，尽量使温度保持稳定。

第二，生坯摆放要合理。无论是使用平底锅还是使用电饼铛，一般来讲，中心温度都较边缘温度要高，所以，在生坯入锅时，先从四周摆入，最后排列中心位置，出锅时，则要先中心，后四周，使生坯在受热时间上产生时间差，达到受热成熟一致的目的。

第三，采取灵活方式，控制生坯受热点，如"三翻四烙""三翻九转"。如非恒温炉具，在烙制成熟过程中，要采取灵活方式，使各个生坯受热点均匀一致。可以采取转动锅位和移动生坯在锅体中的位置两种方法来实现。要注意的是，在转动锅位时，不移离火力点顺时针或逆时针转动锅体，并不能完全达到制品生坯受热均匀的目的，必须在合理的时候将锅体拉离火力点，再转动锅体，加热锅体边沿位置，才可以避免中心点焦煳。在控制温度的前提下，不断地移动生坯在锅中的位置，也可以达到相同的目的。

第四，加水烙要控制加水量并正确掌握加水方法。加水烙是建立在干烙的基础上。遇到体积较大，难以成熟的生坯，一般是向锅中加入清水，利用金属与水蒸气同时传热，比纯粹干烙成熟速度快，制品成熟后不会过分干硬。要注意的是，加水时一次不宜过多，以防止制品表面黏糊。对于较难成熟的制品，可以采取少量分次加水的方式，并加盖增压，以达到制品成熟的目的。

（六）烤

烤又叫烘烤，是利用烤炉中的辐射、对流和传导的方式使制品成熟的一种方法。烤制品色泽金黄、外部酥香、内部松软、富有弹性。它适用于膨松面团、油酥面团制品等，在中式面点制作中是一种常用的熟制方法。

目前使用的烤炉，式样较多，并出现了草炉、缸炉、电动旋转炉、红外线辐射炉、微波炉等。烤法可以分为明火烘烤和电热烘烤两种。明火烘烤是利用煤或炭的燃烧而产生的热能使生坯成熟的方法；电热烘烤是以电为能源，通过红外线辐射使生坯成熟的方法。但目前以烤箱烤制为主流制作。

1. 烤制面点的操作方法

现在一般烤制都用烤箱，具体方法如下：将烤盘擦净，在烤盘底抹上一层油，然后将制品生坯整齐摆入烤盘内；把烤箱内部温度调节好后将烤盘连同生坯放在烤箱内，根据制品所需烤制时间，准时出炉。

为了掌握烤制程度，有些制品烤制到一定时间，就要注意观察其外表，检查制品成熟与否。检查时可用一根小竹签插入制品中，拔出后竹签上没有黏着的糊状物为成熟。

2. 烤制面点的工艺流程

炉温预热→入坯→烘烤→成熟出炉

（1）炉温预热　根据所要烤制面点的标准温度进行设定，同时考虑到面火和底火的温度设定。

（2）入坯　面点生坯放入烤盘，每个生坯之间间隔一定距离。当设定温度达到后，将烤盘连同生坯放在烤箱内。

（3）烘烤　烤盘连同生坯放在烤箱中安静地烤制。

（4）成熟出炉　当面点制品成熟且达到理想的风味特征后，果断地出炉。

3. 烤制面点的操作关键

第一，炉温的掌握要准确。在烤制面点时，绝大部分面点表面受热温度以150～200℃为宜，即炉温应该保持在180～250℃，过高过低都会影响制品质量。过高，制品表面容易焦煳；过低既不能形成金黄色的表面光泽，也不能促使制品内部成熟，此时如增加烤制时间，则制品水分蒸发过多，就会出现干裂，失去内部松软的特色。

第二，熟悉底火、面火的运用。不同的面点制品对面火和底火都有不同的要求，所以要根据具体面点品种来进行调节。

第三，烤制时间的把握要精确。制品烤制时间应根据具体品种而定；若制品的体积较小较薄则时间要短；体积厚、大的时间要长。此外，由于点心特色不同，在烤制时间上也有很大差别，制品质地松软的烤制时间要短；质地较实的则烤制时间长些。

二、复合熟制法

我国面点种类繁杂，熟制方法也是丰富多彩的，除上述这些单加热法以外，还有许多面点需要经过两种或两种以上的加热过程。这种经过几种熟制方法制作的称为复加热法，又称综合熟制法。它与上述单加热法不同之处，就是在成熟过程中往往要多种熟制方法配合使用，归纳起来，大致可分为两类。

第一类，经蒸或煮成半成品后，再经煎、炸或烤制成熟的品种，如油炸包、伊府面、烤馒头等。

第二类，经蒸、煮、烙成半成品后，再加调味配料烹制成熟的面点品种，如蒸拌面、炒面、烩饼等。这些方法已与菜肴烹调结合在一起，变化也很多，需要有一定的烹调技术才能掌握。

复习思考题

1. 熟制工艺的概念是什么？
2. 熟制工艺的重要性体现在哪几个方面？

3. 面点熟制工艺中经常使用的传热介质有哪些?

4. 蒸制面点的熟制原理是什么?

5. 煮制面点的熟制原理是什么?

6. 炸制面点的熟制原理是什么?

7. 煎制面点的熟制原理是什么?

8. 烙制面点的熟制原理是什么?

9. 烤制面点的熟制原理是什么?

10. 单一熟制法常常有哪些?

11. 复合熟制法常常有哪些?

第九章
中式面点的风味赏析

中国面点的风味主要指具体面点品种的"色、香、味、形、质"等特征。它是衡量具体面点品种制作得失成败的尺度与质量评价的标准。

第一节　中式面点的配色艺术

"色"是烹饪工艺中"色、香、味、形、质"里很重要的一项感官指标，用来评价菜点的得与失。作为各种风味指标之首的"色"，常具有先声夺人的作用，首先进入品尝者的感官，进而影响品尝者的饮食心理和饮食活动。

一、色的本质

色的本质是光，是物体对于各种光反射或吸收的选择能力的表现。虽然人眼能辨出一百五十多种不同的颜色，但在日常生活中，主要是红、橙、黄、绿、青、蓝、紫等七种颜色。

二、面点的配色原理

面点的色彩是面点特色的重要组成部分，我国烹饪对面点色彩的配置和运用，尤为重视与研究，经过历代面点师的长期实践与创新形成一整套行之有效的配色方法。但是对色彩的运用，面点调色不可能像绘画那样，随美赋彩，尽情发挥，它必须围绕"食为本"这个中心，在体现面点具体品种的自然风格特色的基础上，适当加以补充、设色、配色，丰富面点的品种，同时，面点的调色也形成了自己的理论。

（一）主色与辅色

主色在色调中称为"基调"，它是我们见到的所有色彩的主要特征与基本倾向，主色之外就是辅色或"辅调"。现代画家钱松岩说："五彩彰施，必有主色，以一色为主，而它色辅之。"说的也是这个道理。就面点而言，一盘面点乃至一席面点，也要分清主次，在色调的冷与暖、明与暗、鲜与灰等许多因素中，抓住主色，以面点的主料的色为"基调"，以配料的色为辅色起点缀与衬托作用。如扬州名点翡翠烧卖，虽有白、绿、红等几种色，但主色是翡翠色（由于烧卖皮薄而透出青色馅的青），其它是烧卖顶部面皮色（白色）及点缀的火腿蓉的红色，皆为辅色，色彩既鲜艳又高雅，难怪被称为"扬州双绝"之一。千层油糕是双绝中的另一绝，是用扬州特色酵面技术制成，暄软洁白，片片分层，层次达64层之多，上面三三两两点缀着红绿丝，其主色的白与辅色的红、绿，分布有致，在色调上确实收到了清秀淡雅的效果。苏州船点中的绿茵白兔，常用绿的青菜松或上色的绿椰蓉垫底，以辅色的绿衬托主色的白，使成品形色兼备，赏心悦目。

总之，主色与辅色要谐调而有变化，大红大绿使人感到俗气，"万绿丛中一点红"就饶有风韵了。

（二）暖色与冷色

在绘画中，可以从色相、色性、光度、纯度等几个方面来区分色调，在面点中常用色性的冷暖来设色。红、黄、橙各色称为暖色；青、蓝、绿、紫各色称为冷色；黑、白、灰各色被称为中性色调。色性的产生在乎人的心理因素，在日常生活中，人对自然界客观事物的长期接触和认识，积累了丰富的生活经验，由色彩产生了一定的联想，再由联想到的相关事物产生了温度感，比如，由暖色联想到火与寒冬的太阳，感到温暖。由冷色联想到寒冷的冰水和清凉的天空，使人有丝丝凉意。而中性色给人的感觉是不温不火，不冷不暖。在面点的调色中常随着季节的更替来设色。夏季天热，常用冷色为主的面点，如薄荷糕采用鲜薄荷叶揉成汁掺入米粉中，脱模成型，蒸制而成，既有薄荷清凉之味，又有绿色清凉之感，两全其美。广东粉点澄粉鲜虾饺是用菠菜汁掺入烫粉压皮包馅制成，其绿色晶莹发亮，实乃消暑佳品。冬季天冷，常用暖色为主的面点，如广东名点像生雪梨，借用西式做法以土豆泥加糯米粉，拖鸡蛋液、滚粘面包屑糠，手捏成型，油炸生色，其色澄黄，与雪梨色相仿，令人暖意顿生。近年冬季流行保健面点南瓜饼、黄金糕等，都是暖色；在春秋两季气候温暖与清凉兼备，气温宜人，适宜于中性色调的本色面点为主，也可兼用冷暖色调的面点。

另外，据研究暖色具有可以使人兴奋、刺激食欲、在筵席中活跃气氛的作用。

（三）本色与配色

本色是指面点在选料、制坯、成型、成熟等一系列过程中形成的具体品种的固有色与固有特征，配色是在具体面点品种不足以表达面点特色而添加的色彩。由于人们长期的饮食活动实践，对面点色彩之美的判断已形成一种习惯程式，即这种判断可以因色彩鲜艳的本身的美而使人感到愉悦，增进食欲，并将某种面点在香、味、质所达到成熟阶段的最佳状态时所呈现的色彩感觉作为面点审美最高标准或面点色彩美的最高境界。例如，水调面点大多为麦粉本色，软韧劲道；发酵面点就应该暄软洁白，膨松微甜；油酥面点呈现出洁白的或金黄的色彩，酥松爽口；米粉面点则是米粉的本色，糯松黏绵俱全。如果一种面点做成后，缺少了那一类面点的本色，无论色彩多么漂亮，则肯定是不成功的。另外一方面，有些具体化品种，如花色面点甚至是本色的面点，为增强它的美感，可以采用点缀、围边及少量着色的方法，来配色增色。

三、面点的配色方法

罗丹说：没有不美的色彩，只有不美的组合。面点的色彩只能是简易的组合与配置，不必像画家一样调配各种新色，而在于运用食物原料色彩固有的冷暖、强弱、明暗进行对比、互补，围绕宴席主题的需要，创造出清新淡雅或五彩缤纷、兴奋热烈或简约舒缓、小桥流水或大气磅礴等由面点色彩构成的乐章。

（一）运用精湛的技术以突出面点的本色

我国面点分为有馅与无馅两个部分内容，其坯皮都比较重要，对有馅面点尤为重要。突出本色是指保持面点坯皮原有的色彩，这样做出的面点色彩自然，有利于发挥本味，也符合食品卫生法的要求。突出面点的本色，就应该按照具体化面点品种的制作方法，正确选料、配料、调制面团、成型、成熟等。例如，水调面团制品要外表光洁，关键在于调制面团的水温与火候；面条、馄饨、水饺等常用冷水和面，以呈其本色且有韧性；月牙蒸饺、花色蒸饺等常用温水和面，以强调其光洁与可塑性；烧卖等常用烫水和面，以突出其色彩与吃口软糯；而发酵面点的暄软洁白，关键在于发酵过程与旺火蒸制；油酥面点的色泽白皙与金黄，与油温和炉温有关；米粉面点的本色，则与是否加糖、蒸煮时间的长短有关。总之，掌握了各类面点的制作要素，就能创制出各种具体的本色面点来，并能突出面点的本色。

（二）运用艺术手段适当配色

在突出面点本色的基础上，对面点具体品种，根据其特点加以配色美化是面点制作的另一个重要方面。

1. 运用原料的天然色彩

面点的用料比较广泛，米麦黍豆、菜蔬籽仁、花果菌藻、肉鱼蛋乳、山珍海味等，每一种原料本身都具有天然的色彩，如火腿的红、虾仁的白、青菜的绿、蟹黄的黄、香菇的褐等，色彩十分丰富。这些原料的天然色彩丰富了面点品种的色泽，主要表现在花色蒸饺及烧卖中馅心的配色与造型简单的面点制品的表面点缀等两方面。一方面，花色蒸饺中的一品饺、飞轮饺、冠顶饺、四喜饺、风车饺、梅花饺、鸳鸯饺、花篮饺、单桃饺、双桃饺等，烧卖中的鸡冠烧卖、金鱼烧卖、翡翠烧卖、金丝烧卖等，包馅成型后，在花色蒸饺的造型空洞内及烧卖的顶部饰以各种有色的馅料，使其名副其实，色彩和谐，形象生动起来。例如，梅花蒸饺生坯包馅成型后，在四周五个空洞内填上熟鸡蛋黄末，花蕊部位点上熟火腿末，马上一朵蜡梅跃然盘中，色形兼备；金丝烧卖制作时，收拢荷叶边成型后，在其顶部放上一簇黄色的蛋皮丝，起到了画龙点睛的作用。另一方面，造型相对单一的面点，如双麻酥饼、菊花酥饼等，在其表面分别点缀黑白芝麻、香菜叶、火腿末等，就会使其形象鲜明、诱人食欲。

2. 适当调配面点的色泽

在调配面点色泽的过程中，常常使用食用色素。食用色素，按其来源和性质可分为食用天然色素和食用合成色素。食用天然色素是指由动植物和微生物中提取的色素，主要是植物色素，包括微生物色素，常用的红色有红曲米汁、苋菜汁、红菜头汁；绿色有青菜叶汁、麦青汁；黄色有蛋黄液；乳白色有奶粉、炼乳、牛奶等；棕色有可可粉、巧克力、焦糖色等；橙色有南瓜、胡萝卜；黑色有百草霜汁等。食用合成色素是从煤焦油中提取的苯胺染料为原料合成的，我国目前允许使用的有苋菜红、胭脂红、柠檬黄、日落黄、靛蓝等色素。食用色素的着色技法主要有以下几种。

（1）上色法　上色法主要是将色液采用染与刷的方式，在制品的表面上着色的方法，分为成熟前着色与成熟后着色两种。成熟前着色就是在制品成型时或成型后刷上色液、蛋液、饴糖水、油等，可使成品烘烤后，表面色泽金黄发亮；菊花酥饼在烘烤前，点上红的色液点，使制品成熟后，分外醒目、充满喜气。成熟后着色法主要常见于发酵点心、米粉点心，农村风俗办喜事时，在馒头、糕等点心上面，印上朱红的"喜"字、"寿"字或吉祥的图案，借以传递喜庆的信息。

（2）喷色法　喷色法主要是将色液喷洒在面点的表皮上，面点内部却保持本色，常用牙刷蘸色液后喷洒。喷色法主要用于发酵面团中的花色面点品种，如寿桃包、苹果包、石榴包、玫瑰花包等品种的制作，利用牙刷蘸上红色素溶液后，根据溶液色调深浅，调整喷洒距离、喷洒密度及层次，即可达到以假乱真的色彩效果。

（3）卧色法　卧色法是将色素溶解为1%～10%的溶液揉入面团中，使本色面团变成红、橙、黄、绿各色面团，再制成各种面点。如江南的青团，用麦苗、青菜或青草捣汁和粉蒸成，袁枚称其"色如碧玉"，十分雅丽。再如，苏州的船点制作时一般采用卧色法调制各色面团，再捏制成各种仿植物形、仿动物形、仿几何形等各种的象形面点，惟妙惟肖，关键之一就是巧妙地利用缀色配色的原理。

（4）套色法　套色法包含两种情况，一种是根据成型的需要，于本色面团外包裹一层或几层卧色面团，称套色；另一种是指多种面团搭配制作的面点。第一种套色方法常用来制作小花小草、假山树木、亭台楼榭等，还可用以点缀、围边等。第二种套色法，也常用于制作苏州船点及苏式糕团，用套色制作的"寿星结顶""孔雀花草"等作品，则被人们赞叹为"艺术面点"。

3. 切实控制食用色素的使用

食用色素在面点中的使用要符合一定的准则，如安全卫生、操作简便、色彩自然等。过去使用的食用天然色素，往往是把含有色素的植物直接混合使用或绞成汁使用，这样做使面点中含有大量的夹杂物或浪费了大量原料，影响了面点的风味与经济利益，也应该限量使用。现代工业已生产出了食用天然色素粉末产品，如天然菠菜粉、天然香橙粉、天然苋菜粉、天然香菇粉、天然西红柿粉等，但其用量也要符合相应产品的规定标准。对于食用合成色素，应严格按照《食品添加剂使用卫生标准》的规定，苋菜红、胭脂红的最大使用量为 0.05g/kg，柠檬黄、日落黄、靛蓝的最大使用量为 0.1g/kg，色素混合使用时也应根据用量按比例折算。有经验的面点师根据面点蒸制后色泽会变深的规律，在配色时，坚持用色少、淡、雅的原则，充分发挥使用合成色素的作用。

综上所述，了解了面点的配色理论，掌握了面点的配色方法，科学实践，勇于创造，一定会发扬传统，丰富面点的色彩，为百姓生活服务。

第二节 中式面点的调香艺术

"香"气一直是烹饪中"色、香、味、形、质"中一项重要的感官指标。在饮食活动中，人的嗅觉往往先于味觉，有时甚至先于视觉，在菜点未上桌之前，就可以嗅到阵阵香气，诱人食欲。所谓"闻香下马、知味停车"说的就是菜点香与味的魅力，但在晋人束皙的《饼赋》中，对香气的吸引力更有形象的描绘："……气勃郁以扬布，香飞散而远遍。行人垂涎于下风，童仆空嚼而斜眄。擎碗者舔唇，立侍者干咽"，足见面点的香气非常诱人。

一、香气的生化本质

从饮食生理学上分析，人们接触食物时，挥发性香味物质随空气进入鼻腔，与嗅部黏膜接触，溶解于嗅分泌液中，刺激嗅觉神经，方才产生嗅觉。一般从嗅到气味物质到产生嗅觉，经过 0.2～0.3ms。《随园食单》道："佳肴到目到鼻，色香便有不同，或净若秋云，或艳如琥珀，其芬芳之气，扑鼻而来，不必齿决之、舌尝之，而后知其妙"。事实上，人们在进食时，食物在口腔或食道中也可有香味成分挥发出来，此时，嗅觉和味觉往往同时产生，形成对食物完整的风味评价。

二、面点香气的形成原理

我国具体面点品种成百上千，不同的面点品种均含有不同的呈香物质，即使有主体的香气成分，但也绝不是由某一种呈香物质单独产生的，而是多种呈香物质的综合反应。在面点制作中，其香气物质主要是在制馅以及面点的熟制过程中产生的，通常有风味前体物质的热降解、美拉德反应及其它相关反应等几个途径。

（一）面点原料中风味前体物质的热降解及相关反应

面点制作中选料比较广泛，凡可入馔的食物原料，几乎无不采纳。在这些广博的用料中，蕴藏着丰富的香气前体物质，有水溶性的，如蛋白质、多肽、游离氨基酸、碳水化合物、还原糖、核苷酸等；还有脂溶性的，如甘油三酯、游离脂肪酸、磷脂等。在面点熟制过程中，这些风味前体物质分别发生一些变化。

蛋白质在加热时，逐渐降解为小分子量的多肽及游离氨基酸，其中含有谷氨酸的多肽呈现出不同程度的鲜味；而游离的氨基酸，经过脱氨、脱羧反应生成相应的挥发性羰基化合物，形成面点品种的香气成分。例如，面点馅心中肉类原料在加热过程中，部分蛋白质分解，其丙氨酸、蛋氨酸和半胱氨酸等进行降解反应，生成乙醛、甲硫醇和硫化氢等，这些化合物经加热又生成乙硫醇，最终产生肉香。

碳水化合物在加热条件下，易发生焦糖化反应，形成褐色素，同时一部分碳水化合物发生热降解反应，形成挥发性羰基化合物如醛、酮等，这就是煎、炸、烤等熟制方法的面点制品，呈现金黄的色泽、洋溢着诱人香气的主要原因。

脂质也是面点中重要的风味前体物质之一。在加热中，脂肪组织因加热收缩而导致细胞膜的破裂。熔化的脂肪流出组织后，释放出脂肪酸和一些脂溶性物质。这些脂溶性物质在加热过程中又发生氧化反应，生成挥发性的羰基化合物和酯类化合物，使面点产生特有的香气，在感官上集中表现为香气。当然，不同肉类中的脂质经加热分解或氧化生成为不同种类和数量的羰基化合物，从而形成各自特有的香气，如猪肉的香气是由猪肉脂肪加热分解形成的，其主体成分为乙硫醇；羊肉的香气，其主体成分除羰基化合物外，还有含硫化合物和一些不饱和脂肪酸。鸡肉的香气是由羰基化合物和含硫化合物构成的。

（二）面点熟制过程中的美拉德反应

美拉德反应是面点熟制时产生香气最重要的途径之一。在加热条件下，面点中蛋白质分解成氨基酸；游离氨基酸中的氨基和还原糖中的羰基之间发生羰氨反应，一方面形成了面点品种的诱人色泽，另一方面同时产生了面点品种的独特香气。

（三）面点熟制过程中的其它反应

面点原料在调制面团的过程中，可以产生特定的风味，如发酵面点品种在调制面团时利用酵母发酵，使得成品在熟制时产生发酵的香气。另外，面点馅料中的葱、姜、蒜等辅料，在单一酶的催化下，使风味前体物质直接进行反应产生香气等。

三、面点香气的调配

香气是鉴定面点特色的重要感官指标之一，但面点制作中应以自然香气为上，体现面点的自然风格特色。当制品的香气不能表达或代表面点的时候，可适当加以补充，但以天然香料为主，因此，在面点制作中，应懂得如何形成面点的香气。

（一）面点制作中，应充分利用面点原料本身具有的自然香气

我国面点原料使用比较广泛，一切用于制作菜肴的原料，都可以用作馅心原料，其各有不同的加工方法，但在制皮调馅时应充分运用各种原料中所含的风味前体物质，形成面点的自然香气。在我国隋唐五代时期，曾流行"甘菊冷淘"（一种凉面）。在制作冷淘时，采用甘菊汁和面，擀切成细丝，煮熟，再投入凉水过水而成。宋代王禹偁有诗云："杂此青青色，芳香敌兰荪"。到了宋代，《山家清供》载"梅花汤饼"（一种面食）做法更胜一筹，其采用梅花、檀香末浸泡，用浸泡水和面，擀皮后用铁模刻成梅花状，煮熟后，放入清鸡汤中供食。既有梅花之香，又有梅花之形，可谓名副其实。清代流传于江南一带的"青团"，用麦苗或青菜、青草捣汁后和粉蒸成，清香宜人，因为这类原料中都含有风味前体物质叶醇等。现代奶黄包的制作，为了突出其浓郁的奶香，除了使用鲜奶之外，还常使用椰酱制作，且调搅生料时要幼滑不起粒，边蒸边搅，才使奶黄馅细腻无比，奶香四溢。

利用原料本身自然之香气，也须懂得原料的习性及其配伍。在制作馅心时，首先要以主料的香味为主，辅料用来衬托主料的香味，使主料的香味更为突出，如新鲜的鸡、鱼、虾、蟹等，味鲜香而纯正。做馅时，应保持并突出其固有的自然香味，这时可配以笋、茭白等蔬菜，以增加衬托其鲜香。扬州名点"三丁大包"虽说是一般大包，但其馅心取用鸡肉、猪肉和笋肉等，按一定比例搭配而成，并用鸡汤烩制，香气宜人，再配以淮扬点心的特色酵面制作技术，形成馅心多、包子大、鸡肉鲜、笋肉嫩、猪肉香的特色，其关键就是馅料搭配得当。其次，做馅时要以辅料的香味弥补主料的不足。例如，鱼翅、海参等海鲜馅原料，经过涨发、除去腥味后，本身已没有什么滋味，这时就需用鸡肉、火腿、猪蹄、高汤等做辅料以增加其鲜香。例如，"鱼翅汤包"的馅就是用涨发鱼翅以高汤入味，拌以皮冻

制成，吃时注意"轻轻提、慢慢移、先开窗、后吃皮"，其馅心鲜香与独特的食法相映成趣。

利用原料本身自然之香气，还须懂得利用原料在生坯成型、熟制过程中产生的生化反应。例如，发酵面团（简称发面、酵面），它是面粉加入适量发酵剂（酵母），用冷水或温水调制而成的面团。通过微生物和酶的催化作用，产生二氧化碳、单糖及少量的乙醇，使面团体积膨胀、充满气孔，而且具有轻微的酒香味，经过蒸制后，制品富有弹性，暄软松爽，滋味微甜，具有酵面特有的面香味。另外，在熟制过程中，面点生坯大都经过蒸、煮、烤、烙、煎、炸等单一加热法，或用两种或两种以上熟制方法成熟的复加热法，在蒸、煮过程中，主要通过水及蒸汽传导热，使面点中的蛋白质、碳水化合物等发生水解反应，产生风味前体物质以及香气。烤、烙、煎、炸等成熟方法主要通过辐射、油脂及金属传热，使面点中的蛋白质、碳水化合物及油脂等营养成分分解，在一定条件下，发生美拉德反应和焦糖化反应，从而形成具体面点品种的美丽色泽，产生诱人香气。例如，淮扬点心中的生煎包子，用酵面中的烫酵面制作，包以猪肉馅，熟制时，用水油煎法，将平底锅上火，烧热后，先抹一层油，再把生坯从外向里一个个排列摆好。用中火（150℃）稍煎，然后洒上少量清水，盖上焖制，每撒一次就盖紧盖，直至使包子煎黄蒸熟。成熟后包子底部焦黄香脆，上部柔软色白，既有酵面之香，又有油煎之香，融脆、香、软为一体，色泽油润，富有特色。

（二）根据具体品种的特点适量添加香料以产生香气

在面点制作中，有些品种为了特出其香味特色，常常使用香料。香料是具有挥发性的发香物质，可分为天然和合成两大类。使用过程中应注意以下两个方面。

1. 应选择合适的天然香料

在面点制作、馅心烹调中，我国使用的天然香料比较多，有桂皮、花椒、八角、小茴香、丁香、桂花等，天然香料的合理使用赋予了某些面点品种以自然奇特的香气。这一点，李渔在《闲情偶寄》中有较为明确的表述："宴客者有时用饭，必较家常所食者为稍精。精用何法？曰：使之有香而已矣。予尝授意小妇预设花露一盏，俟饭之初烹而浇之，浇过稍闭，拌匀，而后入碗。食者归功于谷米，疑为异种而讯之，不知其为寻常五谷也。此法秘之已久，今始告人。行此法者，不必满釜浇遍，遍则费露甚多，而此法不行于世矣。止以一盏浇一隅，足供佳客所需而止。露以蔷薇、香橼、桂花三种，与谷性之香者相若，使人难辨，故用之"。从李渔所记述的调香技术来看，他很注意香气的和谐协调，强调了稻米香与花香香型的一致性，并指出花香中的玫瑰香最不宜与稻米为伍，从现代的调香技术而言，这也是完全正确的，试想，如果将米饭之香调成玫瑰之香，抑或巴黎香水之香、西藏藏香之香，还有人敢吃吗？另外，他在花露的用量上也恰到好处，"止以一盏浇一隅，足供佳客所需而止"。李渔所用花露，乃是用鲜花蒸馏而得，完全取之于天然。由此可见，我国在清代的时候，对于香味的知识已经有了较深的认识。除此之外，一些家庭制作的面点，如葱花油饼、烙饼等，也都使用葱、茴香、花椒等天然香料。在江苏扬州地区制作葱油家常饼，是用沸水面与冷水面合在一起，揉匀揉透，醒置后擀成 0.5cm 厚的面片，先刷上素油，再撒上葱末、精盐，然后从外向里卷紧成圆长条，再摘成剂子，横截面朝上按扁，擀成圆形薄饼，以平底锅煎成，其饼脆黄，葱香徐徐而出，洋溢在周围空气中，极其诱人食欲。而在制作包子时，酵面中揉入 3% ～ 5% 的天然黄油，包制成熟后，别具香味，且富有营养。

2. 应控制使用合成香料

合成香料又称食用香精，可分为水溶性和油溶性两大类。水溶性香精是用蒸馏水、乙醇、丙二醇或甘油为溶剂，调配各种香料而成，一般为透明液体。由于其易于挥发，所以适用于冰激凌、冻类、羹类等不宜用于高温成熟的面点品种。油溶性香精（也称香精油）是用精炼植物油、甘油或丙二醇为溶剂与各种香料配制而成，一般是透明的油状液体，主要用于馒头、饼干、蛋糕等需高温加热面点的加香。以上两类香精目前大多为模仿各种水果类香型而调和的果香型香精，使用较广的有橘子、香蕉、杨梅、菠萝等类型，此外，也有其它类型，如香兰素、奶油、巧克力、可可型、乐口福、蜂蜜、桂花等。其中香兰素俗称香草粉，是使用最多的赋香剂之一，其用于蛋糕、饼干等烘焙面点中，既掩盖了蛋腥味，又使糕点香气宜人。

与其它添加剂一样，在使用合成香料时，应遵照产品所规定的用量使用，防止对人体有害，如水溶性香精最大使用范围为 0.15% ～ 0.25%，油溶性香精最大使用范围为 0.05% ～ 0.15%。

（三）面点香气成分的保护

适宜的香气可以增加面点的特色，但烹饪过程中产生的香气，由于氧化或蒸发等原因，一般都具有散失性，虽然有一小部分仍保留在面点成品中，但随着时间的流逝也不断地减弱，特别是随着成品温度的下降，其香味散失愈明显。为了保护面点中的香气成分不至于过分散逸，在面点制作中应注意以下几点：其一，面点要及时熟制，及时品尝，防止温度降低，香气散失殆尽。其二，根据原料的特性不同，采用合适的加工方法，掌握最佳的投放时机。如蔬果类原料中，主要含叶醇、乙醛类成分，大都带有清香气味，制作馅心时加热时间不宜太长；而香菜、麻油等原料，最好在面点成品制作完成后再投放，以保持较浓烈的芳香，如面条、馄饨等品种的调味。其三，提倡使用包馅制品。它是我国面点中颇具特色的一类制品，如饺子、锅贴、包子、春卷、馄饨、馅饼等历经几百年不衰，深受人们喜爱。如锅贴就是用面皮包上馅料，经水油煎熟，面皮受热时，其底部形成金黄酥脆的特色，同时，将热量传递到馅料，使馅料产生各种香气成分。成熟后面皮形成了不透气的隔热层，封闭了馅料中的香气使之不致散逸，当趁热品尝、咬破面皮时，卤汁涌出，香气溢出，最重要的是完整保留了香气。

总之，面点的香气与其它风味特征相互关联，互为彰显，所以，在面点制作过程中要巧妙利用其调香的原理，掌握其调香方法，适时利用，使各种面点散发出其固有的香气成分来，展示中式面点的魅力。

第三节　中式面点的赋味艺术

味是中国烹饪的灵魂，作为中国烹饪一大组成部分的面点，自古以来就重视味的调和与探索。赋味艺术是面点制作中最主要的部分，面点做得好与不好，味道最是关键。

一、味与味觉

味，也称口味、滋味、味道，是烹饪原料所具有的能使人得到某种味觉的特性。《说文解字》也注："味，滋味也，滋言多也。"如咸、甜、酸、苦、鲜等。在菜肴及面点中，通常单一的某种味是不存在的，绝大部分是复合的味道，即以某种味的倾向性为主，同时具有各种味感。

所谓味觉，是某些溶解于水或唾液的化学物质作用于舌面或口腔黏膜上的味蕾所引起的感觉。近代生理科学研究指出，一般成年人约有 2000 多个味蕾，其中大部分分布在舌表面的味乳头中，一小部分分布在软腭、咽后壁和会厌等处。味蕾由 40 ~ 60 个椭圆形的味细胞组成，并紧连着味神经纤维，由味神经连成的小束直通大脑的味觉中枢，经过大脑的识别分析，形成对味的评价。

二、面点的赋味原则

（一）本味为主、调味辅佐

与菜肴制作一样，面点的调味崇尚本味，即面点主料的本来之味。所谓吃鱼重鱼味，吃肉重肉味，吃山珍重山珍之味，吃海鲜得海鲜之味，吃面点当然要得面点具体品种之本味了。一旦失去本味，便失去了一切品味的意义了。所以中国历代善吃的名人都提倡"淡则真"的"本然之味"。

提倡本味，但不排斥调味。如果说本味是使"有味者使其出"的话，调味则是使"无味者使其入"。恰当的调味会使面点品种形成特色，使馅心与坯皮、汤料与坯料相得益彰。北京福兴居的"鸡丝面"，"面白如银细若丝，煮来鸡汁味偏滋"，面条细，鸡汤鲜，本味与调味两相其美。扬州的"火腿粽"以火腿切碎和米制成，"细箬青青裹，浓香粒粒融"，本味与调味相互渗透，水乳交融。

（二）物无定味、适口者珍

古语云："凡民禀五常之性，而有刚柔缓急音声不同，系水土之风气。"我国自古以来，地域广阔、物产富饶、民族众多，长期存在着"南米北面"之分，"南甜北咸"之别，形成了口味独特的各种地方风味特色。在面点中分为南味、北味两大风味，其主要流派又有京式、苏式、广式之分。这些流派也都以本地的地理气候、风土物产、技艺发展为前提，以本地广大人民所习惯食用的风味派生、发展着。强调适口，即为合于口味，主要是适合一个地区的风味。所谓一人一味，一地一味，物无定味，适口者珍。

（三）适应时序、注重节令

适应时序，即是面点制作通常要合乎时候季节，俗语说："不时不食""当令宜时"。我国面点具有这一特点，就苏州的四季茶食而言，品种繁多、口味各异，并随着一年四时八节的顺序翻新花色，调换口味，即所谓"春饼、夏糕、秋酥、冬糖"。如春饼，一月（指农历，下同）的主要供应品种是酒酿饼干、油锤饼；二月为雪饼、杏麻饼；三月为闵饼、豆仁饼等。夏糕供应的是四月黄松糕点、五色方糕；五月绿豆糕、清水蜜糕；六月薄荷糕、白松糕等。秋酥供应的是七月巧酥、月酥；八月酥皮荤素月饼；九月太史酥、桃酥等。冬糖供应的是十月黑切糖、各式粽子糖；十一月寸金糖、梨膏糖；十二月芝麻交切片糖、松子软糖、胡桃软糖等。不仅苏州有如此应时、口味变化之面点，其它地方也有类似风俗，如山西面点中，常有春季吃拨鱼、揪片，配炸酱；夏季吃冷淘面、过水饸饹，配麻酱、蒜泥及豆芽菜、黄瓜丝；秋冬吃刀削面、抻面，可以配羊肉、口蘑、鸡丝等，调味亦是四季有别。

我国面点的另一个特点就是注重应节应典。这反映了不同口味的面点与人们生活的密切关系，也寄托着人们对美好生活的向往。例如，春节吃水饺、汤圆、年糕等，寓示着团团圆圆，今年胜夕年；元宵节吃元宵，寓示着上灯喜庆；清明节吃馓子、麻花、青团，寓示着对先人的思念；端午节食粽，意在去病除邪；七夕节吃巧果，以乞得天工之技巧；中秋节吃月饼，寓示着思念、团圆；重阳节吃花糕，糕谐音高，有登高之意；腊八节食粥，以祈福求寿，避灾迎祥之意等。

三、面点的赋味方法

面点的赋味方法具有一定的特殊性，因为面点根据有无馅心分类大抵可分为无馅面点与有馅面点两大类，其调味方法也分为坯料调味、馅心调味与汤料佐味等几种形式。

（一）坯料调味

坯料是指直接或添加调味品等调辅料后，制成面点的面团。在我国，面点分为麦类制品、米类制品、杂粮类制品及其它制品，坯料调味仅是诸类制品中无馅面点品种的调味方式。首先，根据原料、制作方法及添加辅料的不同，形成不同的风味面点品种。例如，麦类制品中，水调面团有薄饼、空心饽饽、面条等；生物膨松面团中有馒头、银丝卷、千层油糕、蜂糖糕等；化学膨松面团中有麻花等；油酥面团中有兰花酥、桃酥等；米类制品中有凉糕、米糕、切糕、年糕、发糕、炸糕、八宝饭、粽子等；杂粮及其它类制品有绿豆糕、栗子冷糕、豌豆黄等。还有的面点品种，如"八珍面"，在和面时掺入鸡、鱼、虾之肉及笋、蕈、芝麻、花椒之物，这也是以坯料味的变化来吸引人。其次，每一个无馅品种，因掺加的调味品等的不同，而呈现出不同的口味与风味特色。例如，苏州糕多甜香之品，糕中一般掺有白糖、芝麻糖屑、冰糖末制作，有的还加有脂油丁，讲究的要加桂花糖卤、玫瑰糖卤、蔷薇糖卤，如此调味，甜味之中带着花的清香。苏州糕中也有咸味的，一般将白年糕（无味年糕）"切片，入笋片、木耳，脂油煎，少加酱油"。此外，还有"以调和诸物尽归于面，面具五味"的"五香面"等。

（二）馅心调味

有馅面点是我国面点品种中的主体部分，是历代面点师智慧的结晶。馅心调味是有馅面点中的一类调味方式。我国面点历来重视馅心的调制，并把它看着是决定面点风味的关键。馅心，就是面点坯皮内的心子，种类繁多，又通过具体不同的包馅、拢馅、卷馅、夹馅、酿馅、滚粘等上馅方法，可以制作成口味不同的风味面点。馅心调味主要表现在以下几个方面。

1. 精选馅料，精工制作

我国幅员辽阔，物产丰富，因而用于馅心制作的原料也丰富多彩，这就为精选馅料提供了广泛的原料基础。但是馅心用料还有它的精选之处，一是无论荤素原料，都取质嫩、新鲜的，符合卫生要求的。二是在选料时要选择质优味好的，猪肉馅要选用夹心肉，因其黏性强、吸水量较大。制作鸡肉馅选用鸡脯肉，鱼肉馅宜选海产鱼中肉质较厚、出肉率高的鱼；虾仁馅宜选对虾，猪油丁馅选用板油，牛肉馅选用牛的腰板肉、前夹肉，羊肉馅选用肥嫩而无筋络的部位。用于制作鲜花馅的原料，常用玫瑰花、桂花、茉莉花、白兰花等，因为其味香料美，安全无毒。另外，馅心用料在精选的同时，注重用料的广博性，如韦巨源的《食谱》中，列有一种"生进二十四气馄饨"，说这种馄饨"花形馅料各异，凡二十四种"，一碗馄饨里有二十四种不同花样及馅料。

在馅心制作过程中，加工精细，遵照不同馅心及具体品种的成型和成熟要求，将原料切或剁成合适的丁、粒、丝、泥、蓉等形状，利于面点制品的包捏成型和成熟，形成一定的口味特色。

2. 擅用调料，形成特色

由于各地人们所处的地理环境、生活习惯等不同，使得面点制作非常注重馅心的口味。在馅心的制作过程中，巧妙施加咸味、甜味、酸味、苦味、辣味、鲜味等调味料，使馅心口味呈现花样繁多的局面。例如，生菜馅口味是鲜嫩爽口；熟菜馅则是口味油润；生荤馅口味是肉嫩、鲜香、多卤；熟荤馅则是味鲜、油重、卤汁少、吃口爽；甜味馅心口味是甜咸适宜；果仁、蜜饯馅是松爽香甜，兼有各种果料的特殊香味。

同时，这些馅心的调味方式，在长期的发展过程中也逐渐被各面点流派所吸收、融合，形成不同的地方特色，如京式面点馅心口味上注重咸鲜，肉馅制作多用"水打馅"，佐以葱、黄酱、味精、麻油等，使之吃口鲜咸而香，天津的"狗不理"包子是其中典型的代表品种。而苏式面点馅心口味上，注重咸甜适口，卤多味美，肉馅多用"猪皮冻"，使制品汁多肥嫩，味道鲜美。至于广式面点，馅心口味注重清淡，具有鲜、爽、滑、嫩、香等特点，如广东的传统点心虾饺采用虾仁馅制作而成，个头比拇指稍大，呈弯梳形，皮薄而透明。其中的馅料虾仁呈嫣红色，依稀可见，吃口鲜嫩爽滑，清新不腻，亦为广点中的代表性品种。

（三）汤料佐味

在我国面点中除了无馅面点的本味调味及有馅面点的馅心调味外，还存在着另一类调味方式——汤料佐味。从成品干湿度的角度，给我国面点分类，通常可分为干点、湿点及水点等，因而汤料佐味应是水点一类面点的调味方式。所谓水点，通常是指无馅或有馅面点，熟制时经过水锅或汤锅煮制，以及其它复合加热法（如先烤后煮、先炸后煮等）熟成的一类面点品种，如面条、馄饨、水饺、饸饹、泡馍等。这一类水点的调味重在汤料的调配，例如面条，在苏州制作颇为精工，善于制汤、卤及浇头。清代寒山寺所在地枫桥镇的"枫镇大面"最为驰名。这种面的汤用猪骨、鳝骨加调料吊制而成，汤清味鲜，加之面条上盖有入口即化的焖肉，故口味非常不一般。在扬州，"素面"其汤用蘑菇汁、笋汁制成，味极清鲜。总之，面条由于汤卤及浇头的不同，而呈现多种不同的口味。

另外，还有一些面点品种在食用时，蘸香醋、姜末、芝麻油以佐味，如扬州的月牙蒸饺、蟹黄汤包等，也是面点辅佐调味的一种方法。

四、面点赋味的影响因素

在面点制作的过程中，对于调味的影响是多方面的。首先，对于具体面点品种，无论是坯料调味还是馅心调味，或是汤料佐味，在施加调味品时口味宜清淡，为避免制品成熟后，坯料、馅料或汤料过咸而影响口味。其次，具体面点品种的口味调味，应符合"春多酸，夏多苦，秋多辛，冬多咸"的原则进行，遵循人体生理上因季节变化而产生的口味需要。最后，在品尝时，应注意掌握具体面点品种的最佳时机，因为由于温度的不同，人们对味的感受程度也不同，最能刺激味觉的温度在 10～40℃之间，其中以 30℃时最敏锐，低于 10℃或高于 40℃多种味觉都会减弱。适时品尝，也是影响面点调味的一个因素。因为变冷变凉的面点品种，重新加热，口味会大打折扣。

综上所述，面点赋味具有一定的特殊性，但只要了解其原理，掌握其调味方法，考虑到其影响因素，定能做好面点的调味工艺。

第四节　中式面点的造型艺术

面点与菜肴一样讲究色、香、味、形、器、质、养的和谐相融，其中"形"是一个很重要的方面，它与色、器等特征有机地组合在一起，给人以视觉的冲击力，耐人寻味。

一、面点成型的分类

面点成型的分类方法有多种多样，按面点制品的常见形态来分，常有糕、团、饼、粉、条、包、饺、羹、冻等形状；按面点成型的手法来分，有揉、搓、擀、卷、包、捏、夹、剪、抻、切、削、拨、叠、摊、按、印、钳、滚、嵌等；按面点成型的风格来分，有仿几何形、仿植物形、仿动物形以及其它组合造型。

二、面点成型的特点

（一）食用为主，审美为辅

"民以食为天"，任何一种食品的存在，都源于它的可食性，面点也不例外。面点的成型应以食用为主，美化为辅。俗语云："斗大的馒头，无处下口"，也是说的这个道理，具体的馒头形状，应符合面点成型的特点，以便于"下口"，否则，馒头越大，就越无法食用，失去了面点成型的食用意义与审美情趣。我国面点在长期发展过程中，历来注意根据面团的性能不同，采用不同的成型方法，力求方便食用，同时也形成了面点形状的千姿百态的局面。

（二）注重造型，讲求自然

我国面点的成型注重造型的艺术效果，如《酉阳杂俎·酒食》"赍字五色饼法"记道："刻木莲花，藕禽兽形按成之。"做成的花色象形面点，惟妙惟肖；《齐民要术·饼法》中的"水引"（面条的早期名称）要"挼令薄如韭叶"，使之形状美观；唐代的二十四气馄饨，"花形、馅料各异"；五代时的"花糕员外"，更是别出心裁，做成的糕形状各不相同，有的如狮子形，有的外观如花，甚至有的糕内部都有花纹。这些花色面点在造型上，具有极强的艺术感染力与创造力，同时，我国面点在成型的过程中，亦追求"清水出芙蓉，天然去雕饰"的自然质朴的特色，如煮成的"杏酪粥"，要"色白如凝脂，米粒有类青玉"，形状朴实大方。现代中国面点大师葛贤萼做的"凤梨桃丝酥"作品造型质朴纯真、状若寿桃、丝丝清晰，具有极强的感染力。她的另一些作品都显示了浑然天成、自然成型的功力，形成了名震一方的"葛派面点"，对我国面点的成型有很大影响。

（三）品种繁多，制作精细

透过品种繁多的具体面点，我们看到了中国面点制作精细的本质。《随园食单》载："杨参戎家制馒头，其白如雪，揭之有如千层"，"扬州发酵最佳，手捺之不盈半寸，放松仍隆然而高"。又如用米面、豆面制作的煎饼，蒲松龄曾赞之曰："圆如望月，大如铜钲，薄似剡溪之纸，色似黄鹤之翎"。

（四）意趣生动，耐人寻味

我国面点大都蕴含着一定的意趣，而且在面点漫长的发展过程中，也形成了什么时候应吃什么面点的风俗习惯。例如，春节期间，南方人一般吃汤圆，北方人一般吃饺子，中秋节吃月饼等。汤圆、饺子、月饼的成型大多是圆形的，寓示着全家团团圆圆、和和美美。而"百子寿桃"，其整体为一大寿桃，剖开口后，内有九十九颗小桃，个个成型精美；现代流行的"生日蛋糕"就成型而论，常融书法、绘画、立塑为一体，它们共同用于生日祝贺及祝寿，意趣无限。

三、面点成型的技法

就面点成型技法而言，一般有手工成型、印模成型和机器成型三种方法，通过各自不同的技法，赋予了中国面点千姿百态的形。

（一）手工成型，巧夺天工

它是采用手工方法塑造面点形状的一种成型手段。常常又分为一般面点成型和花色面点成型两种方法。一般面点成型方法包括揉、卷、包、擀、叠、抻、切、拨等。例如，揉法成型的半球形、蛋形、高桩状，品种有面包、高桩馒头等；卷法成型的各种卷，品种有花卷、凉卷、葱油饼、层酥品种和卷蛋糕等；包法成型的各式包子、馅饼、馄饨、烧卖、春卷、汤圆以及粽子等；擀法成型的有千层油糕、面条等；叠法成型的品种有蝴蝶夹、蝙蝠夹、麻花酥等；抻法成型的品种有金丝卷、银丝卷、一窝丝酥、盘丝饼、拉面、龙须面等；切法成型的有面条、刀切馒头等；拨法成型的有拨鱼面等。而花色面点的成型通常指花色面点的捏塑，即运用自如灵巧的双手，借助于合适的小手工工具，加以艺术塑造，如捏法成型的品种有月牙饺、冠顶饺、鸳鸯饺、四喜饺、酥饺以及模仿各种动、植物的船点、艺术糕团等。

在面点成型的过程中，往往要根据制品的形状，由一种或几种技法交叉综合使用，同时借助于一些小手工工具，这样才能达到惟妙惟肖的境地。

（二）印模成型，肖物象形

印模成型是主要靠附有不同花纹的模具辅以手工操作制成。因模具花纹不同，而使面点具有不同的花纹图案。如宋代的"梅花汤饼"，除了面皮自然带有梅花、檀木之香外，还用梅花状的铁模将面皮凿成一朵朵"梅花"，使之味美的同时，形状也美。苏州"黄天源"糕团店制作的"大方糕""黄松糕""定胜糕"等各色糕点，造型各异，形态精巧，也显示了印模成型的魅力。

（三）机器成型，提高效率

随着时间的推移，社会的发展，科技的进步，部分面点的成型，也可以用机器来代替了，大大地提高了劳动生产率，但是机器成型存在着一定的局限性。目前，机器只能生产形状单一的面点品种，如面条、馄饨、元宵、水饺等，成型复杂的面点还是以手工技法为主。

四、影响面点成型的因素

（一）坯皮对面点成型的影响

自古以来，我国面点的形主要是在面团、面皮上加以表现的，坯皮的用料质量不同，会影响面点的成型及制品的形状。高筋性面粉含面筋蛋白质多，可以在面团中形成面筋网络结构，起到支撑作用，便于面点成型时不塌。中筋性面粉、低筋性面粉因面筋蛋白质含量少，宜用来调制酥性、半酥性面团，使成型成熟后的面点外观呈酥性、多孔、自然纹。为便于米粉面点的成型，米粉通常选择优质糯米粉、澄粉；油酥面点常选择酥性极佳的猪油、奶油来调制坯皮；至于膨松发酵的面点，为了便于花色成型，在面团调制时常选择添加酵母的生物膨松法来发酵。

制作坯皮时，要避免化学疏松剂在膨松过程中形成有色斑点及制品内部过松而影响面点形状。

（二）馅心对面点成型的影响

馅心对面点成型的工艺有着密切的关系。为了使面点的成型美观、艺术性强，必须注意馅心与坯皮料的搭配相称。一般包饺馅心可软一些，而花色象形面点的馅心，一般应稍干、稍硬一些，这样较利于具体品种的成型，而且成熟后形状也能保持不变。至于皮薄或油酥制品的馅心，一般要采用熟馅，以防内外成熟度不一致而影响制品的形状。此外，馅心不仅作为面点内的心子，而且可以美化制品的成型。如各式花色蒸饺，在其孔洞内或表面填上鲜红的火腿末、橙色的蟹黄、绿色的青菜末、白色的鸡蛋白末等，会使制品的形状映衬得更加多姿多彩。同样，在松糕、蜂糖糕、八宝饭等品种表面上拼摆上金黄的松仁、绚丽的红绿丝、紫色的红枣、白色的湘莲等，也会起到同样的效果。

（三）熟制对面点成型的影响

俗话说："三分做，七分火"，这就是说熟制在面点制作过程中起着重要的作用，它不仅使面点由生变熟，成为人们容易消化吸收的食品，而且可以确定面点制品的口味、色泽，影响面点制品的形状。

（四）装盘对面点成型的影响

面点的装盘方式有排列式、倒扣式、堆砌式、各客式等。要根据具体面点品种的形状来装盘造型，方能整体协调。

第五节　中式面点的调质艺术

人的口腔味觉器官对面点味的感觉，受视觉、嗅觉、听觉、触觉的影响，其中，触觉的作用非同一般，它包括面点的温度、软硬度、弹性及舌感等方面，表现为质感（日本人称之为物理味觉，相对于甜味、酸味、咸味、苦味等的化学味觉；以及色泽、形状和光泽等的心理味觉而言）。这种质感对面点风味的影响非常重要，越来越受到人们的重视。所谓"饮食之道，所尚在质"，其中一个很重要的含义，即指食物的质感。它是构成面点风味的重要内容之一。甚至有人通过研究已经确认，"触觉先于味觉，触觉要比味觉敏锐得多"。

质感是食物质地感觉的简称，是口腔（牙齿、舌面、腭等部位）接触食物之后的触觉感，包括咀嚼感、软硬、粗细等方面，通常又归纳为嫩、脆、松、糯、烂、酥、爽、滑、绵、老、润、枯、清等特点。

质感的体现是一项人体口腔器官综合反应的过程，它还要受人们的饮食习惯、嗜好、饥饱、心情、健康状况和气候等各种因素的制约。

一、质感的继承与创新

中国面点品种繁多、千姿百态，且具有不同的质感。在面点制作过程中，应注意具体面点品种的质感的继承与创新。

（一）继承传统，保持面点质感的稳定性

我国面点源远流长，依时代划分，有传统面点与现代面点两大类。传统面点是前辈面点大师长期实践与智慧的结晶，具有广泛的适应性与权威性。无论何种传统面点，特别是已被现代面点师继承下来的传统面点，其名称、配方、质感及其表现该面点特征的一系列工艺流程等都必须是固定的，不能随意创造或改变，否则，便不能称为传统面点，至少不是正宗的传统面点。例如，隋代出现的"寒具"（如今称"馓子"）名品，其特点就是松脆，"嚼着惊动十里人"，后世人继承后，配方、制法并无多大变化，"以面和糖或盐，切细条，编成花形，以油炸之"，仍然保持了其"酥脆"的质感。同样，《随园食单》载："作馒头如胡桃大，就蒸笼食之，每箸可夹一双，扬州物也。扬州发酵最佳，手捺之不盈半寸，放松仍隆然而高。"说明扬州传统发酵面点质感相当好，膨松暄软有弹性，经过几百年的发展，扬州发酵面点的质感特色一直未变，依然是淮扬面点中的一朵奇葩，吸引着海内外的无数食客纷至沓来。传统面点"煎饼"，以山东制作的较为著名。民间一般用煎饼卷大葱、酱食用，也可夹各种荤菜食用。蒲松龄曾写有《煎饼赋》赞美用米面、豆面制作的煎饼，"圆如望月，大如铜钲，薄似剡溪之纸，色似黄鹤之翎"，其柔腻带脆的质感，自不待言，经过几百年的发展，煎饼的质感俨似从前。试想，如果寒具（馓子）、扬州发酵面点与山东煎饼，在其发展过程中，没能继承传统保持它们"质感"的稳定性，那它们现在至少不能称为正宗的金陵寒具（馓子）、正宗的扬州发酵面点与正宗的山东煎饼了。这也是我国许多城市有着很多声名如雷贯耳的"老字号"的原因。

（二）突破陈规，创造面点新的"质感"

相对于传统面点而言，是我国面点中的另一大类——现代面点。它是顺应社会潮流发展和变化的，具有很大的灵活性与随意性，但总的要求是"质感"等诸特色必须得到食客的广泛认可。食客认可了，其制作的工艺流程也就应当在一定时间、范围和条件下相对固定。其特色之一的"质感"也便固定下来。例如，时下流行的"煎包"，是在扬州包子的基础上，先蒸后煎，于暄软与弹性质感之中，更增添了些许焦脆、油亮之感，吸引了大批食客；而应用山东煎饼之法制作的"韭菜饼"，

以面粉加鸡蛋、水及韭菜调味和匀，煎摊成型，其质感松糯筋香，已与山东煎饼之质感，稍有差别，但同样受到了食客的追捧。由上观之，现代面点往往在借鉴传统面点的基础上，加以创新，同时，又不拘泥于已有的做法、食法，这样的创造具有强大的生命力，也赢得了市场，招来了回头客。

二、合理利用影响质感的因素

面点质感的体现，是一个复杂的过程，在其制作及品尝过程中受到很多因素的制约，为此，必须做到以下几方面的情况。

（一）因人制作，确定具体面点的最适质感

面点质感的体现主要在口腔中发生的，牙齿的咀嚼对质感起着举足轻重的作用。一方面，人们通过对面点的品尝、咀嚼，获得共同的或相近的关于质感的审美体验。例如，西安"泡泡油糕"的"表皮酥松薄如蝉翼"；"博望锅盔"的"皮焦脆，瓤韧软，饼面焦白"；"宫廷桃酥"的"酥散奇香"；"蛋糕"的"松软柔绵"都是人们对具体品种的"质感"的共性体验。另一方面，又由于人们个体年龄、性别、职业、体质、遗传、感觉以及某些特殊生理状况等差异的存在，引起了质感的感知度的许多变化与差异。由同样面点品种、同种面团质地而引起的质感歧义，也是很普遍的现象。一款"嚼着惊动十里人"的寒具（馓子）对年轻人来说，干食可能是美味，对口齿松动的老年人来说，可能难以咀嚼，不如采用泡食、煮食。所以，在制作面点或品尝面点的过程中，要做到具体情况因人而异，以便食客获得对具体面点的适宜质感。

（二）保持适宜的品尝温度，以便获得具体面点的最佳质感

温度的变化会引起面点质地的改变。不同的面点，理想的品尝温度是不同的，以人体正常体温为依据，热食的温度最好在 60～65℃，冷食在 10℃左右，冻食的温度在－4℃左右食用为好。例如，油炸、油煎面点绝大多数趁热吃最可口，进口温度为 65℃左右最为理想；各式粥食、面条等热食液体面点，主要考虑在热时不能一口就吃完，全部吃完需要一定时间，品尝起始温度要达到 80～85℃；甜点如冰激凌品尝起始温度宜在－6℃，因为从冰箱内取出后，其品尝温度逐渐上升，表面迅速变软。如此掌握面点的品尝温度，才能感受到面点的最佳质感，体现面点的最佳风味。如果一意孤行，反其道而行之，不考虑面点的品尝温度，就不能体会到面点的质感，特别是当面点中的淀粉成分老化后，面点质感大相径庭，风味尽失。

（三）综合考虑面点质感的联觉性，满足面点质感深层次的审美需求

在面点品尝过程中，各种感受不仅取决于直接刺激该感官所引起的响应，而

且还有感官、感觉之间的互相关联、互相作用。在诸多联觉性中，质感与味觉、嗅觉的联系最为密切。品尝面点时，质感既可直接与味觉发生联系，也可通过嗅觉的关联与味觉发生联系。例如，品尝"宫廷桃酥"时，质感的"酥"、口味的"甜"、嗅感的"香"，几乎是同时在咀嚼中一起产生的，形成了该面点综合感觉。而且，质感与视觉的相互影响也不能忽视，它们之间利用通感与彼此发生关系，主要表现在面点的色泽与质感的对应关系中。油煎、油炸、烤制的面点，如寒具（馓子）、山东煎饼等往往具有金黄、棕黄的诱人色泽，但同时，伴随而生的是此类面点往往也拥有酥脆或外酥内软的质感。色泽洁白的面点，如扬州发酵面点，往往呈现暄软柔绵的质感。因此，质感与味觉、嗅觉、视觉等都有不可分割的联系，这种联系表现为一种综合效应，从而满足了人们对面点质感深层次的审美要求。

　　总之，质感对面点来说是一个很重要的方面，但质感并不是孤立的特征，它与味觉、嗅觉、视觉等有着千丝万缕的联系，在实践中应在掌握具体面点的质感的基础上，总体把握面点的综合风味，让中国的面点发扬光大。

复习思考题

1. 色的本质是什么？
2. 面点的配色原理是什么？
3. 面点的配色方法有哪些？
4. 面点的着色技法主要有哪些？
5. 香气的生化本质是什么？
6. 面点"香"的形成原理是什么？
7. 面点"香"的调配手法有哪些？
8. 味与味觉的概念是什么？
9. 面点的赋味原则是什么？
10. 面点的赋味方法有哪些？
11. 面点成型的特点有哪些？
12. 影响面点成型的因素
13. 质感的概念是什么？
14. 在面点制作及品尝过程中，怎样合理利用影响质感的因素？

第十章

中式面点的配筵艺术

俗话云："无点不成席"，这说明面点与菜肴是筵席中不可分割的一个整体。一桌丰盛的美味佳肴，没有面点的配合就好比红花失掉绿叶的扶持，所以，要重视并掌握面点在筵席中的设计方法，充分发挥其在筵席中的作用。

第一节　中式筵席面点的设计

一、根据宾客的饮食习惯设计面点

在设计筵席面点时，首先通过调查，了解宾客的国籍、民族、宗教、职业、年龄、性别、体质及嗜好忌讳，并据此确定品种。也就是说，应从了解宾客的饮食习惯入手。

（一）国内宾客的饮食习惯

我国幅员辽阔，气候、物产与风俗差异较大，因此，各地相应形 成了自己的饮食习惯和口味爱好。总体来讲，"南米北面"。南方人一般以大米为主食，喜食米类制品，诸如米团子、米糕、米饼、米饭等。面点制品讲究精致、小巧玲珑、口味清淡，以鲜为主。北方人一般以面食为主，诸如馒头、饺子、面条等，喜食油重、色浓、味咸和酥烂的面食，口味浓醇，以咸为主。各少数民族由于他们的生活习惯，饮食特点各不相同，表现在他们对主食面点也各有自己的特殊要求。如回族，主食以牛羊肉、面点为主，部分南方回民也有以玉米为主食者。蒙古族人民最喜爱的早点是奶茶、清真糕点。朝鲜族以米饭为主，喜食冷面，过节或喜庆的日子喜食"打糕"。

（二）国际宾客的饮食习惯

随着中国的发展，国际交流日益频繁，来华的国际友人逐年增多，因此，掌握他们的饮食习惯也显得尤为重要。下面总结了一些主要国家人民的饮食习惯：

法国人喜吃酥食点心；瑞典人喜食各种甜点心；英国人，早餐以面包为主，辅以火腿、香肠、黄油、果汁及玉米饼，午饭吃色拉、糕点、三明治等，晚饭以菜肴为主，主食吃得很少；美国人喜食烤面包、水果蛋糕、冻甜点心等；意大利人喜食面食，如通心面条、意式春卷等，面食花式品种丰富；俄罗斯人主食面包，喜吃包子、水饺、蛋糕等；德国人喜食甜点心，尤其是用巧克力酱调制的点心；日本人喜食米饭，也喜欢吃水饺、馄饨、面条、包子等中国面食。

二、根据设宴的主题设计面点

不同的筵席有着不同的设宴主题，筵席设计面点时，应尽量了解宾客的要求与设宴的目的，以便恰当地精选面点品种。例如，举办婚宴，喜庆气氛很浓，应选择与筵席主题、规格相一致的品种。诸如"大红喜字""龙凤呈祥""紫燕双飞""合欢花""并蒂莲""鸳鸯莲藕"等象形图案的裱花蛋糕或船点，以及"鸳鸯酥盒""莲心酥""鸳鸯包""子孙饺"等象形面点品种，以增加喜庆气氛。又如寿席，可选择设计"寿桃饺""寿桃包""寿桃酥""伊府寿面"等品种，还可以精心制作一些诸如"松鹤延年""寿比南山""南极仙翁""麻姑献寿"等大型象形图案的面点品种。这类设计扣紧了筵席主题，使筵席面点的设计贴切、自然。

三、根据筵席的规格档次设计面点

筵席面点的质量差别取决于筵席的规格档次。筵席的规格有高档、中档、普通三种档次之分，因此，筵席面点的设计也有三档之别。高档筵席一般配点六道，其用料精良、制作精细、造型别致、风味独特。中档筵席一般配点四道，其用料高级、口味纯正、成型精巧、制作恰当。普通筵席配点二道，其用料普通、制作一般，具有简单造型。面点只有适应筵席的档次，才能使席面上菜肴质量与面点质量相匹配，达到整体协调一致的效果。

四、根据本地特产设计面点

我国面点的品种种类繁多，每个地方都有许多风味独特的面点品种，在筵席中设计几道地方名点，既可领略地方食俗，增添筵席的气氛，又可体现主人的诚意和对客人的尊重。例如，扬州地方特色点心有三丁包子、翡翠烧卖、千层油糕、花色蒸饺、扬州火烧、淮扬汤包等。

五、根据季节设计面点

一年有四季之分，筵席有春席、夏筵、秋宴、冬饮之别。不同的季节，人们对饮食的要求不尽相同，所谓"冬厚、夏薄、春酸、夏苦、秋辣、冬咸"，依时令不同而异。筵席面点的设计要依据季节气候变化对口味的影响，选择季节性的原料，制作时令点心。例如，春季可做"豆苗鸡丝卷""春卷""荠菜包子""鲜笋虾饺"等品种；夏季可做"马蹄糕""冻糕""绿豆糕""荷花酥"等品种；秋季可做"蟹黄汤包""葵花盒子""菊花酥""芋角"等品种；冬季可做"腊味萝卜糕""萝卜丝饼""梅花酥""牛油戟""八宝饭"等品种。在制品的成熟方法上，也因季节而异，夏、秋多用清蒸、水煮或冷冻，冬、春多用煎、炸、烙、烤等方法。

六、根据菜肴的烹法不同设计面点

一桌筵席通常运用不同的烹法，使菜肴显现出一定的特色，筵席面点的设计应根据具体菜肴的烹法所形成的特色选择合适的面点品种，例如，烤鸭、烤鸡、片皮乳猪等烤制的菜肴常设计烙、煎的面点品种；清蒸鳜鱼、鲥鱼及汤类、红烧等菜肴常配制蒸制酵面品种。

七、根据面点的色、香、味、形、器、质、养等特色设计面点

（一）色的组配

在整桌筵席中，菜与菜之间色调配合富于变化，面点与菜肴之间色彩也需要互相衬托，否则，千篇一律，显得单调呆板。面点品种可分为单色面点与多色面点。单色面点以本色自然色为主，讲究清新素雅、简洁自然，如水调面的洁白莹亮，发酵面的喧白松软，油酥面的酥白透香。多色面点注重色彩的调和搭配，讲究色调和谐，五彩缤纷，如花色面点的色泽自然，苏式船点的象形逼真等。在与菜肴搭配时，应以菜肴的色为主，以面点的色烘托菜肴的色，或顺其色或衬其色，使整桌筵席菜点呈现统一和谐的风格。

（二）香的组配

面点的香气成分极其复杂，一种面点品种的香气成分有几十种乃至上百种之多。制作面点的原料有皮坯原料、馅心原料、调辅原料、食品添加剂四类。皮坯原料有麦类、米类和杂粮类，在熟制过程中，成品散发出面香、米香与杂粮的香气，特别是烘烤面点时，由于发生美拉德反应和焦糖化反应，产生了很多诱人的香味物质，如乙酰吡咯啉、吡嗪类化合物等。在馅心原料中，蔬菜含有壬烯乙醛、己烯乙醛、姜酚、水芹烯等香气成分。肉类原料中含有的呋喃酮、不饱和羰基化合物、含硫化合物等形成了肉香。干果蜜饯原料的果香味及鲜花原料的花香味等构成馅心的混合香气。另外，在制坯、制馅的过程中还常使用调辅原料及食品添加

剂，调辅原料中的油脂、蛋品、奶类等原料可以直接增加或便于形成制品的香气成分；食品添加剂中的主香剂、助香剂及定香剂可直接赋予面点品种以特定的香气。但在筵席面点的设计时，应以面点的本来香气为主，并能以衬托对应菜肴的香气为佳。

（三）味的组配

面点按口味分咸、甜、咸甜三种。面点的口味变化可通过馅心种类的变换表现出来的，如咸味馅可形成三鲜馅、猪肉馅、鱼肉馅、虾蟹馅等；甜味馅如枣泥、莲蓉、芝麻糖、豆沙、椰蓉等。在筵席面点的设计中，一般情况下，应该是咸味菜肴配咸味面点，甜味菜肴配甜味面点。

（四）形的组配

面点的形根据分类标准不同，而呈现多样，一般情况下常以成品外观分为自然形、几何形、象形形态三种。在自然形中，有饭、粥、糕、团、饼、条、粉、包、饺、羹、冻等之分；在几何形中有长、方、圆、扁等之别；象形形态更是品种繁多，生动鲜明，常做成花、鸟、虫、鱼、兽、山、景等造型。近年来，我国面点造型技艺发展迅速，除主体面点的造型外，更发展了辅助性美化工艺。在筵席面点中，对一些造型上没有明显特色的品种，可选择色泽鲜明、便于塑形的可食性原料装饰衬托或围边或点缀，常见的手法有裱花、澄面捏花、粉丝花、炸蛋丝、糖艺等，在筵席面点的设计中应坚持食用为主的原则，采用恰当的造型，扣紧主题，衬托菜肴，美化筵席。

（五）器的组配

器的选择要符合面点的色彩与造型特点，并对菜肴起烘托映衬作用。面点器皿中，白瓷器显得纯净，蓝花瓷器显得素雅，红花瓷器显得热烈，银质器皿显得富丽，漆器皿显得高贵，玻璃器皿显得冰清玉洁，但都应该是色调和谐，大小相宜，与整桌筵席的杯、盘、碟、碗、盅、锅等相互映衬，交错使用，否则会影响整桌筵席的形态美观。

（六）质的组配

质，指面点的质地，即老、嫩、酥、软、脆、烂、硬、滑、爽、粗、细等，它是由面团本身的性质和多种熟制方法等相结合运用而形成的。"锅贴""油煎包"底部焦黄带嘎，又香又脆，上部柔软色白，油光鲜明，形成一种特色风味。"荷花酥""鸳鸯酥盒"外脆里酥、色泽淡黄、层次分明，不碎不裂。"蒸包""蒸饺"吃口松软，馅心鲜嫩多卤，味道醇正，形态美观。筵席菜点的质感多样化，既可体现筵席的精心制作程度，又可给人们美的享受。

（七）养的组配

筵席面点的成本仅占整桌筵席的 5%～10%，面点道数有 2～6 道不等，单只分量常不超过 25g，其选料、加工制作时除注重单份面点品种营养搭配外，还应考虑与整桌筵席的营养素的数量、比例是否协调。

（八）根据年节食风设计面点

如果举办筵席的日期与某个民间节日临近，面点也应该做相应的安排。例如，端午节前，粽子制品即可应席；清明节，配食青团（亦名"翡翠团子"）；中秋节配食月饼；元宵节配食汤圆、元宵；春节配食年糕、春卷、饺子、面条等。

综上所述，在筵席设计过程中，如果充分考虑到以上各种因素来设计面点，就一定能使满桌的筵席"锦上添花"。

第二节　中式面点配筵的案例

我国面点配筵的风格多种多样，每个地方、不同等级、各种筵席都有自己的配筵特点。下面主要分享一下几组面点配筵的案例。

一、经典名宴菜单

（一）开国第一宴菜单

冷菜八种：酥烤鲫鱼　油淋仔鸡　炝黄瓜条　水晶肴肉

　　　　　虾籽冬笋　拆骨鹅掌　香麻海蜇　腐乳醉虾

头菜一种：乳香燕紫菜

热菜八种：红烧鱼翅　鲍鱼四宝　红扒秋鸭　扬州狮子头

　　　　　红烧鲤鱼　干焖大虾　鲜蘑菜心　清炖土鸡

点心四种：菜肉烧卖　淮扬春卷　豆沙包子　千层油糕

（二）板桥宴菜单

冷菜主盘：兰竹石图

　围　碟：板桥炝虾　口福醉螺　糊涂烂豆　昭阳咸蛋　糖醋小鱼　蒜香蒲干

　四　调　味：三腊菜　花生米　豆腐乳　嫩生姜

　热　菜：菊花茶泡炒米　全家福　炖鸡豚　鲜笋烩鳜鱼　五香狗肉

　　　　　茄儿夹子　烧藕坨子　芽笋扣鹧　麻虾炖蛋　板桥豆腐

　汤　菜：青菜豆腐汤

主　　食：青菜粞子饭

（三）红楼宴菜单

一品大观：有凤来仪　花塘情趣　蝴蝶恋花
四　干　果：栗子　青果　白瓜子　生仁
四　调　味：酸菜　荠酱　萝卜炸儿　茄鲞
贾府冷菜：红袍大虾　翡翠羽衣　胭脂鹅脯　酒糟鸭信
　　　　　　佛手罗皮　美味鸭蛋　素脆素鱼　龙穿凤翅
宁荣大菜：龙袍鱼翅　白雪红梅　老蚌怀珠　生烤鹿肉　笼蒸螃蟹　西瓜盅
　　　　　　酒醉鸡　花篮鳜鱼卷　姥姥鸽蛋　双色刀鱼　扇面蒿秆　凤衣串珠
怡红细点：松仁鹅油卷　螃蟹小饺　如意锁片　太君酥　海棠酥　寿桃
水　　果：时果拼盘

（四）鉴真素宴菜单

冷菜主盘：松鹤延年
　围　　碟：素鸭脯　素火腿　素肉　炝黄瓜　拌参须　萝卜卷　发菜卷　果味条
热　　菜：宫灯大玉　炒素鸡丁　三丝卷筒鸡　芝麻果炸　金针鱼翅
大　　菜：罗汉上素　醋熘鳝丝　三鲜海参　烧素鳝段
　　　　　　蟹粉狮子头　干炸蒲棒　香酥大排　扇面白玉
甜　　菜：八宝山药
汤　　菜：清汤鱼圆
点　　心：人参饼　草帽蒸饺　春蚕吐丝　果汁蹄莲
水　　果：时果拼盘

（五）扬州三头宴菜单

冷　　菜：葱油酥蛋　凉拌双脆　出骨掌翅　盐水肫仁
椒盐素鳝　玛瑙咸蛋　芥末肚丝　水晶鱼条
四　调　味：酱蒜头　拌香菜　红腐乳　渍萝卜片
大　　菜：清炒大玉　软兜长鱼　干炸仔鸡　鲍脯鸽蛋　扒烧整猪头
　　　　　　清炖蟹粉狮子头　拆烩鲢鱼头　银杏菜心　什锦椰果　应时蔬鲜
主　　食：扬州炒饭
汤　　菜：鸡片汤
点　　心：荷叶夹子　青菜包子
水　　果：时果拼盘

二、四季宴席菜单

（一）春季菜单

冷菜主盘：喜鹊报春
　围　　碟：芥末鸭掌　　酒醉青螺　　虾子春笋　　玉骨鸡翅
　　　　　　腐乳湖虾　　菊花肫仁　　油焖酥鱼　　马兰香干
羹　　菜：三丝翅羹
甜　　菜：桂花橘络元宵
热菜（双拼）：杨梅虾球 / 芙蓉鸡片　　金鱼鱿花 / 松子鱼米
大　　菜：百花鱼肚　　双皮刀鱼　　河蚌狮子头
　　　　　白汁鲴鱼　　鲨鱼菜薹　　汤爆双脆
点　　心：翡翠烧卖　　荠菜小包　　香炸春卷
水　　果：天津鸭梨

（二）夏季菜单

冷　　菜
　主　　盘：荷塘蛙鸣
　围　　碟：腐乳叉烧　　紫香虎尾　　糖醋藕角　　双黄咸蛋
　　　　　　红油豆腐　　盐味鹅脯　　咖喱鸭舌　　卤汁鹌鹑
　调 味 碟：麻油红椒　　盐水蒜瓣　　靖江肉脯　　挂霜生仁
羹　　菜：蟹粉豆腐羹
热　　菜：绣球干贝　　高丽虾串　　爆炒双脆　　三丝鱼卷
大　　菜：白乌龙吐　　清蒸鲥鱼　　荷叶粉蒸肉　　油淋仔鸡　　冬瓜火腿夹
　　　　　竹荪鱼丸汤
点　　心：绿豆糕　　荷花酥　　白鹅粉点
水　　果：黄金蜜瓜

（三）秋季菜单

冷　　菜
　主　　盘：中堡醉蟹
　围　　碟：五香乳鸽　　蒜泥薹菜　　琥珀桃仁　　八宝猪肚
羹　　菜：芙蓉银鱼羹
甜　　菜：蜜汁银杏
热　　菜：象牙里脊　　菊花生鱼　　裹炸鲜奶　　琵琶大虾
大　　菜：月宫裙边　　百花蟹斗　　扒松子肉　　麒麟鳜鱼　　镜箱豆腐　　龙戏珠汤

点　　心：蟹黄汤包　翡翠烧卖　虾肉粉饺　三鲜炒面
水　　果：新疆哈密瓜

（四）冬季菜单

冷　　菜

　　主　　盘：岁寒三友
　　围　　碟：水晶肴蹄　扬州风鸡　佛手罗皮　酱汁牛肉
　　　　　　　酸菜西芹　红油肚片　靖江羊糕　茄汁熏鱼
　　调味碟：扬州酱菜　肉松　红油腐乳　椒盐腰果
羹　　菜：枸杞炖牛鞭
甜　　菜：蜜汁哈士蟆
热　　菜：豆苗山鸡片　烩冬冬青　橘汁虾仁　香炸蟹卷
大　　菜：菊花火锅　砂锅天地鸭　清炖蟹粉狮子头　汽锅仔鸽　梅岭菜心
　　　　　芙蓉海底松
点　　心：三丁小包　鸡丝花卷　豆沙锅饼　咸泡饭
水　　果：砀山梨

三、名店菜单

（一）宴席菜单Ⅰ

冷　　菜

　　主　　盘：春风国色
　　围　　碟：水晶肴蹄　龙穿风翼　酒醉露笋　牡丹鱼片
　　　　　　　维扬素腿　蚝卤双菌　葱油酥蚕　豉油扇贝
　　调味碟：野山椒　雪菜　莴笋　南乳
大　　菜：天池鲫鱼羹　翠盅紫鲍　火焰大虾　龙脊飞凤
　　　　　瑶柱干丝　火雪鳜鱼　国贸片皮鸡　翠珠菜心　冰糖燕菜
点　　心：翡翠烧卖　千层油糕　三丁包子　月牙蒸饺
水　　果：樱桃　橘子

（二）宴席菜单Ⅱ

冷　　菜

　　主　　盘：乐融融（熊猫戏竹）
　　围　　碟：水晶肴蹄　葱油酥蚕　糟香鸭舌　酥燠鲫鱼
　　　　　　　酸辣白菜　卤素火腿　中堡醉蟹　麻香菜松
　　调味碟：野山椒　卤黄瓜　糖醋萝卜丝　四美芽姜

大　　菜：火凤竹荪汤　蚝油大鲍翅　水鱼怀春　蟹粉狮子头
　　　　　脆皮仔鸽　鸡汁干丝　牡丹鳜鱼　翠珠露笋　樱桃雪蛤
点　　心：草帽饺　松子年糕　荠菜汤圆
水　　果：应时水果

（三）宴席菜单Ⅲ

冷　　菜：

　主　　盘：扬州鹤
　围　　碟：水晶肴蹄　葱油酥蚶　盐水鸭方　酥爆大乌
　　　　　卤素火腿　醉酒露笋　五香熏鱼　蓑衣黄瓜
　调　味　碟：盐味椒丝　酱萝卜头　四美酱瓜　糖醋蒜头
大　　菜：汽锅圆鱼　豉汁鲍鱼　水晶明虾球　白汁干丝
　　　　　蟹粉狮子头　火夹鳜鱼　八珍仔鸽　干贝兰花　蜜汁银杏
点　　心：刀鱼馄饨　阳春面
水　　果：杨梅　荸荠

（四）宴席菜单Ⅳ

冷　　菜

　主　　盘：凤戏牡丹
　围　　碟：水晶肴蹄　中堡醉蟹　椒盐素脆鳝　曲酱鸭方
　　　　　酸辣黄瓜　佛手罗皮　鲜橙鱼片　糖醋萝卜卷
　调　味　碟：泡菜　山椒　莴苣　雪菜
羹　　菜：西施瓜粒鱼翅羹
大　　菜：蟹粉裙边　饽饽野鸭　豉汁扇贝　千金石斑鱼
　　　　　XO 牛柳　凤掌素火腿　银杏菜胆　蜜瓜细米露
点　　心：净素菜包　松子烧卖
水　　果：哈密瓜　雪梨

（五）宴席菜单Ⅴ

冷　　菜

　主　　盘：松鹤延年
　围　　碟：水晶肴蹄　三丝菜卷　腐乳炝虾　咖喱鸭掌
　　　　　靖江肉脯　麻辣豆松　葱油蚶皮　虎皮鹌鹑
热　　菜：凤尾珍珠　菊花鸡片
大　　菜：扒烧猪头　拆烩鲢鱼头　清炖蟹粉狮子头
　　　　　砂锅菜心　生片火锅

点　　心：鸡丝卷子　荷叶夹子

水　　果：广东香蕉　黄岩蜜橘

四、地方菜单

（一）宴席菜单（泰州风味）

冷　　菜：酥烤鲫鱼　油淋仔鸡　炝黄瓜条　水晶肴肉
　　　　　虾籽冬笋　拆骨鹅掌　香麻海蜇　腐乳醉虾

头 道 菜：乳香燕紫菜

热　　菜：红烧鱼翅　鲍鱼四宝　红扒秋鸭　扬州狮子头
　　　　　红烧鲤鱼　干焖大虾　鲜蘑菜心　清炖土鸡

点　　心：菜肉烧卖　淮扬春卷　豆沙包子　千层油糕

水　　果：心里美萝卜　荸荠

（二）宴席菜单（成都风味）

冷　　菜：口水鸡　香麻海蜇头　醉青鱼　水晶肴肉
　　　　　炝花生　蒜泥黄瓜　糯米莲藕　盐水鸭舌

热　　菜：三鲜烩海参、椰汁蟹柳卷、松鼠鲈鱼、脆皮乳鸽

大　　菜：迷你佛跳墙　什锦烩蔬菜　鲜笋烧肉片　开水白菜

汤：杂菌汤

点　　心：南瓜虾仁饼　八宝糯米

水　　果：水果花式拼盘

（三）宴席菜单（福州风味）

冷　　菜：麻油蜇头　盐水鸭舌　生炝黄岩蟹　水晶肴肉
　　　　　蛋皮黄瓜　醉鸡　糯米莲藕　八丝素什锦

大　　菜：清蒸梭子蟹　鱼汁酿扇贝　开水白菜　海湾一绝

热　　菜：海参趴鱼肚　干烧汪鱼　脆皮乳鸽　三汁如意卷

点　　心：八宝甜饭　香酥虾婆饼

汤：三丝火鸭鱼翅羹

水　　果：金牌西式水果拼盘

复习思考题

1. 中式筵席面点的设计原则是什么？
2. 设计一桌筵席配点的菜单，主题自拟。

第十一章

中式面点与传统年节食俗

饮食民俗是物质生活民俗之一，它在满足人们生理需要的同时，也在一定程度上满足了人们在精神层面的需求，从而形成了丰富多彩的饮食文化。关于饮食民俗概念的界定，目前学术界有着较为统一的观点，即是指饮食品种、饮食方式、饮食特性、饮食礼仪、饮食名称、饮食保存和饮食禁忌以及在加工、制作和食用过程中形成的风俗习惯及其礼仪常规。而年节食俗是一个民族在饮食生活中的观念、心理、喜好、习惯、禁忌等方面最具有本民族特征的表现形态。中式面点是饮食民俗中年节食品里最具有代表性的种类。

第一节　中式面点与传统食俗

年节食俗常常反映了一个国家、地区或民族独特的生活方式、文化特点和宗教习惯，并伴随着许多优美的神话和传说。而中式面点自古以来与中华民族的古老风俗有着千丝万缕的联系，在日常四时八节中，常常把面点品种与节日连在一起，以表现对美好生活的向往和追求。

一、顺应农时，讲究时令

中国是个古老的农耕社会，人们向往生活的安定和富足，在了解自然、掌握自然、征服自然的过程中，形成了"四时八节"的传统风俗，与饮食面点相互关联，农时也与时令紧密相关。

苏式糕点逢农历四时八节，均有它的时令品种，有春饼、夏糕、秋酥、冬糖的产销规律之称。《吴门表隐》（苏州地方志）载："或粉或面和糖制成糕、饼、饺、馓之属形式，名目不一，用以佐茶，故统称茶食、亦曰茶点"。苏式糕点称为四季茶食，应时细点，时令性强，亦是它的特点之一。传统时令制品品种占整个名特、传统品种的半数以上，春饼有酒酿饼、雪饼等；夏糕有薄荷糕、绿豆糕、小方糕等；秋酥有如意酥、菊花酥、巧酥、酥皮月饼等；冬糖有芝麻酥糖、荤油米花糖等。此外苏式糕点还有上市、落令的严格规定。例如，春天的酒酿饼，正月初五上市，三月十二落令（均为农历，下同）；雪饼，正月十五上市，三月二十后落令；大方糕，清明上市，端午落令。夏天的薄荷糕，三月十五上市，六月底落令；绿豆糕，三月初上市，七月底落令。秋季的月饼，四月初应时市，九月初十落令；花色月饼，七月初一上市，八月二十落令；如意酥、菊花酥，四月初应市，八月二十后落令。冬季的芝麻酥糖，九月初上市，第二年三月初十落令；糖年糕，冬至后上市，十二月三十（大除夕）落令等。过时令停止生产供应，来年再产再售。虽然目前没有按历史上的上市、落令严格的时间要求去做，但基本按季节上市。

二、传说美好，愿景象征

在众多的面点品种中，大多数面点蕴含着美好的传说或幸福的愿景。例如，"饺子"又名"交子"，是新旧交替之意，为除掉一年的晦气您也要在除夕吃一顿"饺子"。

年糕又称"年年糕"，与"年年高"谐音，寓意着人们的工作和生活一年比一年提高。所以前人有诗称年糕："年糕寓意稍云深，白色如银黄色金。年岁盼高时时利，虔诚默祝望财临。"

关于春节年糕的来历，有一个很古老的传说。在远古时期有一种怪兽称为"年"，一年四季都生活在深山老林里，饿了就捕捉其它动物充饥。可到了严冬季节，兽类大多都躲藏起来休眠了。"年"饿得不得已时，就下山伤害百姓，攫夺人充当食物，使百姓不堪其苦。后来有个聪明的部落称"高氏族"，每到严冬，预计怪兽快要下山觅食时，事先用粮食做了大量食物，搓成一条条，揪成一块块地放在门外，人们躲在家里。"年"来到后找不到人吃，饥不择食，便用人们制作的粮食条块充腹，吃饱后再回到山上去。人们看怪兽走了，都纷纷走出家门相互祝贺，庆幸躲过了"年"的一关，平平安安，又能春耕作准备了。这样年复一年，这种避兽害的方法传了下来。因为粮食条块是高氏所制，目的为了喂"年"度关，于就把"年"与"高"联在一起，称作为年糕（谐音）了。

三、品种繁多，制作方便

中国食文化历史悠久长远，作为中式餐饮的一部分——中国面点，经过我国劳动人民的长期实践，尤其是面点师们的继承和发展，各个地方的面点品种是越来越多。例如，北京的焦圈、蜜麻花、豌豆黄、艾窝窝；上海的蟹壳黄、南翔小笼馒头、小绍兴鸡粥；天津的嘎巴菜、包子、耳朵眼炸糕、棒槌果子、桂发祥大麻花；山西的栲栳、刀削面、揪片等；陕西的牛羊肉泡馍、乾州锅盔、油锅盔；新疆的烤馕；山东的煎饼；江苏的葱油火烧、汤包、三丁包子、蟹黄烧卖；浙江的酥油饼、重阳栗糕、鲜肉粽子、虾爆鳝面；安徽的腊八粥、大救驾、徽州饼；福建的蛎饼、手抓面、鼎边糊；台湾的度小月担仔面、鳝鱼伊面、金爪米粉；海南的煎堆；河南的枣锅盔、焦饼、鸡蛋布袋、鸡丝卷；湖北的三鲜豆皮、云梦炒鱼面、热干面、东坡饼；湖南的脑髓卷、米粉；广东的鸡仔饼、皮蛋酥、冰肉千层酥、月饼、酥皮莲蓉包、刺猬包子、粉果、薄皮鲜虾饺、及第粥、玉兔饺、干蒸蟹黄烧卖等；广西的大肉粽、桂林马肉米粉、炒粉虫；四川的蛋烘糕、龙抄手面、玻璃烧卖、担担面、鸡丝凉面、赖汤圆、宜宾燃面；贵州的肠旺面、丝娃娃、夜郎面鱼、荷叶糍粑；云南的烧饵块、过桥米线等。

四、礼仪寄托，适应性强

"点心"是指饭前或饭后的小量餐饮，其种类丰富多样，常以面食为主。在民间，"点心"成为司空见惯的一种小吃。但是，一般地所说的"点心"有着特殊的意义，包含一种亲友之间来往的礼仪行为。

一般说，人家要到亲戚、朋友家登门造访，主人就得客客气气地招待喝茶，或吃水果、瓜子等。这样主人还觉得招待不周，特地去煮"点心"，通常是煮线面、米粉，或者是汤圆等。这从某种意义来说，说明主人好客有礼貌。过去，人家请来医生登门诊病，也得煮"点心"，主人要煮米粉。因为米粉煮熟后脆弱、松软，意为"脆脆葱"。也就是说，医生给病人看病，药到病除快康复。春节期间，煮"点心"必须煮线面或打面、机面，意为长寿，情意绵绵；亲人祝寿，煮"点心"一定要线面。人家孩子考上大学，将要动身远行，或者青年人应征参军入伍，亲人煮"点心"表示祝福，表示顺利圆满。

总之，食俗里的中式面点，使得中国的传统年节、日常生活等更具有人情味，寄托着人们的美好愿望，让中国的饮食文化散发出迷人的魅力。

第二节　传统风俗中的年节面点

我国的年节食俗经过了上千年的变化发展，及至代代相传，形成了相对稳定的饮食习尚。翻开我国年节食俗的大量资料，中式面点品种仍然是中国年节食品的主旋律。这里结合年节食俗遴选了一些年节面点，供大家参考。

一、春节

春节，是农历正月初一，又叫阴历年，俗称"过年"。这是我国民间最隆重、最热闹的一个传统节日。春节的历史很悠久，它起源于殷商时期年头岁尾的祭神祭祖活动。按照我国农历，正月初一古称元日、元辰、元正、元朔、元旦等，俗称年初一，到了民国时期，改用公历，公历的一月一日称为元旦，把农历的一月一日叫春节。

（一）饺子：寓意岁月交替

北方除夕夜多包饺子吃，以谐音取"更岁交子"的意思。为了讨吉利，北方人往往把硬币、糖、花生、枣子、栗子和肉馅等，一起包入新年的饺子内。放糖的，用意是吃了新年日子甜美；放花生的，用意是吃了人可长寿；还有一只饺子中放一枚硬币的，用意是谁吃到了就"财运亨通"。饺子形似元宝，新年时面条和饺子同煮，叫做"金丝穿元宝"。

（二）汤圆：寓意团团圆圆

春节吃汤圆是汉族人的传统习俗，在江南尤为盛行。它是一种用糯米粉制成的圆形甜品，"圆"意味着"团圆""圆满"，节庆时间吃汤圆，象征家庭和谐、吉祥。大部分南方人家习惯在春节早晨都有合家聚坐共进汤圆的传统习俗。

（三）年糕：寓意年年登高

过年要准备年糕，是表示喜庆。年糕因为谐音"年高"，再加上有着变化多端的口味，几乎成了家家必备的应景食品。年糕的式样有方块状的黄、白年糕，象征着黄金、白银，寄寓新年发财的意思。北方的年糕以甜为主，或蒸或炸，也有人干脆蘸糖吃。南方的年糕则甜咸兼具，例如苏州及宁波的年糕，以粳米制作，味道清淡。除了蒸、炸以外，还可以切片炒食或是煮汤。甜味的年糕以糯米粉加白糖、猪油、玫瑰、桂花、薄荷、素蓉等配料，做工精细，可以直接蒸食或是沾上蛋清油炸。

二、上元

上元节又称"元宵节"，即阴历正月十五日。是我国一个重要的传统节日。在古书中，这一天称为"上元"，其夜称"元夜""元夕"或"元宵"。元宵这一名称一直沿用至今。由于元宵有张灯、看灯的习俗，民间又习称为"灯节"。此外还有吃元宵、踩高跷、猜灯谜等风俗。我国古代历法和月相有密切的关系，每月十五，人们迎来了一年之中第一个月满之夜，这一天理所当然地被看作是吉日。早在汉代，正月十五已被用作祭祀天帝、祈求福佑的日子。后来古人把正月十五称"上元"，七月十五称"中元"，十月十五称"下元"。最迟在南北朝早期，三元已是要举行大典的日子。三元中，上元最受重视。到后来，中元、下元的庆典逐渐废除，而上元经久不衰。

民间过元宵节吃元宵的习俗。元宵由糯米制成，或实心，或带馅。馅有豆沙、白糖、山楂、各类果料等，食用时煮、煎、蒸、炸皆可。起初，人们把这种食物叫"浮圆子"，后来又叫"汤团"或"汤圆"，这些名称"团圆"字音相近，取团圆之意，象征全家人团团圆圆，和睦幸福，人们也以此怀念离别的亲人，寄托了对未来生活的美好愿望。

三、立春

立春这天，山东、北京、天津、山西、江苏、河北、福建等省市都有"咬春""尝春"的习俗，但其具体内容、形式却因时代和地域的不同而不尽相同。

据汉代崔寔《四民月令》一书记载，我国很早就有"立春日食生菜……取迎新之意"的饮食习俗，而到了明清以后，所谓的"咬春"主要是指在立春日吃萝卜，如明代刘若愚《酌中志·饮食好尚纪略》载："至次日立春之时，无贵贱皆嚼萝卜，名曰'咬春'。"清代富察敦崇《燕京岁时记》亦载："打春即立春，是日富家多食春饼，妇女等多买萝卜而食之，曰'咬春'，谓可以却春困也。"

立春这天，民间还有吃春饼的习俗。如晋代潘岳所撰的《关中记》记载："（唐人）于立春日做春饼，以春蒿、黄韭、蓼芽包之。"清人陈维崧在其《陈检讨集》一书中亦说："立春日啖春饼，谓之'咬春'。"旧时，立春日吃春饼这一习俗不仅普遍流行于民间，在皇宫中春饼也经常作为节庆食品颁赐给近臣。如陈元靓《岁时广记》亦载："立春前一日，大内出春饼，并酒以赐近臣。盘中生菜染萝卜为之装饰，置案中。"

最初的春饼是用面粉烙制或蒸制而成的一种薄饼，食用时，常常和用豆芽、菠菜、韭黄、粉线等炒成的合菜一起吃，或以春饼包菜食用。清代诗人蒋耀宗和范来宗的《咏春饼》联句中有一段精彩生动的描写："……匀平霜雪白，熨贴火炉红。薄本裁圆月，柔还卷细筒。纷藏丝缕缕，才嚼味融融……"清代诗人袁枚的《随园食单》中也有春饼的记述："薄若蝉翼，大若茶盘，柔腻绝伦。"传说吃了春饼和其中所包的各种蔬菜，将使农苗兴旺、六畜茁壮。有的地区认为吃了包卷芹菜、韭菜的春饼，会使人们更加勤（芹）劳，生命更加长久（韭）。

清《调鼎集》一书中曾记载了春饼的制法："擀面皮加包火腿肉、鸡肉等物，或四季应时菜心，油炸供客。又咸肉腰、蒜花、黑枣、胡桃仁、洋糖、白糖共碾碎，卷春饼切段。"这是清朝的吃法。现在的春饼在制作方法上仍沿用了古代的烙制或蒸制，大小可视个人的喜好而定，在食用时，有些人喜欢抹甜面酱、卷羊角葱食用，有的地方还讲究用酱肚丝、鸡丝等熟肉夹在春饼里吃。还有的地方将各种馅料包起，采用油炸的方法食之。

四、清明

四月五日清明节是我国传统节日，也是最重要的祭祀节日，是祭祖和扫墓的日子。扫墓俗称上坟，是祭祀死者的一种活动。汉族和一些少数民族大多都是在清明节扫墓。按照旧的习俗，扫墓时，人们要携带酒食果品、纸钱等物品到墓地，将食物供祭在亲人墓前，再将纸钱焚化，为坟墓培上新土，折几枝嫩绿的新枝插在坟上，然后叩头行礼祭拜，最后吃掉酒食回家。唐代诗人杜牧的诗《清明》："清明时节雨纷纷，路上行人欲断魂。借问酒家何处有？牧童遥指杏花村。"写出了清明节的特殊气氛。

（一）青团：寓意清明哀思

清明时节，江南一带有吃青团子的风俗习惯。青团子是用一种名叫"浆麦草"的野生植物捣烂后挤压出汁，接着取用这种汁同晾干后的水磨纯糯米粉拌匀揉和，然后开始制作团子。

团子的馅心是用细腻的糖豆沙制成，在包馅时，另放入一小块糖猪油。团坯制好后，将它们入笼蒸熟，出笼时用毛刷将熟菜油均匀地刷在团子的表面，这便大功告成了。

青团子油绿如玉，糯韧绵软，清香扑鼻，吃起来甜而不腻，肥而不腴。青团子还是江南一带人用来祭祀祖先必备食品，正因为如此，青团子在江南一带的民间食俗中显得格外重要。

（二）馓子：寓意寒食思念

我国南北一些地区清明节有吃馓子的食俗。"馓子"为一油炸食品，香脆精美，古时叫"寒具"。寒食节禁火寒食的风俗在我国大部分地区已不流行，但与这个节日有关的馓子却深受世人的喜爱。现在流行于汉族地区的馓子有南北方的差异：北方馓子大方洒脱，以麦面为主料；南方馓子精巧细致，多以米面为主料。

五、端午

农历五月初五日为"端午节"。"端午"本名"端五"，端是初的意思。"五"与"午"互为谐音而通用，是我国的一个古老节日。

传说公元前278年端午节这一天，流放到汨罗江边的爱国诗人屈原得知楚国都城沦陷，绝望之下怀抱大石投汨罗江而死。于是，传说"端午"乃屈原祭日，吃粽子、赛龙舟便成为端午时节纪念屈原的中华传统风俗。从古至今，端午节承载了人们对生活的各种情感：思念、感恩、憧憬、祈愿。

粽子由粽叶包裹糯米蒸制而成，一般有正三角形、正四角形、尖三角形、方形、长形等各种形状，口味由于中国各地风味不同，主要有甜、咸两种。甜味有白水粽、赤豆粽、蚕豆粽、枣子粽、玫瑰粽、瓜仁粽、豆沙猪油粽、枣泥猪油粽等。咸味有猪肉粽、火腿粽、香肠粽、虾仁粽、肉丁粽等，但以猪肉粽较多。也有南国风味的柊叶蛋黄肉粽（海南）、什锦粽、豆蓉粽、冬菇粽等；还有一头甜一头咸、一粽两味的"双拼粽"。

粽子作为中国历史文化积淀最深厚的传统食品之一，传播甚远。日本、越南以及华人聚居的新加坡、马来西亚、缅甸等地也有吃粽子的习俗。

六、夏至

夏至吃什么？我国南北各地习惯不同，南方一般吃馄饨，北方一般吃面，所以有"冬至饺子（馄饨）夏至面，谁家不吃穷一年"的说法，但也有地方吃麦饼。不论吃什么，都是和麦收有关，新麦收上来后，磨了新鲜的面粉，于是吃面、吃馄饨、吃饼，通通是用面粉做成。

俗话说："长到夏至，短到冬至"；"吃了夏至面，一天短一线"。过了夏至，真正的夏天就到了。高温季节，胃纳不佳，饮食宜清淡，防止疰夏。白米粥、绿豆汤、冷拌面是夏令时节大家喜爱的大众食品。特别是冷拌面，可以加些香醋、辣子，来调节胃口，是夏令食品的首选。

冬至饺子夏至面，这里的面一般都指冷淘面，也称凉面，寓意迎夏解暑。《帝京岁时纪胜》说"夏至大祀方泽，乃国之大典。京师于是日家家俱食冷淘面，即俗说过水面是也。乃都门之美品。向曾询及各省游历友人，咸以京师之冷淘面爽口适宜，天下无比。"面条下锅煮熟，捞起来过凉水，是谓冷淘面。

面食历史悠久，《唐六典》中记载"太官令夏供槐叶冷淘。凡朝会燕飨，九品以上并供其膳食。"唐代杜甫有一首《槐叶冷淘》专门记载了这种面的材料、做法、口感。

在唐朝槐叶是一种食材，采嫩叶捣汁和面，做成面条，煮熟后放入凉水中浸漂，其色"碧鲜俱照箸"，然后捞起，以熟油浇拌，放入井中或冰窖中冷藏，食用时再加佐料调味，是消暑的冷食。

现在流行的做法是将面条煮熟后用凉水冲洗控干，加进蔬菜等其它配料，然后拌上酱油、醋、姜末等调料即可食用。凉面的面条以粗粮面和杂面为宜，其中绿豆杂面、荞麦杂面最佳，因为绿豆杂面可以清火，荞麦杂面中的维生素 B_1、维生素 B_2 是小麦粉的 3 ～ 20 倍，为一般谷物所罕见。荞麦面的最大营养特点是同时含有大量烟酸和芦丁，可以降低血脂和血清胆固醇，而且荞麦面做凉面口感筋道，不易断，具有光泽。

就调味来说，芝麻酱和蒜泥是首选。芝麻酱不但口感香醇，还含有丰富的蛋白质、钙、铁、维生素 B_2 和维生素 E；大蒜有很强的杀菌作用，含有丰富的维生素，与醋酸结合有益健康。搭配凉面的食材有很多，可用牛肉、猪肉、鸡肉切肉丝或肉末，或者配鸡蛋丝、豆腐丝等，蔬菜则可用豆芽、胡萝卜丝、黄瓜丝和莴笋丝。此外，还有用油辣子为主要拌料制作的冷面。

七、七夕

农历七月七日的晚上称"七夕"。我国民间传说牛郎织女此夜在天河鹊桥相会，后有妇女于此夜向织女星穿针乞巧等风俗。所谓乞巧，即在月光下对着织女星用彩线穿针，如能穿过七枚大小不同的针眼，就算很"巧"了。因此每到"七夕"，姑娘们摆上时令瓜果，朝天祭拜，乞求织女赋予她们聪慧的心灵和灵巧的双手，让自己的针织女红技法娴熟，更乞求爱情婚姻的姻缘巧配。因而，"七夕节"也被称为"乞巧节"。

七夕的应节食品，以巧果最为出名，用来祈求心灵手巧。据庞元英《文昌杂录》卷3载，唐代"七夕"的节食为"乞巧果子"，又名巧果、巧饽饽、巧花等，款式极多。主要的材料是油、面、糖、蜜。《东京梦华录》中之为"笑厌儿""果食花样"，图样则有捺香、方胜等。宋朝时，市街上已有七夕巧果出售。

若购买一斤巧果，其中还会有一对身披战甲，如门神的人偶，号称"果食将军"。巧果的大致做法如下：先将白糖放在锅中熔为糖浆，然后和入面粉、芝麻，拌匀后摊在案上擀薄，晾凉后用刀切为长方块，最后折为梭形巧果坯，入油炸至金黄即成。手巧的女子，还会捏塑出各种与七夕传说有关的花样。

八、中秋

中秋节，又称月夕、秋节、仲秋节、八月节、八月会、追月节、玩月节、拜月节、团圆节，是流行于中国众多民族与汉字文化圈诸国的传统文化节日，时在农历八月十五；因其恰值三秋之半，故名。"中秋"一词最早出现在《周礼》一书中。

《唐书·太宗记》记载就有"八月十五中秋节"。传说唐玄宗梦游月宫，得到了霓裳羽衣曲，民间才开始盛行过中秋节的习俗。北宋，正式定八月十五为中秋节，并出现"小饼如嚼月，中有酥和饴"的节令食品。孟元老《东京梦华录》说："中秋夜，贵家结饰台榭，民间争占酒楼玩月"。明清两朝的赏月活动，盛行不衰，"其祭果饼必圆"。所以，中秋节始于唐朝初年，盛行于宋朝，至明清时，已成为与春节齐名的中国主要节日之一。受中华文化的影响，中秋节也是东亚和东南亚一些国家尤其是当地的华人华侨的传统节日。

农历八月十五日，这一天正当秋季的正中，故称"中秋"。到了晚上，月圆桂香，旧俗人们把它看作大团圆的象征，要备上各种瓜果和熟食品，是赏月的佳节。

中秋节还要吃月饼，寓意月圆人圆。

中秋节赏月和吃月饼是中国各地过中秋节的必备习俗，俗话说："八月十五月正圆，中秋月饼香又甜"。月饼一词，源于南宋吴自牧的《梦粱录》，那时仅是一种点心食品。到后来人们逐渐把赏月与月饼结合在一起，寓意家人团圆，寄托思念。同时，月饼也是中秋时节朋友间用来联络感情的重要礼物。

我国月饼品种繁多，按产地分有京式、广式、苏式、台式、滇式、港式、潮式等；就口味而言，有甜味、咸味、咸甜味、麻辣味；从馅心讲，有五仁、豆沙、冰糖、芝麻、火腿等；按饼皮分，则有浆皮、混糖皮、酥皮三大类。

九、重阳

农历九月初九为重阳节。我国古代以九为阳，"九九"两阳数相重，故名"重阳"。

重阳节，早在战国时期就已经形成，到了唐代被正式定为民间的节日，此后历朝历代沿袭至今。重阳与三月初三日"踏春"皆是家族倾室而出，重阳这天一般要登高。

据史料记载，重阳节流行吃重阳糕，寓意登高思亲。重阳糕又称花糕、菊糕、五色糕，制无定法，较为随意。九月九日天明时，以片糕搭儿女头额，口中念念有词，祝愿子女百事俱高，乃古人九月作糕的本意。讲究的重阳糕要做成九层，像座宝塔，上面还做成两只小羊，以符合重阳（羊）之义。有的还在重阳糕上插一小红纸旗，并点蜡烛灯。这大概是用"点灯""吃糕"代替"登高"的意思，用小红纸旗代替茱萸。

如今的重阳糕，仍无固定品种，各地在重阳节吃的松软糕类都可以称之为重阳糕。

十、冬至

冬至，是我国农历中一个非常重要的节气，也是一个传统节日，至今仍有不少地方有过冬至节的习俗。冬至俗称"冬节""长至节""亚岁"等。早在春秋时期，我国已经用土圭观测太阳测定出冬至来了，它是二十四节气中最早制订出的一个。时间在每年的阳历12月22日或者23日之间。

冬至是北半球全年中白天最短、黑夜最长的一天，过了冬至，白天就会一天天变长。古人对冬至的说法是：阴极之至，阳气始生，日南至，日短之至，日影长之至，故曰"冬至"。冬至过后，各地气候都进入一个最寒冷的阶段，也就是人们常说的"进九"，我国民间有"冷在三九，热在三伏"的说法。

在我国古代对冬至很重视，冬至被当作一个较大节日，曾有"冬至大如年"

的说法，而且有庆贺冬至的习俗。《汉书》中说："冬至阳气起，君道长，故贺。"人们认为：过了冬至，白昼一天比一天长，阳气回升，是一个节气循环的开始，也是一个吉日，应该庆贺。

（一）饺子：寓意团圆福禄

每年农历冬至这天，不论贫富，饺子是必不可少的节日饭。谚云："十月一，冬至到，家家户户吃水饺。"北方有"冬至饺子夏至面"的说法，你知道冬至为什么吃饺子吗？

这种习俗，是因纪念"医圣"张仲景冬至舍药留下的。东汉时他曾任长沙太守，访病施药，大堂行医，医术高明。后毅然辞官回乡，为乡邻治病。其返乡之时，正是冬季。他看到不少人的耳朵都冻烂了。便让其弟子在南阳东关搭起医棚，支起大锅，在冬至那天舍"祛寒娇耳汤"医治冻疮。他把羊肉、辣椒和一些驱寒药材放在锅里熬煮，然后将羊肉、驱寒药物捞出来切碎，用面包成耳朵样的"娇耳"，煮熟后，分给来求药的人每人两只"娇耳"、一大碗肉汤。人们吃了"娇耳"，喝了"祛寒汤"，浑身暖和，两耳发热，冻伤的耳朵都治好了。后人学着"娇耳"的样子，包成食物，也叫"饺子"或"扁食"。至今南阳仍有"冬至不端饺子碗，冻掉耳朵没人管"的民谣。

（二）馄饨：寓意祭天求新

冬至民间有吃馄饨的习俗。《燕京岁时记》云："夫馄饨之形有如鸡卵，颇似天地混沌之象，故于冬至日食之。"实际上"馄饨"与"混沌"谐音，故民间将吃馄饨引申为打破混沌，开辟天地。后世不再解释其原义，只流传所谓"冬至馄饨夏至面"的谚语，把它单纯看作是节令饮食而已。

馄饨发展至今，更成为名号繁多、制作各异、鲜香味美、深受人们喜爱的著名小吃。各地有不少有特色的、深受食客好评的馄饨，著名的有成都市龙抄手饮食店的抄手，皮薄馅嫩，味美汤鲜；重庆市的过桥抄手，包捏讲究，调料多种，蘸调料食；上海市老城隍庙松运楼的三鲜馄饨，馅料讲究，薄皮包馅，味色鲜美。

十一、腊八

古代十二月祭祀"众神"叫腊，因此农历十二月叫腊月。腊月初八这一天，旧俗要喝腊八粥。传说释迦牟尼在这一天得道成佛，因此寺院每逢这一天煮粥供佛，以后民间相沿成俗，直至今日。

最早的腊八粥是红小豆来煮，后经演变，加之地方特色，逐渐丰富多彩起来。南宋文人周密撰《武林旧事》说："用胡桃、松子、乳覃、柿、栗之类作粥，谓之腊八粥。"清人富察敦崇在《燕京岁时记》里则称"腊八粥者，用黄米、白米、江米、小米、菱角米、栗子、去皮枣泥等，和水煮熟，外用染红桃仁、杏仁、瓜子、花生、榛穰、松子及白糖、红糖、葡萄以作点染"，颇有京城特色。

现在不同地区腊八粥的用料虽有不同，但基本上都包括大米、小米、糯米、高粱米、紫米、薏米等谷类，黄豆、红豆、绿豆、芸豆、豇豆等豆类，红枣、花生、莲子、枸杞子、栗子、核桃仁、杏仁、桂圆、葡萄干、白果等干果。腊八粥不仅是时令美食，更是养生佳品，尤其适合在寒冷的天气里保养脾胃。

十二、除夕

除夕，又称大年夜、除夕夜、除夜、岁除等，是每年农历腊月（十二月）的最后一个晚上。除，即去除之意；夕，指夜晚。除夕也就是辞旧迎新、一元复始、万象更新的节日。与清明节、中元节、重阳节三节是中国传统的祭祖大节，也是流行于汉字文化圈诸国的传统文化节日。

除夕这一天对华人来说是极为重要的。这一天人们准备除旧迎新，吃团圆饭。家庭是华人社会的基石，一年一度的年夜饭充分表现出中华民族家庭成员的互敬互爱，这种互敬互爱使一家人之间的关系更为紧密。

年夜饭的名堂很多，南北各地不同，有饺子、馄饨、长面、元宵等，而且各有讲究。北方人过年习惯吃饺子，是取新旧交替"更岁交子"的意思。又因为白面饺子形状像银元宝，一盆盆端上桌象征着"新年大发财，元宝滚进来"之意。有的包饺子时，还把几枚沸水消毒后的硬币包进去，说是谁先吃着了，就能多挣钱。南方人习惯食汤圆，寓意团团圆圆。

总之，在我国除了以上节日和面点之外，其实还有很多古老的节日和面点食品，例如，二月二炒包谷，六月六吃炒面，立夏吃五色饭，等等。限于节日的流行度和重视程度，这里不一一罗列分析了，仅仅遴选了一些代表性节日和面点品种进行介绍。

复习思考题

1. 中式面点与传统食俗的关系体现在哪些方面？
2. 举例说明传统风俗中的年节面点有哪些？（2～3例）

第十二章

中式面点的传承与创新

中式面点的制作，经过几千年的发展变化，形成了成千上万、千姿百态的面点品种。如同其它的文化遗产一样，中式面点既有它的历史延续性，又有它的发展阶段性，时至今日如何去继承传统，勇于创新，使之更好地为顾客服务，需要广大面点工作者不断探索、总结。

第一节　中式面点的传承

中式面点经历了数千年的传承和发展。其选料、制法、品种、风味、养生等方面均有着鲜明的地域、民族特色和深厚的文化积淀，是值得珍视的宝贵遗产。

长期以来，面点在中国人的生活中扮演了重要角色。一方面，在北方人们以面制品为主食；另一方面，面点中的许多相对精细的品种则逐步演化为人们正餐之外用以垫饥、消闲、品味的品种，成为小吃的重要组成部分了，诸如馄饨、饺子、汤圆、包子、春卷、粽子等。

我国面点在发展过程中留下了许多精湛的技艺和珍品。因此，继承传统技艺、传统名品是一个长期的任务。

一、中式面点历代发明的品种

中华民族是一个历史悠久、富有创造性的民族。古往今来，我国人们在不断创造、丰富物质文明的同时，也创造了高度的精神文明。而饮食面点的从无到有，由生到熟，从粗到细，由单一到丰富，也从一个侧面反映了其漫漫发展历程。

（一）先秦时期的面点品种

我国考古发现中，6000多年前属于仰韶文化的西安半坡遗址中，就曾发现过粟，而在南方青莲岗文化的余姚河姆渡等遗址中发现过稻，钱山漾遗址中亦发现了稻，经鉴定有粳稻和籼稻两类，可见我国是世界上农业发展最早的国家之一。

到了先秦时期，我国的粮食生产已有较大的发展，品种也较多，那时对粮食作物总称五谷，即黍、稷、麦、稻、菽，其中麦在我国黄河流域、淮河流域种植较多，在谷物中占有重要的地位。而且据考证，其时已有了石磨盘（一种搓盘）、臼杵、碓、旋转石磨（传说中由春秋时杰出的工匠公输般创造出来）。由粒食到粉食，对面点的制作与发展具有重大意义，于是出现了面点制作的萌芽。

这个时期，我国古代的陶制炊具相继问世，有鼎、甑、釜、鬲等，其中甑则是和釜或鬲配合起来当"燕锅"用的。甑的底部有许多小孔，可以透进蒸汽，将食物蒸熟，是最原始的蒸笼；甑和鬲组合成整，也就成了最早的蒸锅。除陶器进一步发展外，青铜器亦被广泛应用，为中式面点的熟制，提供了多种烹法可能。

这一时期，出现了以下一些面点品种。

1. 糗饵

将米麦炒熟，捣粉制成的食品，泛指干粮。《周礼·天官·笾人》："羞笾之实，糗饵、粉餈。"据郑玄注解："此二物（糗饵、粉餈），皆粉稻米、黍米所为也，合蒸曰饵，饼之曰餈。"宋人苏辙《黄楼赋》叙："子瞻使习水者浮舟楫载糗饵以济之，得脱者无数。"

2. 粉餈

粉餈是在糯米粉内加入豆沙馅（古时叫豆屑末）蒸成的饼糕。先秦时的"粉餈"里并不放枣，到了唐代才发展成枣米合蒸。唐代尚书令左仆射韦巨源宴请中宗皇帝的"烧尾宴"中的"水晶龙凤糕"和现在的甑糕颇为相似。

3. 酏食

可能是一种发酵饼。郑玄注："郑司农云，酏食以酒，酏为饼。"

4. 糁食

糁食是一种肉丁米粉油煎饼。《礼记·内则》称："糁，取牛、羊之肉，三如一，小切之。与稻米二，肉一，合以为饵，煎之。"

5. 粔籹

以蜜和米面，搓成细条，组之成束，扭作环形，用油煎熟，犹今之馓子，又称寒具、膏环。

6. 饼

早期面食的统称。

7. 角黍

俗称"粽子"，粽早在春秋之前就已出现，最初是用来祭祀祖先和神灵；到了晋代，粽子成为端午节的节庆食物。真正有文字记载的粽子见于晋周处的《风土记》；而流传有序，历史最悠久的粽子则是蜂蜜凉粽子，载于唐韦巨源《食谱》。

（二）两汉魏晋南北朝时期的面点品种

历史变迁，朝代更替。两汉而后历三国，魏晋而至南北朝，面点的发展水平稳中有进，据山东出土的汉代陶俑旁证，当时已有红案、白案的分工；魏晋南北朝时期由于政权更替，南北交流频繁，这一时期制作面点的磨、罗、蒸笼、烤炉、铁釜、铛、甑、木模、牛角漏勺等工具和设备相继出现，面点的品种增多，技法发展迅速，并出现面点著作，是面点史上的重要发展阶段。

汉代随着石磨的广泛使用，发酵等面点制作技艺的提高，面点品种迅速增加，并在民间普及。崔缇《四民月令》中记述的农家面食有燕饼、煮饼、水溲饼、酒溲饼等。汉末刘熙《释名·释饮食》中详细记述了"饼，并也。溲面使合并也。胡饼作之大漫汗也，亦以胡麻着上也。""蒸饼、汤饼、髓饼之属，皆随形而名之也"。其中胡饼为炉烤的芝麻烧饼，蒸饼类似馒头，汤饼为水煮的揪面片，髓饼为动物骨髓、油脂和面制作的炉饼。在《西京杂记》中记述了民间节日吃时令面点的习俗，如九月九，佩茱萸、食蓬饵、饮菊花酒，令人长寿。蓬饵即蓬糕，从而开了重阳节食糕的先河。

魏晋南北朝时，面粉、米粉的加工已用重罗筛出极细的面粉，发酵方法日益成熟与普及，并出现了蒸笼等炊事用具和面点成型器具。

这一时期，出现的主要面点品种如下。

1. 胡饼

最早一条记载"胡饼"的文字，是《续汉书》"灵帝好胡饼"。其次是《三辅决录》"赵歧避难至北海，于市中贩胡饼"的记载。可见汉代已有"胡饼"。《晋书》也有"王羲之独坦腹东床，啮胡饼，神色自若"的记载。可知至迟晋代已传入"胡饼"了。

2. 蒸饼

也叫炊饼，使用笼屉蒸制而成的食物。其名最早见于《晋书·何曾传》："蒸饼上不坼十字不食。"意即蒸饼上不蒸出十字裂纹就不吃。这种裂纹蒸饼，实际上是经过发酵后，整出来很酥软适口的"开花馒头"。十六国后赵石虎"好食蒸饼"，并且吃法更为讲究，"常以干枣、胡核瓤为心蒸之，使之坼裂方食"。石虎吃的这种夹入果肉的蒸饼，实际上已是"包子"的雏形。不过包子是到了宋代才非常普遍。

3. 汤饼

类似于面片汤，系将调好的面团托在手里撕成片下锅煮熟。汤饼后来又叫煮饼。汤饼后来发展成索饼，《释名疏证补》："索饼疑即水引饼，今江淮间谓之切面。"

《齐民要术》记"水引"法：先用冷肉汤调和用细绢筛过的面，再"揉搓如箸著大，一尺一断，盘中盛水浸。宜以手临铛上，揉搓令薄如韭叶，逐沸煮"。

4. 水溲饼

水溲饼是指以水和面制成的饼，出自《初学记》。其卷二六引汉人崔寔《四民月令》："立秋无食煮饼及水溲饼。"亦省称"水溲"。

5. 酒溲饼

酒溲饼为一种用酒酵发酵制成的面饼。见于《四民月令》。

6. 白饼

即酒酵馒头。《齐民要术》书中"作白饼法"说："面一石。白米七八升，作粥，以白酒（即甜酒酿）六七升酵中。著火上。酒鱼眼沸，绞去滓，以和面。面起可作。"

7. 馒头

别称"馍""馍馍""蒸馍"，中国传统面食之一，传说是三国蜀汉丞相诸葛亮所发明，是一种用发酵的面蒸成的食品。馒头以小麦面粉为主要原料，是国人日常主食之一。

8. 馄饨

西汉杨雄所作《方言》中提到"饼谓之饨"，馄饨是饼的一种，差别为其中夹馅，经蒸煮后食用；若以汤水煮熟，则称"汤饼"。

9. 馎饦

"面片汤"的别名。是中国的一种传统水煮面食。北魏贾思勰《齐民要术·饼法》："馎饦，挼如大指许，二寸一断，著水盆中浸。宜以手向盆旁挼使极薄，皆急火逐沸熟煮。非直光白可爱，亦自滑美殊常。"

10. 水引

面条的别名，亦称"水引面"或"水引馎饦"。《初学记》卷二六引，晋人范汪《祠制》："孟秋下雀瑞，孟冬祭下水引。"

11. 煎饼

煎饼是用面粉和成糊糊烙出来的又酥又脆的薄饼。东晋王嘉《拾遗记》："江东俗称，正月二十日为天穿日，以红丝缕系煎饼置屋顶，谓之补天漏。相传女娲以是日补天地也。"

12. 牢丸

亦称"牢九"、汤团。一说为蒸饼。《初学记》卷二六引晋束皙《饼赋》："四时从用，无所不宜，唯牢丸乎！"唐段成式《酉阳杂俎·酒食》："笼上牢丸，汤中牢丸。"宋苏轼《游博罗香积寺》诗："岂惟牢九荐古味，要使真一流天浆。"清陈维崧《二郎神·玉兰花饼》词："想厨娘指螺红一缕，牢丸上纤痕犹凝。"清俞正燮《癸巳存稿·牢丸》："牢丸之为物，必是汤团。宋以来多作牢九。陆游诗自注云：'闻人德懋言牢九是包子。'亦向壁之言。《老学丛谈》云：'牢九者，牢丸也，即蒸饼，宋讳丸字，去一点，相承已久。'亦向壁之言。北宋《苏轼集》已作牢九，岂知豫避靖康嫌名耶？其言丸去一点为九，今市语九为未丸，犹然。"

（三）隋唐五代时期的面点品种

隋唐五代，随着中外文化的交流，不少胡食、面食西来，部分中国面点东传，面点制作进入全盛时期。如馄饨，有了花形、馅料各异的二十四气馄饨；毕罗的馅料变化有蟹黄毕罗、天花毕罗等，形状有阔片、细长片、方叶形、厚片等。唐代长安出现了面点铺，专卖胡饼、蒸饼、毕罗等。

"点心"是唐代始出现的词，本义是指在正餐以前暂且充饥，作动词解。如唐孙頠《幻异志·板桥三娘子》载："置新作烧饼于食床上，与诸客点心。"小吃，唐人称"小食"。此语南朝时已有，系指非正餐之食品。大约自宋以后，点心与小食混而不分。如宋吴自牧《梦粱录》卷十三"天晓诸人出市"条载："有卖烧饼、蒸饼、糍糕、雪糕等点心者，以赶早市，直至饭前方罢。"唐人以米、面制成的食品类的点心与小吃已很丰富。

唐人习惯在宾客到来而未正式就餐前，先备饼饵果品和茶招待客人，称为"茶食"。若在宴席上用盘把各式花样的饼饵堆叠在一起作为看盘，则称为恒钉或钉饭。韩愈诗："或如临食案，肴核纷钉恒。"又"呼奴具盘准订恒鱼菜瞻"。唐代宫廷赐食百官即有饼饵之类。白居易诗"朝晡颁饼饵，寒暑赐衣裳"，即是受皇帝的恩眷。

这一时期，出现的面点主要品种如下。

1. 饆饠

亦写作"毕罗"，是一种包有馅心的面制点心，呈卷状，两边开口，有点像如今老北京的褡裢火烧。始于唐代，当时长安的长兴坊有胡人开的饆饠店。

从唐代史料可见，饆饠需油煎而成，里面的馅料以肉为主，但有时也会有水果，比如樱桃饆饠。唐段成式《酉阳杂俎·酒食》："韩约能作樱桃饆饠，其色不变。"

2. 包子

是一种古老的传统面食，一般由面包裹着馅，主要制作材料有面粉和馅。包子这个名称的使用则始于宋代，《燕翼诒谋录》："仁宗诞日，赐羣臣包子。"包子一般是用面粉发酵做成的，大小依据馅心的大小有所不同，最小的可以称作小笼包，其它依次为中包、大包。常用馅心为猪肉、羊肉、牛肉、酸菜、粉条、香菇、豆沙、芹菜、茄子、包菜、韭菜、豆腐、木耳、干菜肉、蛋黄、芝麻等。

3. 馄饨

古代中国人认为这是一种密封的包子，没有七窍，所以称为"浑沌"，依据中国造字的规则，后来才称为"馄饨"。在这时候，馄饨与水饺并无区别。千百年来水饺并无明显改变，但馄饨却在南方发扬光大，有了独立的风格。至唐朝起，正式区分了馄饨与水饺的称呼。馄饨和水饺来比较的话，馄饨皮为边长约 6 厘米的正方形，或顶边长约 5 厘米，底边长约 7 厘米的等腰梯形；水饺皮为直径约 7 厘米的圆形。馄饨皮较薄，煮熟后有透明感。等量的馄饨与水饺入沸水中煮，煮熟馄饨费时较短；煮水饺过程中另需加入 3 次凉水，经历所谓"三沉三浮"，方可保证煮熟。馄饨重汤料，而水饺重蘸料。

4. 寒具

寒具为古代食品名，亦称"馓""环饼"等，俗称"馓子"。用面粉、糯米粉加盐或蜜、糖，搓成细条，油煎而成。起于寒食节禁火，用以代餐，因称寒具。后成为一种平时的点心食品。

唐刘禹锡《寒具》诗："纤手搓来玉数寻，碧油煎出嫩黄深。"宋人小说以寒具为寒食之具，即闽人所谓"煎脯"。以糯粉和面，油煎沃以糖，食之不濯手则能污物。

5. 糕

用米粉或面粉掺和其它材料蒸制或烘烤而成的食品。唐宋以后，糕类食品越来越多，既有麦面的，又有米面的，有豆类的，也有蔬果的。各种糕都有自己的名称。有的以用料为名，有的以形状为名，甑糕则以独特炊具为名。

唐代精致的糕点名目繁多。在韦巨源食单中有七返膏(糕)、水晶龙凤糕、玉露团(用糯米制成的花色糕团)。九月九日的重阳节，时人常食的则有重阳糕。

6. 饼

唐代精制的饼饵类食品名目繁多。饼类有蝎饼、凡当饼、疏饼、㑇煳饼、君子饼、乾坤夹饼、含浆饼、五福饼、红绫馅饼、千里碎香饼、杨花泛汤糁饼、泛汤滑饼、象牙健汤饼、云头对炉饼、甜雪八方寒食饼、生进鸭花汤饼、曼陀样夹饼等。

7. 鎚

鎚是一种蒸饼，也称鎚子，若用米粉做成则称为槌。唐代尚食局御厨名手能制作油炸鎚子，"其味脆美不可名状"。

（四）宋元时期的面点品种

在宋代，面点在筵席中的分量开始加重。不仅一些大型筵席中少不了面点，而且有些国宴上会以面点为主。面点行业兴盛发达，孟元老《东京梦华录》记载北宋东京的小吃店就有瓠羹店、油饼店、胡饼店、包子铺等。

元代由于中外交流及战争等原因，中国的一些面点传到了国外，面条西传意大利，馒头东渡日本，包子传往朝鲜半岛，除此之外，生菜包饭和药果（油蜜果）都是自元朝传入朝鲜半岛。

这一时期的主要面点品种如下。

1. 梅花汤饼

此食谱为宋人林洪的《山家清供》中所记载。梅花理气和胃、檀香清肺止痛，两者相配更增加开胃理气和清肺热的作用。制作时用白梅、檀香末水和面粉做馄饨皮。每一叠皮，用模型印成的花形状，放进滚汤中煮，盛在鸡汁清汤中供食。这种汤饼，汤鲜花香，集色香味为一碗，妙不可言。梅花汤饼在檀香的郁香中又透出梅花的幽香，再加上鸡汤的鲜美，常一食而不再忘梅也。

2. 馒头

宋代的馒头为一种有馅的发酵面团蒸食，形如人头，故名。其品种甚多，见于文献记载的有四色馒头、生馅馒头、杂色煎花馒头、糖肉馒头、羊肉馒头、太学馒头、笋肉馒头、鱼肉馒头、蟹黄馒头等几十种。

3. 包子

《东京梦华录》载汴京城内的"王楼山洞梅花包子"为"在京第一"。书中还有"更外卖软羊诸色包子"记载，虽未点出包子的具体名目，但从"诸色"一语中可见宋朝时开封包子品种之多。南宋时，包子已成为一种大众食品。品种已经比较繁多，人们以甜、咸、荤、素、香、辣诸种辅料食物制成各种各样的馅心包子，其中仅吴自牧《梦粱录》、周密《武林旧事》等书中就载有大包子、鹅鸭包子、薄皮春茧包子、虾肉包子、细馅大包子、水晶包儿、笋肉包儿、江鱼包儿、蟹肉包儿、野味包子等十余种。

4. 面条

面条不仅为宋人的正膳主食，而且充作点心。不仅北方人常食，南方也逐渐推广成为最常见的点心食品。杭州面食店上供应有猪羊庵生面、丝鸡面、三鲜面、鱼桐皮面、盐煎面、笋泼肉面、炒鸡面、大熬面、卷鱼面、笋泼面、笋辣面、素骨头面、百合面、血脏面、百花棋子面、水滑面等二三十种之多。

5. 馄饨

唐代以前已有，两宋品种发展迅速，不仅品种多，而且制作越来越精。主要品种有百味馄饨、二十四节气馄饨、十味馄饨、丁香馄饨、椿根馄饨等。周密说："贵家求奇，一器之内几十余味，谓之百味馄饨。"

6. 饼

据《梦粱录》记载，南宋杭州的饼类品种多达数十种，著名的有菊花饼、月饼、开炉饼、肉油饼、甘露饼、韭饼、炊饼、烧饼、枣箍荷叶饼、油酥饼、糖榧饼、薄脆饼、玉延饼、辣菜饼、芙蓉饼、鱼虾饼、通神饼、神仙饼等，以咸味饼为多。

7. 烧卖

烧卖又称烧麦，是一种以小麦面粉加水和成硬面团、经醒制后用轴槌擀压成荷叶边面皮，包裹肉馅上笼蒸熟的中国北方传统面食。烧卖最早见于史料记载是元代高丽国出版的汉语教科书，其上记载元大都（今北京）出售"素酸馅稍麦"。该书关于"稍麦"的注说是以麦面做成薄片包肉蒸熟，与汤食之，方言谓之稍麦。麦亦做卖。又云："皮薄肉实切碎肉，当顶撮细似线稍系，故曰稍麦。""以面作皮，以肉为馅，当顶做花蕊，方言谓之烧卖。"如果把这里"稍麦"的制法和现代的烧卖作一番比较，可知两者是同一样东西。今内蒙古仍有许多馆子写作"稍麦"。

8. 春盘

据晋周处《风土记》载："元旦造五辛盘"，就是将五种辛荤的蔬菜，供人们在春日食用，故又称为"春盘"。唐时，其内容有了发展变化，《四时宝镜》称："立春日，食芦菔、春饼、生菜，号春盘。"宋代名人蔡襄曾留下"春盘食菜思三九"的诗句，盛赞春盘的美味。

9. 河漏

河漏也写成"饸饹"，是把和好的面投入特制的河漏床（中间有圆洞，下方有孔，上面有与圆洞直径相差略小的木柱圆形头伸入洞中挤压）迫使面从下方均匀的孔内下到锅里，整个河漏床用杠杆原理，横跨锅上。待面压到一定长度，用刀从下方把面条截断，煮熟后配上各种浇头或打卤食用。王桢《农书·荞麦》：北方山后，诸郡多种，治去皮壳，磨而为面……或作汤饼，谓之河漏。王桢是元代一位农学家，他的农学专著《农书·荞麦》中还有一句话，《辞海》上没有提及：以供长食，滑细如粉。也就是说，饸饹即是过去的"河漏"，外观滑滑细细像粉一样，在那时是一种家庭自己制作食用的食物，就像家里做的擀面条一样平常。

10. 拨鱼

又称"剔尖"，两端细长，中间部分稍宽厚，白细光滑，软而有筋，浇上浇头，再配以调味佐料，食之十分可口。一般来说，白面、高粱面（一般要加榆皮面）、杂粮面、红面等都可以用来制作剔尖。元代出现了"山药拨鱼"和"玲珑拨鱼"，尤其是后者呈玲珑状，内带肉丁，外加调料，风味独特。

（五）明清时期的面点品种

明清至现在是面点发展的高潮、黄金时期。明清时期随着农业、手工业的发展，大量专业面点店铺、兼卖面点的酒店酒楼、茶肆、面点摊档的出现，使面点品种愈来愈多；无数的面条店、包子店、馄饨店、饺子店、烧饼店、糕点店、汤圆店等专业化面点店铺，星罗棋布地散布在市井街巷各处，把面点食市推向繁荣与兴盛。应时适令、经济实惠的产品不断推陈出新，竞争日趋激烈，市场竞争带来了各地面点名品迭出，制作中色、香、味、形的特色彰显突出。面点制馅心、制浇头的技术越来越多。而且面点开始进入宴席，成为宴席配套的主食之一。

1. 春饼

《调鼎集》虽仍以"春饼"为名，但是已做成卷状，其原文为："干面皮加包火腿肉、鸡等物，或四季时菜心，油炸供客。又，咸肉腰、蒜花、黑枣、胡桃仁、洋糖共剁碎，卷春饼切段。单用去皮柿饼捣烂，加熟咸肉、肥枣，摊春饼作小卷，切段。单用去皮柿饼切条作卷亦可。"这里介绍了三种制法，既包馅（咸、甜均有）又有卷，是典型的春卷形状及制法，与今日之春卷极为相近。

清代富察敦崇在《燕京岁时记·打春》中记载："是日富家多食春饼，妇女等多买萝卜而食之，曰咬春，谓可以却春闹也。"这样，吃春饼逐渐成了一种传统习俗，以图吉祥如意，消灾去难。

2. 扯面

扯面又称抻面、拉面。有史料记载的是兰州牛肉面始于清朝嘉庆年间，系东乡族马六七从河南省怀庆府清化人陈维精处学成带入兰州的，经后人陈和声、马宝子等人以"一清(汤)、二白(萝卜)、三红(辣子)、四绿(香菜、蒜苗)、五黄(面条黄亮)"统一了兰州牛肉面的标准。

清末陕西人薛宝展著的《素食说略》中说，在陕西、山西一带流行的一种"桢面条"做法以山西阳泉平定和陕西朝邑、同州为最。其薄如韭菜，细似挂面，可以成三棱子，也可成中空之形，耐煮不断，柔而能韧。这种"桢面条"就是现在山西的拉面。

3. 烧饼面枣

烧饼面枣是明代江苏苏南地区一种用白沙或白土炕熟的面点。

韩奕在《易牙遗意》中对其制法有着详细的介绍："取头白细面，不拘多少，用稍温水和面极硬剂，再用擀面杖押到，用手逐个做成鸡子样饼，令极光滑，以快刀中腰周回压一豆深，锅内熬白沙炕熟。"这里还应当指出，古代"饼"的概念和今天已经不尽相同。在古代，面条可以叫作"汤饼"，馒头可以称为"蒸饼"，所以，这"枣"形的面制品被称为"烧饼面枣"也就不奇怪了。

4. 艾窝窝

艾窝窝是一种历史悠久的北京风味小吃，颇受大众喜爱。主要由糯米粉、面粉做外皮，其内包的馅料富有变化，有核桃仁、芝麻、瓜子仁、山药泥等，质地黏软，口味香甜，色泽雪白，常以红色山楂糕点缀，美观、喜庆。因其皮外有薄粉，上作一凹，故名艾窝窝。

艾窝窝历史悠久，明万历年间内监刘若愚的《酌中志》中说："以糯米夹芝麻为凉糕，丸而馅之为窝窝，即古之'不落夹'是也。"

5. 火烧

火烧是主要流行于中国北方地区的一种特色传统名吃，产地主要有山东、北京、天津、河北、河南等，主要食材为面粉、鲜肉、花椒、香葱，色泽金黄，外皮酥脆，内软韧，咸香鲜美。明代已有"火烧"的名称，但未见其做法，清代《素食说略》中讲，烙饼的品种之一为"火烧"，做法是"以酥面实馅作饼，曰馅儿火烧"。

6. 月饼

月饼是久负盛名的中国传统糕点之一，中秋节节日食俗。月饼圆又圆，又是合家分吃，象征着团圆和睦。据说中秋节吃月饼的习俗始于唐朝。北宋之时在宫廷内流行，后流传到民间，当时俗称"小饼"和"月团"。发展至明朝则成为全民共同的饮食习俗。月饼与各地饮食习俗相融合，又发展出广式、京式、苏式、潮式、滇式等月饼，被中国南北各地的人们所喜爱。

7. 光饼

"光饼"是福州传统名点。古时，福州书生进京赶考，也往往身带"光饼"作为旅途充饥之物，由于它便于携带、就食、保存，故成了物美价廉的"三便干粮"。

此外，福州人每逢祖先祭日与每年清明节扫墓时，在众多的供品中都少不了"光饼"，它成了人们怀亲念祖的一种鲜明的地域民俗文化。

在河南光州（今河南潢川）也有一种炭火烧烤的"火烧馍"（"烙馍"）。它是将面团和好、切块、搓圆压扁，然后刷水贴在炭炉烧烤。有甜的，有咸的，有不甜也不咸的，外观、色泽、大小都与福州光饼一模一样，只是少了饼中心用以穿线的那个孔。

唐代中原南迁的福州人族谱记载其祖先来自光州。可以推断，自从唐开始，福州便有了"火烧馍"（"烙馍"），因来自光州而称"光饼"。

8. 面条

（1）五香面 面条的一种。清《闲情偶寄》记载：五香何也？酱也，醋也，椒末也，芝麻屑也，焯笋或煮蕈煮虾之鲜汁也。先以椒末、芝麻屑二物拌入面中，后以酱、醋及鲜汁三物和为一处，即充拌面之水，勿再加水。擀面宜薄，切面宜细，拌面宜均，然后将汁水烧开再下面，则精粹之物尽在面中。

（2）八珍面 八珍面是著名的山东地方小吃。将精选的鸡、鱼、虾的净肉晒至极干，与笋干、香菇、芝麻、花椒等共同研成末，配合面粉制成面条煮食，稍加调味即可，极鲜美。

八珍面发源于清代。清李笠翁在其《闲情偶记》中有记载："予则不然，以调和诸物，尽归于面，面具五味而汤独清，如此方是食面，非饮汤也。所制面有二种，一曰'五香面'，一曰'八珍面'。五善膳己，八珍饷客，略分丰俭于其间。五香者何？酱也，醋也……八珍者何？鸡、鱼、虾三物之内，晒使极干，与鲜笋、香蕈、芝麻、花椒四物，共成极细之末，和入面中，与鲜汁共为八种。酱醋亦用，而不列数内者，以家常日用之物，不得名之以珍也。鸡鱼之肉，务取极精，稍带肥腻者弗用，以面性见油即散，擀不成片，切不成丝故也。但观制饼饵者，欲其松而不实，即拌以油，则面之为性可知己。鲜汁不用煮肉之汤，而用笋、蕈、虾汁者，亦以忌油故耳。所用之肉，鸡、鱼、虾三者之中，惟虾最便，屑米为面，势如反掌，多存其末，以备不时之需。"

（3）伊府面　伊府面简称"伊面"，是一种油炸的鸡蛋面，为中国著名传统面食之一。它以鸡蛋面条先煮熟再油炸，可贮存起来，饥饿时下水一煮即可吃，面色泽金黄，面条爽滑，汤浓味鲜。可加不同配料，炒制成不同风味的伊府面。

伊府面的起源，难以定论。比较确切的说法是由乾隆年间书法家、扬州知府伊秉绶的家厨所创制，因而取名为伊府面。

（4）刀削面　刀削面是山西的特色传统面食，为"中国十大面条"之一，流行于山西及其周边。

制作时将面粉和成团块状，左手举面团，右手拿弧形刀，将面一片一片地削到开水锅内，煮熟后捞出，加入各种口味的臊子、调料食用，以山西大同刀削面最为著名。刀削面全凭刀削，因此得名。

9. 栲栳

"栲栳"是一种面食，由莜面做成，是山西大同、吕梁等地区和河北张家口、承德地区人民喜欢的一种面食。一般称为莜面栲栳栳，在张家口称之为"莜面窝窝""莜面窝子"。

10. 饺子

饺子由馄饨演变而来。在其漫长的发展过程中，名目繁多，古时有"牢丸""扁食""饺饵""粉角"等名称。三国时期称作"月牙馄饨"，南北朝时期称"馄饨"，唐代称饺子为"偃月形馄饨"，宋代称为"角子"，明朝元代称为"扁食"；清朝则称为"饺子"。饺子起源于东汉时期，为东汉河南南阳人"医圣"张仲景首创。当时饺子是药用，张仲景用面皮包上一些祛寒的药材用来治病（羊肉、胡椒等），避免病人耳朵上生冻疮。

饺皮也可用烫面、油酥面或米粉制作；馅心可荤可素、可甜可咸；成熟方法也可用蒸、烙、煎、炸等。荤馅有三鲜、虾仁、蟹黄、海参、鱼肉、鸡肉、猪肉、牛肉、羊肉等，素馅分为什锦素馅、普通素馅之类。饺子的特点是皮薄馅嫩，味道鲜美，形状独特，百食不厌。饺子的制作原料营养素种类齐全，蒸煮法保证营养较少流失，并且符合中国色香味饮食文化的内涵。饺子是一种历史悠久的民间吃食，深受老百姓的欢迎，民间有"好吃不过饺子"的俗语。每逢新春佳节，饺子更成为一种应时不可缺少的佳肴。

11. 合子

泛指用面皮包馅呈合子型的食品，可用冷水面皮，也可用油酥面皮，馅心荤素均可。有韭菜合子、野鸭粉盒、蟹肉粉盒等。

12. 包子

包子在清代制法有提高，名品甚多。其皮多用发酵面制作，也有用米粉制作的。馅心多种多样，可荤可素，可甜可威。尤其值得重视的是出现了汤包。成熟方法以蒸为主，亦可用油加少许水煎，称为水煎包。北京、山东、扬州、天津、安徽、四川等地都出现著名品种，如扬州的灌汤肉包、安徽的松毛包子、天津的狗不理包子、四川的薄皮包子、云南的破酥包子等。

13. 千层馒头、小馒头

《随园食单》中记载：杨参戎家制馒头，其白如雪，揭之如有千层。金陵人不能也。其法扬州得半，常州、无锡亦得其半。意思是杨参戎家做的馒头，色白如雪，掰开像有千层。金陵人不会做。其制法一半得自扬州，另一半得自常州、无锡。

另小馒头也载于《随园食单》："作馒头如胡桃大，就蒸笼食之。每箸可夹一双。扬州物也。扬州发酵最佳。手捺之不盈半寸，放松仍隆然而高。"

14. 白云片

《随园食单》中记载：南殊锅巴，薄如绵纸，以油炙之，微加白糖，上口极脆。金陵人制之最精，号"白云片"。

15. 煎饼

煎饼是山东地区传统主食之一，相传发源于泰安，现盛行于鲁南、鲁中、鲁西及苏北一带，是久负盛名的山东土特食品。由于地域不同和制作原料的差别，山东煎饼可分为泰山煎饼、沂蒙煎饼、岚山煎饼、小麦煎饼、玉米煎饼、豆面煎饼、高粱面煎饼、杂面煎饼等。

16. 青团、金团

《随园食单》中记载："捣青草为汁，和粉作粉团，色如碧玉"。另"杭州金团，凿木为桃杏元宝之状，和粉搦成入木印中便成。其馅不拘荤素。"

（六）近代时期的面点品种

历史进入了近代时期以后，国内军阀混战动荡不安，外国列强侵入和晚清的瘟疾以及当时政府的腐朽统治使得国民饮食生活水平深受战争冲击。而外来文化的进入和民主世风的影响绘就了近代时期特殊的饮食风貌。其面点的制作呈现出鲜明的特点：

第一，传统面点制作在民间广为流传。

面食店、糕团店、茶楼小食店等分布广泛，像北京的天桥、上海的城隍庙、南京的夫子庙、苏州的观前街等店铺林立，品种丰富。诸如烧饼、油条、麻花、茶馓、馒头、馄饨、水饺、元宵、阳春面等大众品种在各地市场都能见到。

第二，西式面点传入国内。

西方的面包、蛋糕、泡芙、甜点等在大城市和某些阶层中逐渐流行。1840 年鸦片战争以后外国列强进驻我国，也带来了许多西式菜肴和点心。

（七）建国至现代面点的品种

1949 年中华人民共和国成立，百废待兴，面点经过了由慢到快的发展过程。尤其是改革开放以来，中西融会贯通和饮食科技的飞速发展，中式面点以及其它传统饮食种类均得到了空前的发展，面点的品种越来越多，面点制作由手工生产方式亦逐步转化为机械化、半自动化生产方式。面点品种呈现如下特点：

第一，方便类面点产品层出不穷。

在生活质量不断提高的今天，各种精美的方便食品应运而生。目前，全国各地涌现了不少品牌的方便食品。有些食品可以储存一周左右，还有些品种可以放几个月，保证了商品的流通和打入外地市场，这为面点走出餐厅、走出本地创造了良好的条件。

第二，速冻类面点产品如火如荼。

中国面点具有独特的东方风味，在国外享有很高的声誉，速冻水饺、速冻馄饨、速冻元宵、速冻春卷等速冻类面点走出国门，为我国传统面食走向国际打下了坚实的基础。

第三，保健类面点产品渐入佳境。

随着经济的发展和生活水平的提高，人们越来越注重食品的保健功能。开发和创新传统面点食品，应注重改善我国面点存在的高脂肪、高糖类的特点，注重食品的低热量、低脂肪，从多食膳食纤维、维生素、矿物质入手，创制适合现代人需要的面点品种，是面点发展的一条重要出路。

二、中式面点历代传承的部分史料

面点的发展和传承固然离不开面点师们的沿袭和创新，但也离不开历朝历代的文人墨客、诗词骚人和史学行家等记录、宣传和渲染，这里我们尝试着选录一些关于面点的诗歌、散文、赋、书籍等，以供面点教学和研究参考之用。

（一）先秦时期与面点有关的部分史料

1.《诗经》

《诗经》是中国古代诗歌的开端和最早的一部诗歌总集，收集了西周初年至春秋中期（公元前 11 世纪至前 6 世纪）的诗歌，共 311 篇，反映了周初至周晚期约五百年间的社会面貌。

《诗经》内容丰富，反映了劳动与爱情、战争与徭役、压迫与反抗、风俗与婚姻、祭祖与宴会，甚至天象、地貌、动物、植物等方方面面，是周代社会生活的一面镜子。里面记载了一些当时的面点品种，例如，餕粮等。

2.《周礼》

《周礼》是中国古代关于政治经济制度的一部著作，是古代儒家主要经典之一。包括天官、地官、春官、夏官、秋官、冬官等六篇，故本名《周官》，又称《周官经》。

《周礼》里面记载了一些当时的面点品种，例如，《周礼·天官·笾人》："羞笾之实，糗饵、粉餈。"据郑玄注解："此二物（糗饵、粉餈），皆粉稻米、黍米所为也，合蒸曰饵，饼之曰餈。"

3.《楚辞》

全书以屈原作品为主，其余各篇也是承袭屈赋的形式。以其运用楚地（即今湖南、湖北一带）的文学样式、方言声韵和风土物产等，具有浓厚的地方色彩，故名《楚辞》，对后世诗歌产生了深远影响。里面记载了一些当时的面点品种，例如，《楚辞·招魂》："粔籹蜜饵，有餦餭些。"

4.《礼记》

《礼记》又名《小戴礼记》《小戴记》，据传为孔子的七十二弟子及其学生们所作，西汉礼学家戴圣所编，是中国古代一部重要的典章制度选集。里面记载了一些当时的面点品种，例如，《礼记·内则》称："糁，取牛、羊之肉，三如一，小切之。与稻米二，肉一，合以为饵，煎之。"这里所说的"糁"，颇类今糁。

（二）两汉魏晋南北朝时期与面点有关的部分史料

1.《饼赋》

西晋束皙作，见《束广微集》。晋人将水煮、笼蒸、火烤、油炸的面食总称为饼。赋中所云"曼（馒）头"、"牢丸（若今团子、包子）"、"豚耳、狗舌之属（若今油炸'猫耳朵'、油酥'牛舌饼'一类）"、"薄壮"、"起溲"、"汤饼（若今汤面、疙瘩汤、片儿汤一类）"皆属饼类。晋初，饼为食物尚不久，故多有以饼为文者（如傅玄《七谟》、庾阐《恶饼赋》等）。赋写饼之为食，"皆用之有时"，所谓春宜用曼头，夏宜用薄壮，秋宜用起溲，冬宜用汤饼，而四时适用者唯牢丸。赋中着重写牢丸制作过程,突出其选料之精与出笼色、香之美。为研究我国面食起源提供了资料。

2.《齐民要术》

《齐民要术》大约成书于北魏末年,是北朝北魏时期,南朝宋至梁时期,中国杰出农学家贾思勰所著的一部综合性农学著作,也是世界农学史上最早的专著之一,是中国现存最早的一部完整的农书。

3.《四民月令》

《四民月令》曾误称《齐人月令》,是东汉后期叙述一年例行农事活动的专书,描述古代中国社会地主阶层的农业运作,书中提及的经济运作,亦为中国经济史研究提供第一手资料。

里面记载了一些当时的面点品种,例如,距立秋,毋食煮饼及水溲(sōu)饼。

4.《释名》

《释名》是一本于东汉末年刘熙所作的书。今本27篇分为8卷。所释为天、地、山、水、丘、道、州国、形体、姿容、长幼、亲属、言语、饮食、采帛、首饰、衣服、宫室、床帐、书契、典艺、用器、乐器、兵、车、船、疾病、丧制。

5.《荆楚岁时记》

《荆楚岁时记》是记录中国古代楚地(以江汉为中心的地区)岁时节令风物故事的笔记体文集,由南北朝梁宗懔撰。全书共37篇,记载了自元旦至除夕的24节令和时俗。里面记载了节令食俗与面点品种,例如寒食节与寒具,端午食粽等。

6.《饼说》

南朝梁吴均《饼说》:"公曰:'今日之食,何者最先?'季曰:'仲秋御景,离蝉欲静,变变晓风,凄凄夜冷,臣当此景,唯能说饼。'"后以"说饼"为谈论吃喝或能吃喝之典。文中也写到面粉的加工及辅料、调料方面的特产。

7.《食经》

作者崔浩,北魏清河东武城(今山东武城西)人。目前《食经》已佚。但是,在《齐民要术》《北堂书钞》《太平御览》及王祯《农书》等书中收录有未署作者姓名的《食经》,内容有四十多条(少数重复),涉及食物储藏及肴馔制作,内容相当丰富。有学者认为,这些《食经》之佚文,极可能源自崔浩的《食经》,对此尚有待于进一步证实。

(三)隋唐五代时期与面点有关的部分史料

1.《食经》

谢讽,隋代人,曾担任过隋炀帝的"尚食直长"。《大业拾遗》中说他曾著有《淮南王食经》，但此书早已亡佚。现存的谢枫《食经》收录在《说郛》宛委山堂本中。正文前有"谢讽《食经》中略抄五十三种"之语。

现存的谢讽《食经》收录的仅是该书的部分菜点目录，并无制法。由于隋代及其以前的饮食著作大多亡佚，故此书仍有一定的参考价值。

2.《膳夫经手录》

唐代的烹饪书、茶书，由杨晔撰。书中介绍了 26 种食品的产地、性味和食用方法，此外还概述了饮茶的历史，介绍了各地的茗茶。特别是有关"不饦"（鹘突，即米粉团的一种）、"莼菜"（即水葵）、"鹘鷜"（即河豚）、"晶饭"（三白饭）、"芋头"、"樱桃"、"枇杷"的记述颇为有趣。另外，书中对饮茶的评价与陆羽的《茶经》有所不同。所谓"膳夫"是指朝廷中主掌皇帝饮食的官吏。该书本来可能是为了收集有关唐朝饮食的资料而作的。

3.《烧尾宴食单》

作者唐代韦巨源，唐代长安杜陵（今陕西西安长安区）人。这是他在举办"烧尾宴"后留下的"食单"，又名《韦巨源食谱》。

"烧尾宴"是唐代的一种习俗。士子登科、荣进及迁除，好友同僚一起慰贺，盛宴置酒馔、音乐，谓之"烧尾"。据《辨物小志》记："唐自中宗朝，大臣初拜官，例献食于天子，名曰烧尾。"可见"烧尾宴"一种是在官场同僚间举行的，一种是由大臣敬奉皇上的。

简略地分析一下这份食单，可以看出，"烧尾宴"的品种有饭、粥、点心、脯、酱、菜肴、羹汤等。这些饭点菜肴采用米、面粉、牛奶、酥油、蜂蜜、蔬菜、鱼、虾、蟹、鸡、鸭、鹅、牛、羊、鹿、熊、兔、鹌等原料制作，取名华丽，制法不同，风味多样。如面点有"单笼金乳酥"、"曼陀样夹饼"、"巨胜奴"（酥蜜寒具）、"贵妃红"（加味红酥）、"婆罗门轻高面"（笼蒸）、"生进二十四气馄饨"（花形、馅料各异）、"见风消"（油浴饼）、"水晶龙凤糕"等。

4.《酉阳杂俎》

唐代小说，作者是段成式。作为笔记小说集，有前卷 20 卷，续集 10 卷。里面记载了一些当时的面点品种，例如，"五色饼法：刻木莲花、藕禽兽形按成之"的过程，即将揉好的面用雕刻成莲花、禽兽形的食印经过按压制成面点。

（四）宋元时期与面点有关的部分史料

1.《太平广记》

《太平广记》是古代文言纪实小说的第一部总集。宋代李昉、扈蒙、李穆、徐铉、赵邻几、王克贞、宋白、吕文仲等 14 人奉宋太宗之命编纂。开始于太平兴国二年（977 年），次年（978 年）完成。因成书于宋太平兴国年间，和《太平御览》

同时编纂，所以叫做《太平广记》。里面记载了一些当时的面点品种，例如煎饼。

2.《武林旧事》

《武林旧事》成书于元至元二十七年(1290)以前，作者周密（1232～1298年）。作者按照"词贵乎纪实"的精神，根据目睹耳闻和故书杂记，详述朝廷典礼、山川风俗、市肆经纪、四时节物、教坊乐部等情况，为了解南宋城市经济文化和市民生活，以及都城面貌、宫廷礼仪，提供了较丰富的史料。

3. 东京梦华录

《东京梦华录》是宋代孟元老的笔记体散记文，创作于宋钦宗靖康二年（1127年），是一本追述北宋都城东京开封府城市风俗人情的著作，是研究北宋都市社会生活、经济文化的一部极其重要的历史文献古籍。

4.《梦粱录》

《梦粱录》是宋代吴自牧所著，共二十卷，是一本介绍南宋都城临安城市风貌的著作。里面记载了"骆驼蹄"以及汴京市场上太学馒头、四色馒头、羊肉小馒头、糖肉馒头、蟹肉馒头等各种馒头等面点品种。

5.《山家清供》

全书广收博采，收录以山野所产的蔬菜（豆、菌、笋、野菜等）、水果（梨、橙、栗、杏、李等）、动物（鸡、鸭、羊、鱼、虾、蟹等）为主要原料的食品，记其名称、用料、烹制方法，行文间有涉掌故、诗文等。内容丰富，涉猎广泛。《山家清供》里面记载很多面点品种，例如"酥琼叶""苍耳饭""地黄馎饦""槐叶淘""寒具"等。

6.《吴氏中馈录》

作者吴氏，南宋人。中国历史上第一位出版食谱的女厨师。里面记载了很多面点品种配方与制作方法，例如炒面方、面和油法、雪花酥、油饭儿方、酥儿印方、五香糕方、煮沙团方、玉灌肺法、馄饨方、水滑面方、糖薄脆法、糖榧方等。

7.《本心斋蔬食谱》

作者是宋人陈达叟。本书罗列作者认为的鲜美的、无人间烟火气的素食二十品，每品都配有十六字赞，里面多为面点品种。

8.《饮膳正要》

《饮膳正要》为元代饮膳太医忽思慧所撰，该书是一部古代营养学专著，此书著成于元朝天历三年（公元1330年），全书共三卷。里面记载了一些食疗面点品种。

9.《王祯农书》

《王祯农书》在中国古代农学遗产中占有重要地位。它兼论中国北方农业技术和中国南方农业技术。里面记载了制作面点的原料、磨面工具等。

10.《居家必用事类全集》

《居家必用事类全集》是一部古籍，共有十卷。载历代名贤格训及居家日用事宜，以十干分集，体例颇为简洁。元代无名氏撰。里面记载了拨鱼、春卷、秃秃麻失、经带面、蟹黄兜子等面点品种。

11.《云林堂饮食制度集》

倪瓒，元末隐居于太湖，家有云林堂，著菜谱《云林堂饮食制度集》。反映元代无锡地方饮食风格的烹饪专著。里面也收录了一些面点品种，例如冷淘面、煮馄饨等。

12.《寿亲养老新书》

宋代陈直撰著的《寿亲养老新书》内容丰富，采撷占书简略适当，载方用药突出实用性。书成后，一直为后世养生学家所重视，是一部食治与养生不可多得的参考之书。里面记载了一些食疗面点配方，例如山药面、糯米糕、茯苓面、山芋面、鸡肉索饼等。

13.《易牙遗意》

《易牙遗意·二卷》（副都御史黄登贤家藏本），旧本题元韩奕撰。韩奕字公望，平江人，生于元文宗时，入明遁迹不仕，终于布衣。是编仿《古食经》之遗，上卷为酝造、脯鲊、蔬菜三类，下卷为笼造、炉造、糕饼、汤饼、斋食、果实、诸汤、诸药八类。

（五）明清时期与面点有关的部分史料

1.《五杂俎》

《五杂俎》是明代的一部著名的笔记著作，明谢肇淛撰。

本书是作者的随笔札记，包括读书心得和事理的分析，也记载政局时事和风土人情，涉及社会和人的各个方面，是一部名作。里面记载了冬季温室培育黄芽菜和韭黄，用作面点的馅心等做法。

2.《天工开物》

《天工开物》是世界上第一部关于农业和手工业生产的综合性著作，是中国古代一部综合性的科学技术著作，有人也称它是一部百科全书式的著作，作者是明朝科学家宋应星。外国学者称它为"中国17世纪的工艺百科全书"。里面记载了制作面点用的食用油、糖的种类等。

3.《宋氏养生部》

《宋氏养生部》为明代松江华亭人宋诩所编，全书共六卷。里面记载了不少花色面点，例如一捻酥、香花、芝麻叶、巧花儿、芙蓉叶、玉荬白等。

4.《宋氏尊生部》

明代宋公望撰。宋公望，松江华亭人，宋诩（见《宋氏养生部》）之子。本书共收录了 200 多种饮料、调料、面点、糖食、蜜饯等的制法以及果品收藏法。

5.《饮馔服食笺》

养生类著作，明代高濂撰。成书于明万历十九年，为《遵生八笺》之一。本书记叙详尽，切合实用，为中医饮食养生专著之一。

6.《本草纲目》

《本草纲目》为明代李时珍撰于嘉靖三十一年至万历六年，稿凡三易。此书采用"目随纲举"编写体例，故以"纲目"名书。里面记载了制作面点的原料以及部分养生食疗面点品种。

7.《食物本草》

姚可成所撰，《食物本草》与《本草纲目》一起被称为中华中医学文化宝库中的两颗璀璨的明珠，是中医经典古籍。里面也记载了一些食疗面点品种。

8.《食宪鸿秘》

清代大学者朱彝尊所撰重要饮食文献，分上下两卷，涉及饮、饭、蔬、果、鱼、禽、卵、肉等 15 属，计有菜肴、面点、佐料配制三百六十余种。

9.《闲情偶寄》

清代人李渔所撰写，是养生学的经典著作。它论述了戏曲、歌舞、服饰、修容、园林、建筑、花卉、器玩、颐养、饮食等艺术和生活中的各种现象。

10.《随园食单》

《随园食单》是袁枚四十年美食实践的产物，以文言随笔的形式，细腻地描摹了乾隆年间江浙地区的饮食状况与烹饪技术，用大量的篇幅详细记述了中国十四世纪至十八世纪流行的 326 种南北菜肴饭点，也介绍了当时的美酒名茶，是清代一部非常重要的中国饮食名著。

11.《养小录》

作者为清代顾仲，浙江嘉兴人，字咸山，又字闲山，号松壑、中村。

书中记载了饮料、调料、蔬菜、糕点菜肴一百九十多种，以浙江风味为主，兼收中原及北方风味。该书曾经是一本颇有影响的饮食著作。

12.《调鼎集》

《调鼎集》全十卷，作者是扬州盐商童岳荐，该书是清代中期的烹饪书，是厨师实践经验的集大成。本书是据手抄秘本整理出版的清代菜谱，收录素菜肴两千种，茶点果品一千类，烹调、制作、摆设方法，分条一一讲析明白。实为我国古代烹饪艺术集大成的巨著。

13.《素食说略》

清代薛宝辰（陕西长安人）所著，除自序、例言外，按类别分为四卷，里面记载了诸如"刀削面"及其它面食的做法。

14.《邗江三百吟》

清林苏门撰。里面记载了扬州面点师在没有冰箱的情况下，发明了"灌汤肉包"即"汤包"，市面流行的盛况。

15.《醒园录》

《醒园录》为清乾隆壬戌进士李化楠所撰的一部饮食专著。

该书共分上下两卷，内容乃记古代饮食、烹调技术等。计有烹调三十九种，酿造二十四种，糕点小吃二十四种，食品加工二十五种，饮料四种，食品保藏五种，总凡一百二十一种，一百四十九法。

16.《随息居饮食谱》

《随息居饮食谱》为食疗养生著作，清代王士雄（孟英）撰，成书于清咸丰十一年（1861）。共收载饮食物 369 种，分水饮、谷食、调和、蔬食、果实、毛羽、鳞介等 7 类。每种物品之下，按性味、功能、主治、临证应用、服法、宜忌等分述。

17.《调疾饮食辩》

《调疾饮食辩》，又名《饮食辩录》，简称《饮食辩》《食物辩》，是一部专门论列食物及其药用的本草、食疗著作。作者章穆，清代江西鄱阳（今江西省鄱阳县）人。此书是作者一生丰富的临症经验和广博的文献及见闻事迹的总结。作者极为重视饮食与人体健康、疾病治疗的关系。

18.《食宪鸿秘》

《食宪鸿秘》是清代大学者朱彝尊所撰重要饮食文献，分上下两卷，涉及饮、饭、蔬、果、鱼、禽、卵、肉等 15 属，计有菜肴、面点、佐料配制三百六十余种。

19.《造洋饭书》

中国最早的西餐烹饪书，作者佚名。宣统元年 (1909 年) 上海美华书馆出版。卷首先开列了《厨房条例》，说明了必要事项。然后分二十五章介绍了西餐的配料及烹调方法，是西餐西点传入中国的标志。

（六）近现代与面点有关的部分著作

1.《中国面点史》

《中国面点史》是 2010 年 7 月青岛出版社出版的图书，作者是邱庞同。本书具有开创性的价值，为国家"八五"重点图书。

2.《中国烹饪百科全书》

《中国烹饪百科全书》，中国大百科全书出版社 1995 年出版的图书。

3.《中国饮食文化史》

《中国饮食文化史》是 2006 年 9 月由广西师范大学出版社出版的图书，作者是王学泰。本书主要讲述了中国古代饮食文化的发展历史，各个省份的饮食特色等内容。

4.《淮扬饮食文化史》

该书作者章仪明，主要描绘了淮扬地区的饮食和风土人情。

5.《中国食经》

《中国食经》是 1999 年上海文化出版社出版的一本图书。

6.《中国饮食史》

《中国饮食史》是华夏出版社出版的图书，作者是徐海荣。

第二节　中式面点的创新

随着社会经济的快速发展和人民物质生活水平的不断提高，势必要求餐饮业加快创新与发展的脚步。中式面点作为我国餐饮业中的一个重要组成部分，同样需要不断地改革与创新。

一、中式面点的发展趋势

（一）大众化、市场化

"民以食为天"，饮食必须走大众化道路，以解决大众基本生活需求为出发点；作为一种商品，必须从市场需求出发，立足于消费者对食品的基本要求（譬如营养、卫生、美观等）来考虑其发展前途。同时，借鉴西式面点的成功经验发展中式面点已成必然趋势。

只有走"大众化、市场化"之路，才能保证面点的质量，才能向消费者提供新鲜、卫生、营养丰富、方便食用的有中国特色的面点品种，才能满足人们对面点快餐需求量增在的要求。

（二）多元化、科技化

中式面点的品种种类繁多，制作精细。但实际经营过程中还存在品种过于单一的状况，要提高面点的经营水平和顾客的认可度，可以走多元化的发展道路，将单点经营、菜点搭配、筵席组合等模式结合起来，开拓面点的经营市场。

面点的科技化包括运用新技术开发面点新品种。新技术包括配方和工艺流程，它不但能提高传统的工作效率，还可增加新的面点品种。

（三）营养化、功能化

中式面点许多品种营养成分过于单一，有的还含有较多的脂肪和糖类。因此，在继承传统优秀面点特质的基础上，要改革传统配方及工艺。例如，从低热、低脂、多膳食纤维、维生素、矿物质等入手，创制营养均衡的面点品种；从原料选择、形成工艺等环节入手，对工艺制作过程进行改革，以创制出适应时代需要的特色面点产品。

功能性面点的开发主要包括老人长寿、妇女健美、儿童益智、中年调养等4大类。可以利用制作面点的原料中含有的、在面点中稳定存在的、已阐明化学结构的功能因子或有效成分，设计功能性面点产品。例如，可以开发出具有减肥或轻身功效的减肥面点品种；具有软化血管、降低血压、血脂及血清胆固醇、减少血液凝聚等作用的降压面点品种。

（四）机械化、规模化

目前，中式面点的生产从生产手段看有手工生产、机器生产，但从实际情况看，仍然以手工生产为主，这样便带来了生产效率低、产品质量不稳定等一系列的问题。所以，为推广发扬中式面点的优势，必须结合具体面点品种的特点，创新、改良面点的生产工具与设备，使机器设备生产出来的面点产品，能最大限度地达到手工面点产品的具体风味特征指标，这样才能扩大面点生产的规模。

二、中式面点的开发创新

（一）中式面点的创新内涵

中式面点的创新内涵主要指的是技术方面创新。中式面点技术创新是指在中式面点生产过程中，使用了新原料、新方法、新工艺、新设备（工具）等，创造出了与原有中式面点品种有着不一样风味特征的具体中式面点品种。

（二）中式面点制作过程中目前存在的问题

1. 制作难度较大

由于中式面点在制作的过程中会经过多道不同的工艺，而且很多技术都是多年的经验传承，因此相较于西式面点相比，中式面点制作难度更大。

2. 制作观点老旧

就目前来看，在中式面点制作的过程中，还具有制作观点过于老旧的问题。不少面点师始终沿用传统的制作理念及工艺，虽然此种方式对于传承中国面点文化具有重要的意义，但也会存在着逐渐被时代的潮流所淘汰的风险性。

3. 技能有待提升

在现阶段的中式面点制作中，往往还存在制作人员专业技能与职业素养有待提升的问题，为数不少的制作人员缺乏实践经验，对中式面点制作技能掌握情况也较为差强人意，使得中式面点在制作阶段缺乏较高的质量及效率。同时，由于制作中式面点是一项需要消耗大量时间与精力的工作，不少刚步入此行业的学生也会认为这项工作过于劳累，从而放弃学习中式面点继承传统的机会。

（三）中式面点创新的方法

1. 中式面点新型原料的拓展与创新

（1）面坯原料的改良　面点品种的制作离不开经典的四大面团：水调面团、发酵面团、油酥面团和米粉面团。不管是有馅品种，还是无馅品种，面团是形成具体面点品种的基础。

作为面点的皮坯原料，可以在继承传统选料的基础上，注意选用中、西式新型原料，如芋芋、山药、杂粮、巧克力、咖啡、干酪、炼乳、淡奶、酸奶等，以提高面团的质量，不但会使产品的色泽更诱人，在风味和营养方面也有了很大的突破，赋予创新面点品种以特殊的风味和质量特征。例如，调制水调面团时，可以采用牛奶、鸡汤等代替水来和面，或掺入鸡蛋、干酪粉等原料制作，可使面团增加特色。

（2）馅心原料的变化　中国面点中大部分品种属于有馅品种，因此馅心的变化，必然导致具体面点品种的部分创新。咖啡、蛋片、干酪、炼乳、奶油、糖浆、果酱、巧克力等西式新型原料，也可用于中式面点馅心。

同时面点馅心口味的变化，也是中式面点创新的关键环节。如今，面点大师们已经打破传统的甜馅和咸馅面点品种的规律，将更多的风味赋予面点的馅心之中，如咖喱牛肉馅、咖啡馅、冰激凌馅、榴莲馅等。

2. 中式面点制作工具与设备的发明与创新

中式面点制作创新的突破口从客观上来讲，便是制作工具与设备的创新与开发。从古以来，我国中式面点技师就善于创造形态各异的图案模具，从而来增加中式面点的价值。因此，我们要继承以往的优秀传统，在图案模具、器具乃至饰物上创新，来吸引更多的消费者对中式面点产生兴趣。

同时也要发明一些新的设备，提高传统中式面点制作的生产效率的问题。随着科技的发展，新的设备的发明已经层出不穷，例如，包子机、饺子机、面条机、煎饼机、削面机、馒头机等，很多的面点品种的制作，已经由机器所取代，极大地提高了中式面点的制作效率，减轻了面点师的劳动强度。

3. 中式面点的熟制方法发展与创新

传统中式面点的熟制方法很多局限在蒸煮、煎炸和烤烙等，其成熟方法也可以改变，原先是蒸熟的可以换成煎的，如蒸饺、包子，同时也可做煎饺、煎包子；原先炸的如油酥，也可以换成烤制试试。同时，也可以尝试一下其它的成熟方法，例如，烩、焖、炒等，其中烩面、焖面、炒面等已经成为老百姓饭桌上常见的主食。

4. 中式面点风味的改良与创新

色、香、味、型、质等风味特征历来是鉴定具体面点品种制作成功与否的关键指标；而面点品种的创新，也主要是在色、香、味、型、质等风味特征上最大限度地满足消费者的视觉、嗅觉、味觉、触觉等方面的需要。

（1）自然调色，返璞归真　调色不是指用食用人工色素去"染"色，而是用天然的可食用原料直接拌入皮内，或经榨汁后取汁入皮。例如蔬菜蒸饺的皮可将菠菜直接榨汁后取汁与面粉搅拌在一起成为绿色的水调面皮，这样做出的蔬菜蒸饺是名副其实的绿色营养食品；再如制作苹果酥时，为使其略带有苹果色，可在水油皮内调入适量的番茄酱，使成品色泽红润。在"色"方面，具体操作时应坚持用色以淡为贵外，也应熟练运用缀色和配色原理。

（2）掌握原理，巧妙生香　"香"的体现，主要表现了馅心采用新鲜质好的原理，并且巧妙运用挥发增香、吸附带香、扩散入香、酯化生香、中和除腥、添加香料等手段烹调入味成馅，以及采用煎、炸、烤等熟制方法生成香气。例如，广西桂林的"煎包"，包子蒸熟后用油略煎，馅嫩皮香；扬州的"油炸刀切馒头"，炸后蘸着炼乳食用，平添一股香气。

（3）优选用料，精选味型　"味"的创新主要在于原料及味型的变化。由于动植物原料本身大部分都具有其独特的口感与风味，利用它们的独特口味再通过适当的烹调方法制作成面点，就形成了该面点的个性。

（4）善于造型，崇尚自然　"型"的变化种类繁多，不同的品种具有不同的造型，即使同一品种，不同地区、不同风味流派也会千变万化，造型逼真。"型"的创新要求简洁自然、形象生动，可通过省略法、夸张法、变形法、添加法、几何法等手法来制作。

（5）掌握本"质"，兼收并蓄　面点"质"的创新主要在保持传统面点"质"的稳定性的同时，善于吸收其它食品特殊的"质"。

5. 中式面点的营养调配与创新

中式面点在追求美味的同时，还要注意均衡的营养。例如，可充分利用我国的现有资源，开发一系列的功能性面点、食疗面点、药膳面点等。

6. 中式面点标准化的生产与创新

随着时代的发展，科技的不断进步，标准化、机械化已成为当今时代的主流。中式面点典型的品种，如扬州的包子、东北的草帽饼、各种馅心的速冻水饺、汤圆、月饼等，都已经实现了标准化生产。很多面点品种都能按照面点成品要求和所提供的原料，用一定的加工工序，按一定的程序生产出合乎连锁经营要求的现代化、标准化产品。

复习思考题

1. 先秦时期的面点品种有哪些？
2. 两汉魏晋南北朝时期的面点品种有哪些？
3. 隋唐五代时期的面点品种有哪些？
4. 宋元时期的面点品种有哪些？
5. 明清时期的面点品种有哪些？
6. 先秦时期与面点有关的部分史料有哪些？
7. 两汉魏晋南北朝时期与面点有关的部分史料有哪些？
8. 隋唐五代时期与面点有关的部分史料有哪些？
9. 宋元时期与面点有关的部分史料有哪些？
10. 明清时期与面点有关的部分史料有哪些？
11. 近现代与面点有关的部分著作有哪些？
12. 中式面点的发展趋势是什么？
13. 中式面点的创新内涵是什么？
14. 中式面点制作过程中目前存在的问题有哪些？
15. 中式面点创新的方法有哪些？

第十三章

中式面点制作教学案例

根据"第五章 中式面点面团调制工艺"中面团的分类方法，教学案例也采用此体系进行编排实践案例教学，每一种面团中遴选若干个制作案例来进行分析教学。

第一节 水调面团教学案例

一、冷水面团教学案例

冷水面团适宜于制作煮、烙的面点制品，例如水饺、面条、馄饨、锅饼、春卷、拉面、汤包、油饼等，每一种制品都有它的特色。但也有一些共性的地方，例如冷水面团质地硬实、筋性足、韧性强、拉力大，因而其制品具有色白、吃口有咬劲的特点。

（一）猪肉水饺

1．原料配方

面粉 250g，猪肉（肥三瘦七）350g，料酒 15g，盐 3g，胡椒粉 2g，生抽 15g，老抽 5g，葱末、姜末各 15g，榨菜末 35g，紫菜末 5g，葱花 10g，熟猪油 15g，白胡椒粉 2g，冷水适量。

2．制作过程

（1）制馅 将肥三瘦七猪肉剁成蓉，加少许冷水、料酒、盐、胡椒粉、生抽、老抽、葱姜末朝一个方向搅打上劲。

（2）和面、制皮 将面粉放入盆内，倒入水和成面团，饧约 1 个小时，揉透搓成长条，分成每个约 10g 的小剂子，逐个按扁，擀成圆形、边缘较薄、中间较厚的饺子坯皮。

（3）成型 包入馅料，捏成水饺生坯。

（4）熟制　汤锅烧上适量冷水；准备少许榨菜末、紫菜末、葱花；水烧开后下入水饺，待煮好时下入紫菜末、榨菜末，加少许熟猪油，撒上葱花、白胡椒粉，关火即可。

3．制作关键

（1）制馅时，猪肉要洗净剁匀，搅打时要上劲。

（2）和面时面团要揉匀揉光。

（3）擀皮时要中间厚、四周薄。

（二）蟹肉水饺

1．原料配方

面粉 350g，猪肉 500g，螃蟹 150g，虾仁 180g，干贝 10g，白菜 300g，鲜香菇 50g，精盐 5g，酱油 15g，糖 10g，味精 5g，麻油 15g，白胡椒粉 2g，料酒 15g，葱末、姜末各 10g，上汤 1000g，白酱油 10g，水适量。

2．制作过程

（1）制馅

① 将干贝洗净，放入小碗内，加入冷水和葱姜、料酒，上笼蒸约 1h，取出捏碎，备用；将河蟹蒸熟去壳取其肉待用。

② 将白菜放入沸水锅中，煮熟，捞起，过冷，剁碎，挤干水分；虾仁用淀粉拌一拌；鲜香菇切成粒状；猪肉（最好选用猪夹心肉）洗净，剁成蓉状。

③ 最后将干贝、白菜、虾仁、鲜香菇、猪夹心肉、蟹肉放入盆内，加入精盐、酱油、糖、味精、麻油、白胡椒粉、料酒，拌匀，即成馅料。

（2）和面、制皮　将面粉放入盆内，倒入水和成面团，饧约 1 个小时，揉透搓成长条，分成每个约 10g 的小剂子，逐个按扁，擀成圆形、边缘较薄、中间较厚的饺子坯皮。

（3）成型　包入馅料，捏成饺子生坯。

（4）熟制

① 锅内倒入上汤，烧沸后，放入精盐、味精、白酱油，待烧沸后加入麻油，倒入汤盅内。

② 将锅放在火上，烧沸，分散下入饺子生坯，边下边用勺轻轻顺一个方向推动，直到饺子浮出水面，盖上锅盖，用沸而不腾的火候，焖煮四五分钟，点入少许冷水，再沸再点入少许冷水，煮至水饺熟透，盛入汤盅内，即可食用。

3．制作关键

（1）馅心要搅拌均匀上劲。

（2）和面要"三光"（即面光、手光、案板光）。

（3）饺子坯皮要擀成圆形，边缘较薄，中间较厚。

（4）煮制时要适当"点水"（即加入适量冷水）。

（三）牛肉水饺

1. 原料配方

面粉 300g，牛肉 300g，青菜 150g，葱 25g，姜末 15g，料酒 15g，精盐 3g，花椒粉 1.5g，酱油 15g，白糖 5g，味精 2g，豆油 50g，芝麻油 25g，水适量。

2. 制作过程

（1）制馅

① 把牛肉剁成蓉，加葱末、姜末、酱油、豆油，放适量冷水搅匀，再放芝麻油、精盐、花椒粉、味精。

② 把青菜用开水烫一下，再过一下冷水，挤去水分，剁碎，放在牛肉蓉内搅匀成馅。

（2）和面、制皮　把面粉用温水和好揉匀，醒一会揉光滑，搓成长条，下成 60 个剂子，按扁，擀成圆形薄皮。

（3）成型　左手拿皮，右手抹馅，再用双手合拢包成月牙形饺子。

（4）熟制　把水烧开，饺子下锅时，随时用勺将水推转，锅开时点些凉水，待饺子皮馅分离鼓起时捞出。

3. 制作关键

（1）牛肉馅心里面加上适量的青菜碎，既改善口感，又达到营养平衡的效果。

（2）和面要"三光"（即面光、手光、案板光）。

（四）羊肉水饺

1. 原料配方

面粉 300g，羊肉 300g，胡萝卜 100g，花生油 40g，盐 3g，葱末 20g，姜末 10g，花椒 3g，料酒 15g，酱油 10g，白胡椒粉 2g，麻油 15g，醋 15g，水适量。

2. 制作过程

（1）制馅

① 先把羊肉洗净，切成小块；花椒用热水泡开，晾凉备用。

② 把羊肉剁成泥状，中间慢慢加入花椒水、葱末、姜末、酱油、花生油、麻油、盐、白胡椒粉、味精等顺一个方向搅拌均匀上劲。

③ 胡萝卜洗净，切成片用热水焯一下，过凉水，沥干水分后剁成碎末，再加入羊肉馅中。

（2）和面、制皮　面粉中加水和成面团，饧 20min；切开搓成长条，切成均匀大小的剂子，用手按扁，再擀成面皮。

（3）成型　左手拿皮，右手抹馅，再用双手合拢包成月牙形饺子。

（4）熟制　锅里放水，水开后把饺子放入锅中，烧开后点入少许凉水，等再开锅再次点入凉水，重复三次，等饺子漂浮起来即可。

3. 制作关键

（1）羊肉馅心里面加上适量的胡萝卜碎，既去腥解腻，又达到营养平衡的效果。

（2）和面要"三光"（即面光、手光、案板光）。

（五）鲅鱼水饺

1. 原料配方

面粉 300g，新鲜鲅鱼肉 250g，猪肉（肥瘦各半）250g，韭菜 100g，花椒适量，葱花 15g，姜末 10g，料酒 15g，精盐 5g，生抽 25g，白糖 10g，味精 2g，白胡椒粉 2g，麻油 15g，水适量。

2. 制作过程

（1）和面　面粉加少许精盐混合均匀，加入水，揉成软硬适中的面团，然后把和好的面放在盆内饧制。

（2）制馅

① 把鲅鱼放在菜板上，宰杀、去鳞、去鳃、去内脏后择洗干净；去头后用刀把鲅鱼从中间剖成两片，剔去脊骨、腹刺、鱼皮，漂洗干净后，用刀剁成细蓉。

② 韭菜择洗干净，用刀切成碎末。

③ 把猪肉洗净，用刀切小块后，再细细地剁成肉蓉。

④ 将鱼肉蓉、猪肉蓉放在一起，加上葱花、姜末、料酒、生抽、白糖、精盐、味精等拌匀，搅拌上劲后，放入麻油继续搅匀，最后放入韭菜末拌匀成馅。

（3）制皮　把饧好的面团用力揉匀，上劲。把揉好的面团揉成长条。用手揪断成饺子剂子，撒上扑面，用手把面剂子搓圆。把面剂子按扁，用擀面杖擀成饺子皮。

（4）包馅　在饺子皮里包入馅料，捏紧收口；包好的饺子，皮薄馅大。

（5）熟制　锅中大火烧开足量的水，水开后下入饺子，用勺子顺锅边轻轻推动饺子转动，以防粘锅。盖上锅盖，大火煮至沸，中途添一小碗冷水，继续盖盖煮至成熟。

3. 制作关键

（1）做饺子剂子用手不用刀，这样做的饺子皮有韧劲，可以把饺子皮擀得很薄，吃起来口感特好。

（2）先和面，趁饧面的空做饺子馅，可以节约时间。

（六）荠菜猪肉水饺

1. 原料配方

面粉 500g，猪肉 300g，荠菜 500g，大葱 50g，姜 10g，盐 5g，酱油 25g，味精 3g，麻油 25g，水适量。

2. 制作过程

（1）制馅

① 将荠菜择洗干净，放入沸水中略焯，捞出，放入冷水浸透，再捞出，挤干

水分，切碎。

②猪肉洗净，剁成肉泥；葱、姜去皮，洗净，均切成末，备用。

③将猪肉泥放入盆内，加入葱末、姜末、酱油、盐、味精、麻油顺一个方向搅拌上劲，再放入荠菜末，拌匀成馅料。

（2）和面　将面粉放入盆内，倒入水和成面团，和面时用冷水，可以往面里面打一个鸡蛋。饧约 1 个小时。

（3）制皮、成型　把面团揉透搓成长条，分成每个约10g的小剂子，逐个按扁，擀成圆形、边缘较薄、中间较厚的饺子坯皮，包入馅料，捏成饺子生坯。

（4）熟制　将锅放在火上，倒入水烧沸，分散下入饺子生坯，边下边用勺轻轻顺一个方向推动，直到饺子浮出水面，盖上锅盖，等水开加 3 次冷水，饺子膨胀浮起时加冷水关火。捞出，沥干水分装盘即可。

3．制作关键

（1）荠菜要焯水，过冷水，以保持绿色。

（2）荠菜猪肉馅要搅拌上劲。

（七）青菜水饺

1．原料配方

面粉 500g，猪肉 200g，青菜 500g，葱 25g，姜 10g，盐 5g，酱油 25g，味精 2g，麻油 25g，水适量。

2．制作过程

（1）制馅

①将青菜择洗干净，放入沸水中略焯，捞出，放入冷水浸透，再捞出，挤干水分，切碎。

②猪肉洗净，剁成肉泥；葱、姜去皮，洗净，均切成末，备用。

③将猪肉泥放入盆内，加入葱末、姜末、酱油、盐、味精、麻油顺一个方向搅拌上劲，再放入青菜末，拌匀成馅料。

（2）和面　将面粉放入盆内，倒入水和成面团。

（3）制皮、成型　把面团揉透搓成长条，分成每个约10g的小剂子，逐个按扁，擀成圆形、边缘较薄、中间较厚的饺子坯皮，包入馅料，捏成饺子生坯。

（4）熟制　将锅放在火上，倒入水烧沸，分散下入饺子生坯，边下边用勺轻轻顺一个方向推动，直到饺子浮出水面，盖上锅盖，等水烧开，加少量冷水点水，如此三次，待饺子膨胀浮起时关火。捞出，沥干水分装盘即可。

3．制作关键

（1）青菜要焯水，过冷水，以保持绿色。

（2）青菜猪肉馅要搅拌上劲。

（八）韭菜鸡蛋饺子

1. 原料配方

面粉 350g，韭菜 500g，鸡蛋 5 个，盐 5g，味精 2g，水适量。

2. 制作过程

（1）制馅

① 韭菜择干净后用水清洗，干净后控干水分。

② 韭菜用刀切丁，丁越小越好。

③ 鸡蛋搅碎上锅煎，在煎的过程中要用筷子不停地搅拌，这样避免结成大块。成颗粒状后出锅。

④ 加盐、味精等顺时针搅拌均匀，加入切碎的韭菜拌匀备用。

（2）和面　将面粉放入盆内，倒入水和成面团。

（3）制皮、成型　把面团揉透搓成长条，分成每个约 10g 的小剂子，逐个按扁，擀成圆形、边缘较薄、中间较厚的饺子坯皮，包入馅料，捏成饺子生坯。

（4）熟制　将锅放在火上，倒入水烧沸，分散下入饺子生坯，边下边用勺轻轻顺一个方向推动，直到饺子浮出水面，盖上锅盖，等水烧开，加 3 次冷水，饺子膨胀浮起时加冷水关火。捞出沥干水分装盘即可。

3. 制作关键

（1）把水烧开后，饺子下锅，用勺子抄底来搅动水，让饺子跟着水转动即可，避免粘锅底。

（2）烧开后等饺子都漂上来时稍微加 3 次凉水，盖上锅盖，等再开时即可。

（九）白菜饺子

1. 原料配方

面粉 250g，猪肉蓉 250g，白菜 500g，葱 1 根，姜 10g，盐 3g，鸡精 2g，胡椒粉 1g，麻油 15g，白糖 5g，水适量。

2. 制作过程

（1）制馅

① 先把白菜切碎，加入盐腌渍 5min，然后加入凉水泡 1～2min。

② 用漏勺捞出，控干水分，放入盆中待用。

③ 放入猪肉蓉、切碎的葱姜，再加入调味料拌匀。

（2）和面　将面粉放入盆内，倒入水和成面团。

（3）制皮、成型　把面团揉透搓成长条，分成每个约 10g 的小剂子，逐个按扁，擀成圆形、边缘较薄、中间较厚的饺子坯皮，包入馅料，捏成饺子生坯。

（4）熟制　锅内烧水，里面放点盐，烧开下饺子，将炒菜手勺翻过来，贴边入锅，搅动，以免粘锅。加盖。第一次沸腾起来，加一碗凉水进去，继续加盖煮。第二次沸腾，再加一碗凉水，加盖煮，第三次沸腾，开盖煮 1～2min 即可。

3. 制作关键

（1）锅中倒入 8 分满的水，煮开大滚后，放入饺子，立刻用漏勺由上往锅底推动。

（2）待水再度煮开后，加入 1 杯冷水改中火煮流通，再重复加水步骤 1～2 次。

（十）春卷皮

1. 原料配方

面粉 500g，冷水 400g，盐 3g，植物油 15g。

2. 制作过程

（1）和面

① 将面粉逐渐加入冷水用搅拌器搅匀成厚面糊。各地面粉不同，需水量有异，以手能抓住面糊，手心向下而面糊仍能抓住不下滑为宜，如面糊太稀，无法做成春卷皮；如面糊太稠，做出的春卷皮较薄，但不易操作。

② 面糊用保鲜膜盖好，放冰箱静置数小时。

（2）制皮

① 将自动加热平底电锅（盘、铛）加热至 150℃，用手抓住大把面糊，向锅心左右一转，使成薄薄圆形面皮留在锅心上，多的面糊再抓回手中。若有小洞，可用手中的面糊再补上；如果太多，可用叉或小刀刮平。

② 数秒钟后，锅中面皮外边即向内卷起，轻轻一揭，便成一张春卷皮，放在盘中备用。

3. 制作关键

（1）掌握面粉和冷水的比例。和面时用 500g 面粉加 400g 左右的水，调成稀稠适度的面糊。可在调好的糊中加 3g 盐，增加面糊的韧性；还可加入半汤匙植物油，搅匀，防止摊皮时粘锅。面糊的稀软程度很重要，稀了粘手做不出薄皮，过厚粘不住锅，稀稠程度一定要掌握好。和好的面糊饧发两小时后方可使用。

（2）烙皮时将锅底部擦净涂上一层薄油（油不可太多只要一薄层即可），防止粘锅。将锅放在火上加热至 150℃，用手蘸水从饧好的面糊中掐取三个鸡蛋大小的面料，放入铛中由外至里一圈一圈地推动面团（通常是逆时针推），将面料摊成一个圆形薄饼，将多余面料用手掐出放回面盆。关小火见春卷皮四周翘起，用手揭起晾凉备用。

（十一）净素春卷

1. 原料配方

春卷皮 20 张，五香豆干 200g，猪肉 150g，卷心菜 100g，胡萝卜 80g，干淀粉 5g，酱油 10g，精盐 3g，色拉油 500g，水淀粉 10g。

2. 制作过程

（1）制馅

① 五香豆干洗净切细条；卷心菜掰开叶片洗净，胡萝卜洗净、去皮，均切丝

备用。

②猪肉洗净、切丝，放入碗中，加入酱油、干淀粉拌匀并腌制 10min。

③锅中倒入适量油烧热，放入猪肉丝炒熟，盛出。

④用锅中余油把其余馅料炒熟，再加入猪肉丝及精盐炒匀，最后浇入水淀粉勾薄芡即为春卷馅。

（2）成型　把春卷皮摊平，分别包入适量馅卷好。

（3）炸制　放入热油锅中炸至黄金色，捞出沥油即可。

3．制作关键

（1）馅心经刀工处理为细丝等小的形状。

（2）春卷包制时，可用蛋清把包好的春卷封好口。

（十二）韭菜春卷

1．原料配方

春卷皮 12 张，韭菜 150g，肉丝 50g，面粉 65g，酱油 10g，白糖 5g，精盐 2g，水淀粉 15g，植物油 250g（实耗 50g）。

2．制作过程

（1）制馅　将韭菜切成 3cm 长的段；肉丝用精盐少许和水淀粉浆上，用温油滑散，捞出控净油，再放入锅内，加入酱油、白糖、精盐、韭菜稍拌一下，制成春卷馅。

（2）成型　将春卷皮放在案板上，卷入馅，逐个制成春卷生坯。

（3）炸制　将锅放在旺火上，倒入油，烧至七八成热时投入春卷，炸成外皮酥脆，呈金黄色时即成。

3．制作关键

（1）馅心经刀工处理为细丝等小的形状。

（2）春卷包制时，可用蛋清或清水把包好的春卷封好口。

（十三）豆沙春卷

1．原料配方

春卷皮 12 张，豆沙 25g，蛋清 0.5 个，食用油适量。

2．制作过程

（1）成型　准备好适量的春卷皮，将春卷皮揭下后平铺，放入适量的红豆沙卷起，并将两边翻折至内部，再次卷起，拌上蛋清封口，成春卷生坯。

（2）炸制　在炒锅内倒入稍多的油，加热至 8 成热，放入春卷浸炸；炸好的春卷放在厨房纸上吸油后码盘即可。

3．制作关键

春卷皮摊在案板上，用刀抹上豆沙。

（十四）花生春卷

1. 原料配方

春卷皮 12 张，蛋清 0.5 个，花生酱 50g，榛子仁 10g，花生仁 15g，杏仁 10g，牛奶 35g，黄油 100g。

2. 制作过程

（1）制馅

① 将榛子仁、花生仁和杏仁混合均匀，并切成碎屑。

② 将花生酱用牛奶和稀，再加入榛子碎、花生碎、杏仁碎，并搅拌均匀调制成春卷馅。

（2）成型　把制好的馅料均分成 12 份，然后分别放在 12 张春卷皮上，再卷成春卷，边角用蛋清粘住。

（3）熟制　小火加热不粘锅中的黄油，待黄油全部融化后，将春卷放入慢煎，直至表面呈金黄色即可。

3. 制作关键

春卷皮摊在案板上，用刀抹上馅心。

（十五）荠菜春卷

1. 原料配方

春卷皮 20 张，猪肉（瘦七肥三）150g，荠菜 500g，精盐 3g，酱油 15g，味精 2g，湿淀粉 10g，芝麻油 50g，稀面糊 50g，菜籽油 1500g（约耗 150g）。

2. 制作过程

（1）制馅

① 荠菜择洗干净，用沸水烫一下，挤开，剁碎。

② 猪肉切成黄豆大的粒，放入锅内炒散，加冷水，用旺火煮沸后，用湿淀粉勾芡，待烧至呈糊状时，盛出晾凉，加入荠菜、精盐、酱油、味精、芝麻油拌匀，即成馅料。

（2）成型　取春卷皮一张，包入馅料 20g，手粘稀面糊，抹在春卷皮的周围，包卷成长方扁平状，用手将两头轻按一下（使封口粘牢），即成春卷生坯。

（3）熟制　锅置旺火上，加菜籽油烧至七成热时，下春卷生坯，炸约 3min，呈金红色时即成。

3. 制作关键

春卷包制时，可用蛋清把包好的春卷封好口。

（十六）拉面

1. 原料配方

精粉 500g，盐（春秋季 15g，夏季 25g，冬季 10g），碱 5g（夏多冬少），冷水 300g。

2. 制作过程

（1）和面　将面粉放入面盆中，加入盐、碱和三分之二的水，和成面穗，再将剩余三分之一水加入，将面和成柔软、滋润的面块。

（2）溜条　取和好的面块，放在案子上反复揉搓，揉至松软且有韧性，然后搓成长条。两手握住长条的两头，连抻带抖，用正反溜、活把的方式，把面溜出韧性，直到软硬适当、粗细一致即成。

（3）出条　把溜好条的面放在案板上搓均匀，切去两端面头，用两手拿住面头，一抻一抖，随即两头自然向怀中靠拢，成半圆环形状，用右手中指扣住半圆形中间均匀用力向外抻拉，如此反复抻拉六环。

（4）熟制　边拉边滚扑面，将面拉成细香柱粗的条（64根），下开水锅。下锅时左手执两端面头，右手将面均匀地撒在锅内，随后将右手搭在面头端，左手揪断面头，撒入锅内即成。

3. 制作关键

（1）溜条要溜匀溜透。

（2）出条时每扣要拉匀，出条要粗细一致。

（3）如将面团抻拉至 11 ～ 14 扣，则成龙须面。

（十七）阳春面

1. 原料配方

面粉 150g，冷水适量，食碱粉 1g，盐 2g，味精 2g，胡椒粉 1g，熟猪油 2g，虾籽酱油 10g，葱花 5g。

2. 制作过程

（1）和面

① 面粉放入容器加盐 2g 拌匀，食碱粉放入冷水中搅拌至溶化，慢慢倒入面粉中，边倒边用筷子搅拌，等面粉拌成雪花状取出，放在案板上用力揉搓成筋道光滑的面团。

② 包上保鲜膜，静置 20min。

③ 将饧好的面团去掉保鲜膜，用刀分割成厚片，再用压面机压成面片。

④ 将压好的面片轧成中等粗细的面条。

（2）煮面

① 将面条下入沸水锅里煮开，加点冷水激一激，见面条浮起即可捞出装碗。

② 碗里放虾籽酱油、味精、胡椒粉、熟猪油、葱花。

碗内倒入沸水 100g 做成面汤。

3. 操作关键

（1）和面时，要加入适量的食碱粉，面团要揉搓均匀。

（2）面片要多压几道，这样做出来的面条才筋道好吃。

（十八）伊府面

1．原料配方

面粉 250g，冷水适量，鸡蛋 2 个，盐 2g，色拉油 250g，淀粉 50g。

2．制作过程

（1）和面

① 先将鸡蛋磕入面盆里，放入盐搅匀，再倒入面粉用手搅起，将面与鸡蛋搅匀后倒入适量冷水，再搅拌和成面团，揉匀揉光。

② 面团上盖上湿洁布或保鲜膜，饧面 30min。

（2）擀面、切面　将面团放案板上用擀面杖用力轧至均匀有劲时，擀成 3mm 厚的薄片（擀法与家常刀切面相同），擀时需不断撒入淀粉面扑（淀粉装在纱布袋内），折叠起来用刀切成 0.5cm 宽的条。

（3）煮面、炸面　用手将面条上层的头向前揪起，一手抓头，一手握中间，抖出面扑，投入开水锅内煮熟捞出，冷水过凉，分成 5 份，分别下入热油锅内炸成金黄色捞出放在盘里。

（4）熟制　吃时将炸好的面条再下入开水锅里煮一下（煮的时间不能长，待面回软后捞出）。

锅里放油上火加热，再把煮好的面下入锅里，将面煎黄，倒入盘里。然后再将所配作料下锅炒制，浇在伊府面上即成（或面下锅拌匀亦可）。

3．操作关键

（1）将面揉成光滑的面团。

（2）煮面时，将面条放入开水锅中，等锅中的水再次滚开后，就把面捞出，过冷水。

（3）将面条沥干水分，放入七分热的油锅中，将面条炸至金黄色发硬即可，一次不要炸太多，太多炸不透影响口感。

（4）食用时加高汤煮一会，焖一下，放入炒好的肉、笋、菇、鱼、香葱等作料，色、香、味俱佳，别具特色。

（十九）鱼汤面

1．原料配方（制 20 碗）

面粉 2000g，活鲫鱼 300g，白酱油 300g，虾籽 50g，鳝鱼骨 100g，白胡椒粉 3g，姜 50g，绍酒 50g，香葱 15g，青蒜花 50g，熟猪油 250g，水适量。

2．制作过程

（1）制汤。

① 先将鲫鱼去鳞鳃，剖腹除内脏，洗净沥干，将锅烧热，放入熟猪油，至八成熟时，将鱼分两批投入炸酥，不能有焦斑。另将鳝鱼骨洗净后放入锅内，用少量熟猪油煸透。

② 在锅内放冷水烧开，再将炸好的鲫鱼和鳝鱼骨一起倒入烧沸，待汤色转白后加入熟猪油（炸鱼的原油），大火烧透，然后用淘箩过清鱼渣，得到第一份白汤。

③ 将熬过的全部鱼骨倒入铁锅内，先用文火烘干，重复程序②，得到第二份白汤。

④ 重复程序③，得到第三份白汤。

⑤ 最后，将熬过的全部鱼骨倒入铁锅内，先用文火烘干，然后将3次白汤混合下锅，放入虾籽、绍酒、姜葱烧透，用细汤筛过滤即成。

（2）和面、擀面、切面　把面粉加水揉成面团（面和得稍硬一些，夏季可少放些水，其它季节可多放些水），饧制后，用擀面杖擀成薄片，最后用薄刀切成细面条。

（3）煮面　将面下入沸入锅后，不要搅动，当其从锅底自然漂起后，捞出在凉开水冲刷一下，再入锅复烫即捞出。

（4）装碗　在碗内放熟猪油5g、白酱油15g和少许青蒜花，捞入面条，舀入沸滚的鱼汤即成。

3. 操作关键

（1）选择鲫鱼、鳝鱼骨作为原料，是因为它们具有高蛋白、低脂肪且富含活性钙。

（2）鱼肉鱼骨经过炸制和反复煸炒，易于增香乳化。

（3）冷水和面，揉匀饧制，易于形成面筋网络。

（4）擀成薄片，切成细面，便于美观。

（5）煮面时，当其从锅底自然漂起后，捞出在凉开水冲刷一下，再入锅复烫即捞出，可使面条筋道滑爽。

（二十）兰州牛肉面

1. 原料配方

面粉250g，冷水150g，碱面2g，盐2g，肥瘦牛肉100g，熟汤萝卜25g，香菜10g，清汤1000g，辣椒油15g。

2. 制作过程

（1）和面、饧面　将面粉、水、碱面、盐调制成水调面团，饧30min左右备用。

（2）面条成型

① 将饧好的面团分别用两只手抓住两端，然后进行一系列的晃动动作，操作至其具有一定的延伸性时，放在撒有扑面的案板上进行下一步的操作。

② 将晃好的面团表面均匀地裹上一层扑面，用两手分别抓住面团的两端，然后均匀地向，两边抻拉，如此反复抻拉7～8扣即完成拉面操作。

（3）煮面　将加工好的面条迅速放入沸水锅中煮熟即可食用。在煮制时，待面条浮上水面7～8s时要用筷子撑散，以防面条互相粘连。

（4）装碗　碗里放入清汤，挑入面条，放入肥瘦牛肉、香菜等配料即可。

3．操作关键

（1）和面是基础。注意水的温度，一般要求冬天用温水，其它季节则用凉水。因为面团的温度易受自然气温的影响，通过和面时用水温度的不同，使和好的面团温度始终保持在30℃，因为此时面粉中的蛋白质吸水性最高，可以达到150%，此时面筋的生成率也最高，质量最好，即延伸性和弹性最好，最适宜抻拉。

（2）饧面是重点。即将和好的面团放置一段时间（一般冬天不能低于30min，夏天稍短些），其目的也是促进面筋的生成。放置还可以使没有充分吸收水分的蛋白质有充分的吸水时间，以提高面筋的生成数量和质量。

（3）溜条是铺垫。将大团软面反复捣、揉、抻、摔后，将面团放在面板上，用两手握住条的两端，抬起在案板上用力摔打。条拉长后，两端对折，继续握住两端摔打，业内称其为顺筋。然搓成长条，揪成20mm粗、筷子长的一条条面节，或搓成圆条。

（4）拉面是技巧。将溜好的面条放在案板上，撒上清油（以防止面条粘连），然后随食客的爱好，拉出大小粗细不同的面条。喜食圆面条的，可以选择粗、二细、三细、细、毛细5种款式；喜食扁面的，可以选择大宽、宽、韭叶3种款式；想吃出个棱角分明的，拉面师傅会为你拉一碗特别的"荞麦棱"。

（5）汤料是关键。

① 先把牛肉及牛骨头用清水洗净，然后在水里浸泡四小时（血水留下另用），将牛肉切开，和牛骨头、肥土鸡下入温水锅，等即将要开时撇去浮沫，加入调料，小火炖四小时即熟，捞出稍凉后切成丁待用。牛肝切小块放入另一锅里煮熟后澄清备用。萝卜洗净切成片煮熟。蒜苗切末，香菜切末，待用。

② 将肉汤撇去浮沫，把泡肉的血水倒入煮开的肉汤锅里，待开后撇沫澄清，加入调料，调料可根据南北各地不同饮食习惯而定。再将清澄的牛肝汤倒入水少许，烧开除沫，再加入盐、味精、熟萝卜片和撇出的浮油及葱油、面条下锅，面熟后捞入碗内，将牛肉汤、萝卜、浮油适量，浇在面条上即成。

（6）配料是辅助。一碗成功的牛肉面应该是一清（汤清）、二白（萝卜白）、三红（辣椒油红）、四绿（香菜、蒜苗绿）、五黄（面条黄亮）。

（二十一）武汉热干面

1．原料配方

碱面条150g，热油15g，芝麻酱50g，麻油25g，生抽10g，糖8g，蒜蓉15g，盐2g，胡椒粉0.5g，醋5g，熟花生15g，辣萝卜干15g，小葱5g。

2．制作过程

（1）煮面　锅中加入水，煮开，放入面条，煮开后约3min，面条煮8成熟还保持硬心即可，控干水，浇上一勺香油，然后用吹风机吹干。

（2）配汁

① 将芝麻酱用麻油一点点搅拌稀释成稍微浓稠的酱汁，然后加入生抽和盐，

搅拌均匀成芝麻酱汁。另外将蒜蓉、胡椒粉、醋和糖等也调成味汁。

② 花生拍碎，辣萝卜干和小葱也切成碎末。

（3）调味　面条装碗，再浇上芝麻酱汁和蒜味汁，撒上花生、辣萝卜干和香葱碎，拌匀即可食用。

3. 操作关键

（1）一定要用碱水面条，这是一种特制的面条，具有良好的黏弹性，并有防腐、中和酸性等作用。

（2）面条煮后防粘连。捞出的面用吹风机吹，是为了能让面条表面的水分马上挥发，保持面条的弹性不被水气泡糟。面条吃之前如果凉了，可在开水里过一下，马上捞出控干。

（3）一定要用麻油调芝麻酱，不能用水，否则不香。

（4）调味汁可以随自己喜好，盐和糖的量适当调整，喜欢吃辣的可以加点辣椒油。

（二十二）北京炸酱面

1. 原料配方

面条 450g，黄豆 50g，黄豆芽 30g，五花肉 100g，鲜香菇 3 朵，芹菜 50g，心里美萝卜 30g，黄瓜 30g，白萝卜 30g，香椿 30g，甜面酱 150g，干黄酱 150g，葱花 15g，姜末 10g，蒜末 15g，料酒 15g，生抽 15g，老抽 5g，葱白末 15g。

2. 制作过程

（1）配料加工　黄豆清水泡发，入开水锅焯熟捞出。黄豆芽入锅焯熟。五花肉、鲜香菇洗净切成半厘米见方的小丁。心里美萝卜、白萝卜、黄瓜去皮切丝。芹菜、香椿洗净切小段。

（2）酱料熬制

① 炒锅上火倒油烧热，放葱花、姜末、蒜末炒出香味，下五花肉丁中火煸炒，待逼出猪油，加一点料酒去腥，再加一些生抽炒匀，然后将肉丁盛出。

② 锅内留着煸肉的猪油，把甜面酱和干黄酱调和均匀，倒进锅里中火炒出酱香，然后倒入五花肉丁、香菇丁、姜末，转小火慢慢熬约 10min，直到酱和肉丁水乳交融，炸酱就做好了。

（3）煮面、分碗　另起锅将面条煮熟。与炸酱、菜码儿摆在一起，吃时将它们拌在一起即可。

3. 操作关键

（1）熬制酱料的过程中要不停搅动，如果觉得干了，就稍稍加点水。

（2）汤汁收好后，离火加入葱白末，利用余温将葱白焖熟。

（二十三）山西刀削面

1. 原料配方

中筋面粉 400g，冷水 180g，盐 2g，红烧牛腩 300g，番茄 1 个，小青菜 2 棵，酸菜 1 大匙，葱花 1 大匙。

2．制作过程

（1）和面　将水与盐加入中筋面粉中混合拌匀，揉至光滑的稍硬面团即可。

（2）削面　煮一锅滚水，将面团削入滚水中煮熟，即成刀削面，装碗备用。

（3）装碗　将红烧牛腩的汤与料分别加入刀削面碗中，并加入余烫过的小白菜、酸菜，撒上葱花即可。

3．操作关键

（1）刀削面对和面的技术要求较严，水、面的比例要求准确。先打成面穗，再揉成面团，然后用湿布蒙住，饧半小时后再揉，直到揉匀、揉软、揉光。如果揉面功夫不到，削时容易粘刀、断条。

（2）刀削面之奥妙在刀功。刀，一般不使用菜刀，要从特制的弧形削刀。操作时左手托住揉好的面团，右手持刀，手腕要灵，出力要平，用力要匀，对着汤锅，嚓、嚓、嚓，一刀赶一刀，削出的面叶儿，一叶连一叶，恰似流星赶月，在空中划出一道弧形白线，面叶落入汤锅，汤滚面翻，又像银鱼戏水，煞是好看。

（3）刀削面的调料（俗称"浇头"或"调和"），也是多种多样的，有番茄酱、肉炸酱、羊肉汤、金针木耳鸡蛋打卤等，并配上应时鲜菜，如黄瓜丝、韭菜花、绿豆芽、煮黄豆、青蒜末、辣椒面等，再滴上点老陈醋，十分可口。

（二十四）四川担担面

1．原料配方

面条 200g，猪五花肉粒 300g，芽菜 100g，葱末 25g，姜末 10g，蒜蓉 10g，辣椒粉 1.5g，芝麻酱 10g，油菜心 1 棵，香菜 15g，老抽 5g，生抽 10g，料酒 15g，米醋 19g，高汤 1000g，花椒粉 1.5g，熟猪油 35g，红油 15g。

2．制作过程

（1）制浇头

① 炒锅烧热后，放入熟猪油，加入葱、姜、蒜爆香，再放入猪五花肉粒炒散，加入芽菜煸炒。

② 加料酒、老抽、生抽、米醋，点少许高汤，出锅时放入芝麻酱、花椒粉、辣椒粉炒匀，浇头即成。

（2）煮面　开水下锅将面条煮熟，捞入碗中。油菜心焯熟待用。

（3）装碗　往碗中面条里倒入适量高汤，加入炒好的浇头和焯熟的油菜心，撒上香菜淋入红油即可。

3．操作关键

（1）面条一般是自己手擀，可以提前制作。

（2）煮面时水要稍微开的时候下面，稍微激一下冷水，再次水开的时候捞面。

（3）浇头要预先熬制。

（二十五）吉林延吉冷面

1．原料配方

全瘦牛肉 200g，鸡蛋 1 个，泡菜丝 35g，水梨片 2 片，蛋皮丝 15g，炸过的松子 5g，香菜段 10g，细荞麦面条 150g，葱 15g，姜 10g，料酒 15g，八角 1 个，盐 3g，胡椒粉 1g，白糖 10g，醋 5g，热水 150g。

2．制作过程

（1）煮牛肉

① 牛肉整块烫煮 2min 后，捞出洗净。加葱、姜、料酒、八角煮沸，放下肉块煮 40min。

② 取出肉块，待冷后切成薄片。

③ 牛肉汤过滤后放凉，如有浮油需撇除干净，分盛入面碗中。

（2）酸甜汁　将白糖、醋和 1g 盐放进热水中，最后将其搅拌，搅拌到酸甜口味后即可。

（3）煮面　水沸后，放下细荞麦面条煮熟，捞出沥干，再以冷开水冲凉，放入面碗的牛肉汤中（牛肉汤事先用 2g 盐和胡椒粉调味）。面上再放泡菜丝、水梨片、蛋皮丝、牛肉片、炸过的松子和香菜段。

3．操作关键

（1）冷面讲究的是汤清，牛肉汤一定要将浮油撇清。

（2）讲究凉爽，无论是汤还是面，都要凉后食用。

（3）佐餐时配上酸甜可口的汤汁。

（二十六）河南烩面

1．原料配方

高筋面粉 1000g，精盐 20g，色拉油 50g，熟羊肉 150g，豆腐皮 50g，水发粉丝 50g，水发黄花 50g，水发木耳 50g，香菜 30g，当归 5g，枸杞 10g，鸡精 5g，麻油 15g，羊油 15g，糖蒜 10g，油炸辣椒 10g，羊肉汤 1500g，水适量。

2．制作过程

（1）和面、揉面

① 将面粉与精盐和匀，再加入冷水揉成稍硬的面团后，盖上湿纱布饧约 10min。将面团反复揉搓，然后再给面团盖上湿纱布饧约 10min。

② 揭开纱布，再揉搓至面团表面光滑，接着将面团搓成直径约 6cm 的长条，然后下成每个重 125g（湿重）的剂子。

③ 将每个面剂搓成长 15cm、直径约 3cm 的圆条，盖上湿纱布饧约 5min 后，再用擀面杖擀成 15cm 长、8cm 宽、1.5cm 厚的长方形面片，并在面片上均匀地抹少许色拉油，即成烩面面坯，将其整齐地摆入托盘内，用保鲜膜盖严，约 20min 后即可进行抻拉。

（2）制浇头

① 熟羊肉切成丁；豆腐皮洗净切成丝；水发粉丝切长节；水发黄花撕成细丝；水发木耳撕成小块；香菜洗净切节；当归、枸杞用清水浸泡 10min；糖蒜、油炸辣椒分别装入小碟内。

② 将羊肉丁、豆腐皮丝、粉丝、黄花、木耳分成 5 份；将当归、枸杞入锅加清水熬出味后，分别舀入 5 个大碗内，再分别往碗中放少许精盐、鸡精及羊油。

（3）撕面片　取一块烩面面坯（面片），两只手掌向上托住面片的两头，再用两手的拇指按住面片两头的边缘，然后两只手掌左右抻拉（手臂基本不用力），将面片拉成长约 1m 的片，接着两只手掌上下晃动，手臂均匀用力，将面片继续抻拉成约 3m 长、8cm 宽、0.1cm 厚的面片，最后用左手夹住面片的两头，用右手的拇指、食指、中指配合，将面片横着撕成约 3cm 宽的面条，即可下锅煮制。

（4）烩面　炒锅上火，注入羊肉汤，烧开后即下入拉好的面条，并用手勺将面条轻轻拨散，使之受热均匀，待锅中汤汁再开后，下入一份配料（羊肉丁、豆皮丝、粉丝、黄花、木耳），煮至面条、配料成熟。

（5）装碗　起锅装入放有调料的碗中，再舀入锅中汤汁，淋少许麻油，撒上香菜，随糖蒜、油炸辣椒碟上桌，即成。

3．操作关键

（1）烩面的面是用优质高筋面粉，兑以适量盐用冷水和成比饺子面还软的面团，反复揉搓，使其筋韧，放置一段时间，再擀成四指宽、二十厘米长的面片，外边抹上植物油，一片片码好，用塑料纸覆上备用。

（2）汤用上等嫩羊肉、羊骨（劈开，露出中间的骨髓）一起煮五个小时以上，先用大火猛滚再用小火煲，其中下七八味中药，以把骨头油熬出来为佳，煲出来的汤白白亮亮，犹如牛乳一样，所以又叫白汤。

（3）浇头制作要精细，荤素搭配。

（4）手撕面片一定要讲究手法。讲究传统烩面手工制作的一拉、二摔、三扯、四撕的工艺效果。

（二十七）杭州片儿川

1．原料配方

湿碱面条 150g，雪菜 35g，笋 50g，猪里脊肉 35g，色拉油 35g，盐 1g，酱油 10g，鸡精 3g，葱花 10g，料酒 15g，淀粉 5g，油菜 35g，高汤 500g。

2．制作过程

（1）煮面　锅中注入水，烧开，加入湿碱面煮至七成熟，捞出过水。

（2）制浇头

① 笋洗净切片；猪里脊肉切丝，加入淀粉、盐、酱油、料酒搅拌均匀，腌制 10min。

② 另起锅注油，爆香葱花，放入雪菜末，煸炒均匀；倒入笋片，继续翻炒均匀，加入高汤烧开。

③ 加入沥干水分的面继续煮 2min，倒入腌制的肉丝，迅速划开；加入油菜，加入盐和鸡精调味即可。

（3）分碗　将面条分装汤碗中即可。

3．操作关键

（1）煮面时要掌握火候，面条不要煮得太久。

（2）配料主要选用肉丝、雪菜、笋片、高汤等。

（二十八）昆山奥灶面

1．原料配方

碱水细面 300g，红汤底 350g，爆鱼一块，白汤底 350g，卤鸭一块，盐 3g，葱花 25g，白胡椒粉 1g。

2．制作过程

（1）红汤爆鱼面

① 锅中放底油烧热，放入葱花爆香；倒入红汤底烧至滚开，加少许盐调味，倒入碗中。

② 起锅倒水，水沸后下面，面溢起来时倒入一小碗冷水，继续中火煮 2min 左右即可，中间多用筷子拨散开面条。

③ 将煮好的面捞出，沥掉多余的水分，放入准备好的汤底，上面放上一块爆鱼，加一些葱花，撒上一点白胡椒粉即可。

（2）白汤卤鸭面

① 锅中放底油烧热，放入葱花爆香；倒入白汤底烧至滚开，加少许盐调味，倒入碗中。

② 起锅倒水，水沸后下面，面溢起来时倒入一小碗冷水，继续中火煮 2min 左右即可，中间多用筷子拨散开面条。

③ 将煮好的面捞出，沥掉多余的水分，放入准备好的汤底，上面放上一块卤鸭，加一些葱花，撒上一点白胡椒粉即可。

3．操作关键

（1）面条选择碱水细面。爆鱼用青鱼制作。卤鸭则以"昆山大麻鸭"用老汤制作。

（2）煮面时，要适时适量点水，这样煮出来的面很筋道。

（3）红汤、白汤浇头都需要提前制作。

（4）注重"五热一体，小料冲汤"。所谓"五热"是碗热、汤热、油热、面热、浇头热；"小料冲汤"指不用大锅拼汤，而是根据来客现用现合，保持原汁原味。

（二十九）镇江锅盖面

1．原料配方

手擀面 350g，香干丝 75g，高汤 500g，芹菜粒 25g，青椒丝 75g，葱花 10g，鸡精 3g，白胡椒粉 3g，熟猪油 15g，麻油 10g，生抽 10g，盐 3g，纯净水 500g。

2．制作过程

（1）煮浇头

① 在准备好的锅中加入 500g 纯净水煮沸备用；在煮好的开水中加入香干丝、青椒丝，煮 3min。

② 把煮好的香干丝、青椒丝从锅中捞出备用。

（2）煮面　将手擀面放入锅中，大锅中盖上小锅盖，煮 3min 捞出。

（3）分碗　将生抽、芹菜粒、葱花、鸡精、盐、白胡椒粉、熟猪油、麻油等，一起倒入装香干丝和青椒丝的碗中，加入高汤。

3．操作关键

（1）"大锅小锅盖"（面锅大，锅盖小）。

（2）当面条下入沸水锅后，用一个小锅盖盖在面汤上。汤滚沸时，易于清除浮沫，保持面汤不混浊，而且面条易熟透，不生不烂。

（3）配料和浇头可以根据情况改变。

（三十）陕西臊子面

1．原料配方

面粉 300g，碱面 1.5g，葱 10g，姜 5g，生抽 10g，十三香 1g，草菇酱油 5g，湿淀粉 10g，盐 2g，土豆 25g，干黄花菜 10g，鸡蛋 2 个，胡萝卜 15g，豆腐 15g，五花肉 50g，麻油 15g，料酒 15g，鸡精 1g，香菜 15g，蒜 10g，胡椒粉 1g，菠菜 15g，黑木耳 15g，辣椒油 15g，醋 10g，水适量。

2．制作过程

（1）制面条

① 面粉加入碱面、盐混合均匀，倒入适量冷水揉成稍硬的光滑面团，饧半小时以上。

② 案板上撒少许玉米粉（防粘），把面团擀成长方形薄片，厚度根据自己喜好，喜欢吃粗点的擀稍厚些，喜欢吃细的擀薄些。

③ 折扇子一样折起，切成粗或细的面条，抖散以后备用。

（2）制臊子汤

① 干黄花菜、黑木耳提前泡发洗净。土豆去皮切小丁，胡萝卜去皮切小丁，黄花菜切小段，豆腐切小丁，黑木耳切丝，菠菜切小段。五花肉切小丁，鸡蛋打散，葱切葱花，姜、蒜切碎。

② 热锅倒油，放入五花肉煸炒至吐油。加入料酒、生抽、草菇酱油、十三香翻炒均匀，倒出备用。

③ 锅中另倒入少许油，放入葱、姜、蒜末炒香；倒入胡萝卜、土豆丁翻炒片刻，加入黄花菜、木耳、豆腐丁翻炒均匀，加入生抽、十三香炒出香味，加入炒好的五花肉丁翻炒均匀。

④ 倒入开水（水要多些）煮开后中小火焖煮 4～5min，淋入少许湿淀粉勾薄薄的芡汁。淋入蛋液，放入菠菜，加入盐、胡椒粉，淋入几滴麻油，加入鸡精，臊子汤就做好了。

（3）煮面、装碗 锅中开水放入擀好的面条煮熟，捞出面条装碗，浇入臊子汤，撒入少许香菜，淋入辣椒油和醋即可。

3．操作关键

（1）臊子面一般都用手工擀成的碱面。

（2）面团要揉得稍硬，进行饧制，这样面条容易形成筋道的口感。

（三十一）馄饨

1．原料配方

面粉 300g，猪五花肉 150g，猪筒子骨 300g，虾皮 15g，香菜 15g，榨菜 10g，紫菜（干）5g，小葱 15g，姜 5g，盐 8g，白糖 10g，酱油 25g，胡椒粉 3g，麻油 15g，水适量。

2．制作过程

（1）制馅心

① 将猪五花肉去皮洗净，剁成细泥；香菜择洗干净，切成小段；紫菜洗净，撕成小块，将小葱、姜洗净均切成末，备用。

② 将猪肉泥放入盆内，加入适量水，充分搅拌，搅至黏稠为止，加入酱油、盐、白糖搅匀，放入葱末、姜末、麻油等拌匀，即成馅料。

（2）制汤料 将猪筒子骨洗净，放入锅内，倒入水，用旺火烧沸后，撇去浮沫，改用小火熬煮约 1.5h，即为馄饨汤。

（3）制馄饨皮

① 将面粉放入盆内，加入少许盐，倒入适量水，和成面团，用手揉到面团光润时，盖上湿布饧约 20min，备用。

② 将饧好的面团用擀面杖擀成厚薄均匀的薄片，厚约 0.1cm，切成边长约 10cm 的三角形或底边 10cm 的梯形，即为馄饨皮。

（4）包馄饨 将馅料包入馄饨皮中，制成中间圆、两头尖的馄饨生坯。

（5）分碗、煮制

① 将酱油、虾皮、紫菜和榨菜放入碗内。

② 将馄饨生坯放入烧沸的汤锅中煮，待汤再烧沸，馄饨漂浮起来，即已煮熟。

③ 先舀出一些热汤放入盛佐料的碗内，再盛入适量的馄饨，撒上香菜段、胡

椒粉，即可食用。

3. 操作关键

（1）按用料配方准确称量。

（2）面团要揉匀饧透。

（3）坯皮要擀得薄而均匀。

（4）包制时生坯大小要一致。

（5）煮制时要沸水下锅，煮制浮起，稍养即可。

（三十二）葱油锅饼

1. 原料配方

面粉 300g，鸡蛋 3 个，咸猪板油丁 150g，葱花 120g，冷水 550g，熟猪油 1000g（约耗 150g），水适量。

2. 制作过程

（1）初加工　盆内放入面粉，磕入鸡蛋，加入冷水搅打成稀面浆。将咸猪板油丁、葱花拌匀成馅料。

（2）成型成熟。

① 炒锅烧热，加少许熟猪油滑锅，再烧热，倒入 1/5 面浆，晃动炒锅，像摊蛋皮一样，摊成直径约 25cm 的圆形坯皮，待可揭离锅时，将炒锅离火。取馅料的 1/5 放入锅中，然后折叠面皮包成长方形，连接处用面浆封牢，翻身，使连接处受热粘牢，成为一个完整的坯料。如此法做好 3 块。

② 锅内加熟猪油置旺火上，烧至七成热时，放入生坯，炸至两面金黄、浮出油面时，即可出锅。食前，可顺其宽度均匀地切成 10 个长条小块。

3. 操作关键

（1）调制面糊稀稠要适宜。

（2）烙面皮时，锅要烧热，并受热均匀。

（3）面糊入锅后，要迅速转动炒锅，使受热均匀，成熟一致。

（4）炸制时至两面金黄、浮出油面时，即可出锅。

（三十三）文楼汤包

1. 原料配方

母鸡 1 只，鲜猪肉皮 250g，猪后臀肉 150g，猪筒子骨 750g，螃蟹 250g，葱末 15g，姜末 10g，白胡椒粉 2g，绍酒 25g，白酱油 15g，面粉 500g，精盐 5g，食碱 3g，虾籽 3g，白糖 2g，冷水适量。

2. 制作过程

（1）吊汤

① 将母鸡宰杀，去净毛、血、内脏后洗净；把鲜猪肉皮、猪筒子骨洗净，猪

后臀肉切成 3mm 厚的大片。将上述原料一起下沸水锅烫洗后捞起。

② 锅内换成冷水，放入母鸡、猪肉皮、猪后臀肉、猪筒子骨等用大火煨煮，待猪肉六成熟时捞出，晾凉后切成 0.3cm 大的丁；鸡八成熟时捞出拆骨，也切成 0.3cm 大的丁；肉皮烂时捞出，趁热剁碎，越细越好；猪筒子骨捞出暂不用；肉汤过滤后备用。

（2）制蟹粉

① 洗净螃蟹，入笼蒸熟，去壳取肉，晾干后碾成粉。

② 锅内加熟猪油烧热，放入葱末、姜末炸出香味，倒入蟹粉略炒，加绍酒、精盐和白胡椒粉炒匀后装入碗中。

（3）制皮冻

① 取过滤后的肉汤倒入锅内加进肉皮蓉烧沸，再过滤一次，如有较大颗粒状的猪肉丁，复剁一遍下锅烧沸，撇去浮沫，待汤稠浓时，随即放入鸡肉丁、猪肉丁烧沸，再撇去浮沫，放入葱姜末、料酒、精盐、白酱油、白糖和炒好的蟹粉。

② 汤沸时用汤烫盆（汤仍倒入锅中），再烧沸即可将汤馅均匀地装入盆中，用筷子在盆内不断搅动，使汤不沉淀、馅料不粘底。

③ 汤馅冷却凝成固体后，用手在盆内将馅揉碎。

（4）调制面团

① 将面粉倒入盆内（留 125g 作铺面），用冷水溶化精盐和食碱水一起，分数次倒入，将面粉拌成颗粒状，再揉和成团。

② 置案板上揉透，边揉边叠，每叠一次在面团接触面蘸水少许，如此反复多次至面团由硬回软，搓成粗条，盘成圆形，盖上净湿布饧制。

（5）包制生坯　饧好的面团搓成条，摘成 25 个面剂，每只面坯撒少许面粉，用两只小擀面杖擀成直径 17cm、中间厚四周薄的圆形面皮。左手拿皮，右手挑入馅料，对折面皮，左手托住，右手前推收口，摘去尖头，即成圆腰形汤包生坯。

（6）熟制　汤包生坯入小笼，每只间隔 3.5cm，置沸水锅上旺火蒸 7min 即熟。

（7）装盘　将盛汤包的盘子用沸水烫热抹干，用手抓包时右手五指分开，把包子提起，左手拿盘随即插入包底，动作要迅速。

3. 操作关键

（1）面团要搓揉均匀，揉匀揉透，擀皮要薄而大。

（2）制馅要熬好皮冻。

（3）包捏要得法，包子成熟后，抓汤包要轻且快。

（4）蒸制的时候蒸汽要足。

（三十四）葱油饼

1. 原料配方

面粉 500g，葱 25g，色拉油 200g，盐 3g，花椒粉 3g，冷水适量。

2．制作过程

（1）调制面团

① 面粉加水，揉成柔软的面团，饧 20 ～ 30min。

② 葱切成葱花，备用。

（2）成型

① 饧好的面团揉至表面光滑，之后分成两等份。

② 取其中一块，在面板上撒上干面粉，擀成大片，稍薄些，在面片上撒上少许盐和花椒粉，抹上油，并均匀撒上葱花。

③ 从面片的一边卷起，卷成长条卷，将长条卷的两头捏紧，自一头开始卷，卷成圆盘状。然后将圆饼擀得薄些，动作要轻，避免葱花扎破面皮。

（3）熟制　平底煎锅放入少量油，烧热，将饼放入，转中火，边烙边用铲子旋转，烙成两面金黄，切成小块装盘即可。

3．操作关键

（1）面团调制稍微柔软一点。

（2）面皮要擀制均匀。

（3）烙制时加热须均匀。

（三十五）油墩子

1．原料配方

面粉 250g，萝卜 350g，河虾 15 只，发酵粉 2g，盐 5g，花生油 1000g（约耗100g），葱花 15g，味精 2g，水适量。

2．制作过程

（1）调制面团

① 将面粉倒入面盆内，加盐和适量水拌匀拌透，再分数次加适量水，顺着一个方向拌至薄而有劲，静放 1 ～ 2h 后，放入发酵粉拌成面浆。

② 将萝卜洗净，刨成丝，用盐略腌渍后，挤去水分，掺入面浆内拌和；将河虾洗净，剪去虾须。

（2）成型、熟制

① 将花生油入炒锅用大火烧至七八成热；再将油墩子模具放入油锅预热一下，取出倒去油，用长柄调匙舀一些面浆垫满模子底部，上放萝卜丝，萝卜丝中央再入满面浆，并用调羹略略掀一下，当中再入一只河虾。

② 然后将模子放入大油锅氽，火不宜太旺，以免外焦里生。待油墩子自行脱出模子浮起，变成金黄色，捞出沥干油即成。

3．操作关键

（1）炸油墩子时，油温不要过高，否则炸出来的油墩子黑黑的，只要中小火养熟就可以了。

（2）油墩子的模具一定要在油锅里预热，并且留些油后再放面粉糊，这样比较容易脱模。

（三十六）麻油馓子

1．原料配方

面粉 500g，精细盐 10g，麻油 2500g，冷水适量。

2．制作过程

（1）制冷水面团

① 把盐用水充分溶解后，加入面粉拌和，然后将面团充分揉制，一般不少于 20min，使面团具有良好的韧性。

② 面团制成后把它平摊在案板上，由边缘逐步向中心划开。用双手把划开的面团粗条在操作台上揉搓成 5mm 直径的细长圆条，边揉搓边逐层盘入放有麻油的面盆内（每层之间必须涂油，防止粘条）。

③ 条盘放好后必须饧 2h 左右。

（2）绕条炸制

① 待盘条回饧后，以右手执条边拉边绕排列左手四指上，绕时左手四指伸直，用大拇指按住条头，绕 7～8 圈，再以右手伸入条圈中，两手四指并拢抻拉面条，使绕条延伸至原长 2 倍，再腾出右手用 2 支筷子叉住左手上的绕条绷紧。

② 然后双手各执 1 支筷子放入油锅中炸制，油温一般在 220℃ 左右。入锅片刻用筷将绕条叠制成扇状，再取下竹筷。也可以使 1 支筷子翻转 180°，绕成长卷状。还可以用不同手法制成梳形、花朵形、帚形等。油馓成型后要在油锅内翻动，使色泽均匀一致。待炸至金黄色出锅沥油即可。

3．操作关键

（1）用盐水调制面团，使之形成良好的韧性。

（2）面团需要饧制 2h 左右。

（3）掌握绕条的技巧。

（4）炸制时油温必须控制好。

二、温水面团教学案例

温水面团适宜于制作蒸制面点制品，例如，各种蒸饺、烧卖等，每种制品各有特色，但是其制品也有一些共性，例如色较白、有一定韧性和一定的延伸性，以及不容易走形。

（一）月牙蒸饺

1．原料配方

中筋面粉 350g，开水 125g，猪肉泥 350g，葱 25g，生姜 25g，黄酒 50g，虾

籽 5g，酱油 15g，精盐 5g，白糖 15g，味精 5g，鲜猪肉皮 250g，鸡腿 150g，猪骨 250g，冷水适量。

2．制作过程

（1）馅心调制

① 熬制皮冻　将鲜猪肉皮焯水，铲刮去毛根和猪肥膘，反复刮洗 3 遍后，入锅，加入葱、生姜、黄酒、虾籽以及焯过水的鸡腿、猪骨等，大火烧开，小火加热至肉皮一捏即碎，取出熟肉皮及鸡腿、猪骨等，肉皮入绞肉机绞 3 遍后返回原汤锅中再小火熬至黏稠，加入精盐、味精等调味，过滤去渣，冷却成皮冻。

② 拌制馅心　将猪肉泥加入葱花、姜末、虾籽、黄酒、酱油、精盐搅拌入味，搅拌上劲，然后分 3 次加入冷水，顺一个方向搅拌再次上劲，加入白糖、味精和匀成鲜肉馅，再拌入绞碎的皮冻待用。

（2）面团调制

① 将面粉过筛后，倒上案板，中间扒一个小窝，倒入开水和成雪花面。

② 再淋冷水和成温水面团，盖上湿布，饧 20min。

（3）生坯成型

① 将面团揉光搓成条，下 30 只剂子，撒上干粉，逐只按扁，用双饺杆擀成直径 9cm、中间厚四周稍薄的圆皮，左手托皮，右手用馅挑刮入馅心。

② 将皮子分成四、六开，然后用左手大拇指弯起，用指关节顶住皮子的四成部位，以左手的食指顺长围住皮子的六成部位，以左手的中指放在拇指与食指的中间稍下点的部位，托住饺子生坯。

③ 再用右手的食指和拇指将六成皮子边捏出褶皱，贴向四成皮子的边沿，一般捏 14 个褶，最后捏合成月牙形生坯。

（4）生坯熟制　生坯上笼，置蒸锅上蒸 8 ～ 10min，视成品鼓起不粘手即为成熟。

3．制作关键

（1）选择中筋面粉，筋性适当。

（2）和面时先用热水将面粉烫揉成雪花面，再用冷水淋入，揉成温水面团。

（3）适当饧制，形成一定的筋性。

（4）熬制皮冻要注意火候和操作步骤。

（5）拌制馅心一定要上劲，最后拌入皮冻。

（6）包制时注意皱褶要捏制均匀。

（二）金鱼饺

1．原料配方

中筋面粉 350g，热水 125g，猪肉泥 350g，葱末 15g，姜末 15g，黄酒 15g，虾籽 3g，精盐 3g，酱油 15g，白糖 8g，味精 2g，冷水适量，红樱桃圆粒 60 个。

2．制作过程

（1）馅心调制　将猪肉泥加入葱末、姜末、虾籽、黄酒、酱油、精盐搅拌入味，搅拌上劲，然后分三次加入冷水，顺一个方向搅拌再次上劲，加入白糖、味精和匀成鲜肉馅。

（2）面团调制

① 将面粉过筛后，倒上案板，用开水烫成雪花状，摊开冷却。

② 再洒上冷水，均匀揉和成团，盖上湿布，饧制20min。

（3）生坯成型

① 将面团揉光搓成条，摘成小剂，按扁，擀成直径8cm的圆皮。在圆皮直径的1/4部放上馅心，将面皮沿直径对称向上提起。前端的1/4面皮，用筷子夹出三个小孔与中间的两边相黏，做成鱼嘴和鱼眼睛。

② 然后用筷子夹住圆皮的中间，将馅心往身部推、捏拢，把后端的1/2面皮按扁成扇面形，剪成4片，修成鱼尾形状，用木梳压出鱼尾细纹，在鱼的脊背处用铜夹子夹出背鳍，即成金鱼饺生坯。

（4）生坯熟制　将生坯上笼蒸8min成熟，出笼后在鱼的两只眼睛孔里放上刻圆的红樱桃。

3．制作关键

（1）选择中筋面粉，筋性适当。

（2）和面时先用热水将面粉烫揉成雪花面，再用冷水淋入，揉成温水面团。

（3）适当饧制，形成一定的筋性。

（4）拌制馅心一定要上劲。

（5）包制时注意金鱼形状的把握。

（三）冠顶饺

1．原料配方

中筋面粉350g，温水175g，猪肉泥175g，水发干贝25g，水发香菇25g，酱油15g，味精1g，白胡椒粉0.5g，精盐3g，骨头汤75g，熟火腿20g。

2．制作过程

（1）馅心调制

① 将水发干贝洗净，去掉老筋，入蒸笼旺火蒸发，取出后晾凉撕碎。水发香菇洗净去蒂，切成末。熟火腿切成小粒。

② 将猪肉泥盛入碗内，加入碎干贝、香菇末、白胡椒粉、精盐、味精、酱油拌匀，再加入骨头汤拌匀上劲即成馅料。

（2）面团调制　将面粉过筛后，倒案板上，中间扒一小窝，加入温水拌匀揉透，盖上湿布，饧制20min。

（3）生坯成型

① 将面团搓成细条，摘成剂子，然后逐个剂子擀成直径约8cm的薄圆皮。

② 将饺皮按三等份对折成角，将皮子翻转，光的一面朝上，中间放入肉馅，将三个角同时向中间捏拢，然后用食指和拇指推出花边，将后面折起的面依然翻出，顶端留一小孔，填入火腿粒。

（4）生坯熟制　将生坯排入蒸笼中，旺火蒸约 10min 即成。

3．制作关键

（1）选择中筋面粉，筋性适当。

（2）和面时直接用温水和成温水面团，揉匀揉透。

（3）适当饧制，形成一定的筋性。

（4）拌制馅心一定要上劲。

（5）包制时注意冠顶形状的把握。

（四）四喜饺

1．原料配方

面粉 350g，开水 125g，冷水 50g，猪肉泥 150g，虾蓉 150g，葱花 15g，姜末 10g，黄酒 15g，虾籽 8g，酱油 15g，精盐 3g，白糖 10g，味精 1g，蛋白末 50g，熟香肠末 50g，蛋黄末 50g，熟青菜末 50g，鸡汤 50g。

2．制作过程

（1）馅心调制

① 将猪肉泥放入大碗中，加入虾蓉、葱花、姜末、虾籽、黄酒、酱油、白糖、味精、精盐搅拌上劲入味，然后分三次加入鸡汤。

② 顺一个方向搅拌再次上劲，即成猪肉虾仁馅。

（2）面团调制

① 将面粉过筛后，倒上案板，中间扒一小离，用开水成雪花状，摊开散热后，再洒上冷水，揉和成团。

② 盖上温布，饧制 15～20min。

（3）生坯成型

① 将面团揉光滑搓成条，摘成小剂，按扁，擀成直径 8cm 的圆皮。

② 将圆形坯皮中间放上馅心，沿边分成四等份向上、向中心捏拢，将中间结合点用水粘起，而边与边之间不要捏合，形成 4 个大孔眼。

③ 将两个孔洞相邻的两边靠中心处再用尖头筷子夹出 1 个小孔眼，计夹出 4 个小孔眼，然后把 4 个大孔眼的角端捏出尖头来，逐只在 4 个大孔眼中分别填入蛋白末、熟香肠末、蛋黄末、熟青菜末即成生坯。

（4）生坯熟制　将四喜饺子生坯上笼蒸 8min 即可成熟。

3．制作关键

（1）选择中筋面粉，筋性适当。

（2）和面时用开水成雪花状，摊开后，再洒上冷水，揉和成团。

（3）适当饧制，形成一定的筋性。

（4）拌制馅心一定要上劲。

（5）包制时注意四喜饺形状的把握。

（五）一品饺

1. 原料配方

面粉 350g，开水 125g，猪肉泥 300g，蟹粉 50g，葱花 15g，姜末 10g，黄酒 15g，虾籽 3g，酱油 15g，精盐 3g，白糖 15g，味精 2g，熟蛋白末 150g，熟火腿末 150g，熟蛋黄末 150g，骨头汤 50g，冷水适量。

2. 制作过程

（1）馅心调制

① 将猪肉泥放入大碗中，加入蟹粉、葱花、姜末、虾籽、黄酒、酱油、精盐、白糖、味精搅拌入味，搅拌上劲。

② 然后分三次加入骨头汤，顺一个方向拌再次上劲和匀成蟹粉猪肉馅。

（2）面团调制

① 将面粉过筛后，倒上案板，中间扒一个窝，用开水烫成雪花状，摊开冷却。

② 再洒上冷水，揉和成团，盖上湿布，饧制 15 ～ 20min。

（3）生坯成型

① 将面团揉光搓成条，摘成 30 只小剂，逐只按扁，擀成直径 8cm 的圆皮。

② 左手托住面皮，放入馅心后，皮子边沿三等份向上向心拢起，边拢边捏形成三条边，然后将三条边提起卷向中心，形成三个大孔，捏成方形如"口"字，即成一品饺子生坯。

（4）生坯熟制　在三个大孔里分别点缀上熟蛋黄末、熟蛋白末、熟火腿末，上笼蒸制 8min 即成。

3. 制作关键

（1）选择中筋面粉，筋性适当。

（2）和面时用开水成雪花状，摊开后，再洒上冷水，揉和成团。

（3）适当饧制，形成一定的筋性。

（4）拌制馅心一定要上劲。

（5）包制时注意一品饺形状的把握。

（六）兰花饺

1. 原料配方

面粉 350g，开水 125g，虾蓉 300g，生肥膘 35g，葱花 15g，姜末 10g，黄酒 15g，酱油 15g，虾籽 3g，精盐 3g，味精 2g，冷水适量，熟蛋白末 50g，熟火腿末 50g，熟蛋黄末 50g，熟青菜末 50g，熟香菇末 50g。

2．制作过程

（1）馅心调制

① 将虾蓉放入大碗中，加入葱花、姜末、虾籽、黄酒、酱油、精盐、味精拌和入味，搅拌均匀。

②然后顺一个方向搅拌再次上劲，拌匀成鲜虾馅。

（2）面团调制

① 将面粉过筛后，倒上案板，扒一个小窝，用开水烫成雪花状，摊开冷却。

②再淋上冷水，揉和成团，盖上湿布，饧制 15min。

（3）生坯成型

① 将面团揉光搓成条，摘成 30 只小剂，逐只按扁，擀成直径 8cm 的圆皮。

② 圆形面皮中间放上馅心，从圆形面皮边按四等份向上拢起，向中间捏成四角形，中心留一个小圆孔，每只角捏成边，用剪刀将四边修齐，然后在每条边上由下向上剪出两根面条。

③ 将一边的上面一根面条与相邻边的下面一根面条的下端粘起来，这样形成 4 个向下倾斜的孔。再将 4 只角的剩余部分的边上剪出齿，并朝向同一方向拧偏 90°角，做成兰花叶，即成兰花饺子生坯。

（4）生坯熟制　在 4 个斜形孔和中心的圆孔里分别填进 5 种不同的点缀料末，再将兰花饺子生坯上笼蒸 8min 即可成熟

3．制作关键

（1）选择中筋面粉，筋性适当。

（2）和面时用开水成雪花状，摊开后，再洒上冷水，揉和成团。

（3）适当饧制，形成一定的筋性。

（4）拌制馅心一定要上劲。

（5）包制时注意兰花饺形状的把握。

（七）莲蓬饺

1．原料配方

面粉 350g，开水 125g，牛前夹心肉泥 320g，葱花 5g，姜末 5g，黄酒 15g，虾籽 2g，精盐 3g，酱油 15g，白糖 15g，味精 3g，冷水适量，熟松子仁 75g，熟绿叶菜末 75g。

2．制作过程

（1）馅心调制　将牛前夹心肉泥加入葱花、姜末、虾籽、黄酒、酱油、精盐、白糖、味精拌和入味，搅拌上劲，然后分次加入冷水，顺一个方向搅拌再次上劲，即成牛肉馅。

（2）面团调制。

① 将面粉过筛后，倒上案板，扒一个小窝，用开水和成雪花状，摊开冷却。

② 再洒上冷水，揉和成团，盖上湿布，饧制 15 ～ 20min。

（3）生坯成型

① 将面团揉光搓成条，摘成小剂，逐个按扁，用双饺杆擀成直径 8cm 的圆形面皮。

② 左手托住圆形面皮，右手用馅挑刮鲜牛肉馅心放在面皮中心。

③ 用手将面皮向上向中间拢起，并折叠成 7 个大小相等的角，收口时不要捏紧，只是把每个角的下边粘牢。然后用骨针（或竹签）把其中一个角的两条边分开，把这个角的一条边和相邻角的一边用水粘上，黏合起来、捏紧。

④ 用同样方法把另外 6 个角也粘牢。这样从饺子的上面看，是由 7 个小圆孔组成的一个整面，形似莲蓬。

（4）生坯熟制

① 在每个生坯小圆孔里填入少许熟绿叶菜末，按上半颗松子仁。

② 再将生坯上笼蒸 8min 即可。

3．制作关键

（1）选择中筋面粉，筋性适当。

（2）和面时用开水成雪花状，摊开后，再洒上冷水，揉和成团。

（3）适当饧制，形成一定的筋性。

（4）拌制馅心一定要上劲。

（5）包制时注意莲蓬饺形状的把握。

（八）飞轮饺

1．原料配方

面粉 350g，开水 125g，猪肉泥 150g，牛肉泥 150g，葱末 15g，姜末 10g，黄酒 15g，虾籽 3g，精盐 3g，酱油 15g，白糖 15g，味精 2g，冷水适量，熟火腿末 50g，熟蛋白末 50g。

2．制作过程

（1）馅心调制

① 将猪肉泥、牛肉泥加入葱末、姜末、虾籽、黄酒、酱油、精盐、白糖、味精拌和入味，搅拌上劲。

② 然后分次加入冷水，顺一个方向搅拌再次上劲，和匀成鲜肉馅。

（2）面团调制

① 将面粉过筛后，倒上案板，扒一个小窝，用开水烫成雪花状，摊开冷却。

② 再淋上冷水，揉和成团，盖上湿布，饧制 15 ～ 20min。

（3）生坯成型

① 将面团揉光搓成条，摘成小剂，逐只按扁擀成直径 8cm 的圆皮。

② 在圆皮的中间放入馅心，将皮子四周按对称两大两小的等份向上向中心捏

起，粘牢，形成对称的两个大孔和两个小孔。

③ 将相对的两个大孔捏拢成两条边，然后分别将每条边自上而下地用手指捻捏出波浪形的花边，再将两条花边沿顺时针方向旋转，以增加动感。另外将两个对称的小孔用铜夹子夹出花边，表示轮盘，即成飞轮饺子生坯。

（4）生坯熟制

① 在两个小孔里分别放入熟火腿末和熟蛋白末点缀。

② 再将生坯放入笼内蒸 8min 成熟。

3．制作关键

（1）选择中筋面粉，筋性适当。

（2）和面时用开水成雪花状，摊开后，再洒上冷水，揉和成团。

（3）适当饧制，形成一定的筋性。

（4）拌制馅心一定要上劲。

（5）包制时注意飞轮饺形状的把握。

（九）白菜饺

1．原料配方

面粉 350g，开水 125g，猪肉泥 250g，大白菜 200g，葱末 15g，姜末 10g，黄酒 15g，虾籽 2g，精盐 3g，酱油 15g，白糖 25g，味精 5g，冷水适量。

2．制作过程

（1）馅心调制

① 将大白菜择洗干净，用开水焯水后，冷水过凉，挤干后切成末状。

② 将猪肉泥加入大白菜末、葱末、姜末、虾籽、黄酒、酱油、精盐、白糖、味精拌和入味，搅拌上劲。

③ 然后分次加入冷水，顺一个方向搅拌再次上劲，即成大白菜猪肉馅。

（2）面团调制

① 将面粉过筛后，倒上案板，扒一个小窝，用开水烫成雪花状，摊开冷却。

② 再洒淋上冷水，揉和成团，盖上湿布，饧制 15～20min。

（3）生坯成型

① 将面团揉光搓成条，摘成小剂，逐只按扁，擀成直径 8cm 的圆皮。

② 在圆形面皮中间放上馅心（馅心要硬点），四周涂上水，将圆面皮按五等份向上向中间捏拢成 5 个眼，再将 5 个眼捏紧成 5 条边。

③ 每条边用手由里向外、由上向下逐条边推出波浪形花纹，把每条边的下端提上来，用水粘在邻近一片菜叶中的边上，即成白菜饺生坯。

（4）生坯熟制　将生坯上笼蒸 8min 成熟即可。

3．制作关键

（1）选择中筋面粉，筋性适当。

（2）和面时用开水成雪花状，摊开后，再洒上冷水，揉和成团。

（3）适当饧制，形成一定的筋性。

（4）拌制馅心一定要上劲。

（5）包制时注意白菜饺形状的把握。

（十）鸳鸯饺

1. 原料配方

面粉 350g，开水 125g，猪肉泥 250g，芹菜 200g，葱末 15g，姜末 10g，黄酒 15g，虾籽 2g，精盐 3g，酱油 15g，白糖 25g，味精 5g，冷水适量，熟火腿末 75g，黄蛋皮末 75g。

2. 制作过程

（1）馅心调制

① 将芹菜择洗干净，用开水焯水后，冷水过凉，挤干后切成末状。

② 将猪肉泥加入芹菜末、葱末、姜末、虾籽、黄酒、酱油、精盐、白糖、味精拌和入味，搅拌上劲。

③ 然后分次加入冷水，顺一个方向搅拌再次上劲，即成芹菜猪肉馅。

（2）面团调制

① 将面粉过筛后，倒上案板，扒一个小窝，用开水烫成雪花状，摊开冷却。

② 再洒淋上冷水，揉和成团，盖上湿布，饧制 15～20min。

（3）生坯成型

① 将面团揉光搓成条，摘成小剂，逐只按扁，擀成直径 8cm 的圆皮。

② 在圆形面皮中间放上馅心（馅心要硬一点），在皮子的四周涂上蛋液，将皮子两边的中间部分粘起，再将坯在手上转 90°，先后把两端的两边捏紧，成为鸟头、鸟嘴，两边的中间各现出一个圆筒。

③ 用铜夹子把鸟嘴夹出花纹，再在鸟头两边的空洞中分别放入熟火腿末和黄蛋皮末，即成生坯。

（4）生坯熟制　将生坯上笼蒸 8min 成熟即可。

3. 制作关键

（1）选择中筋面粉，筋性适当。

（2）和面时用开水成雪花状，摊开后，再洒上冷水，揉和成团。

（3）适当饧制，形成一定的筋性。

（4）拌制馅心一定要上劲。

（5）包制时注意鸳鸯饺形状的把握。

（十一）梅花饺

1. 原料配方

面粉 350g，开水 125g，猪肉泥 250g，韭黄 200g，葱末 15g，姜末 15g，黄酒

15g，虾籽 3g，精盐 5g，酱油 15g，白糖 25g，味精 5g，冷水适量，熟蛋黄末 50g。

2．制作过程

（1）馅心调制

① 将韭黄择洗干净，沥干水分，用刀切成细末。

② 将猪肉泥加入韭黄末、葱末、姜末、虾籽、黄酒、酱油、精盐、白糖、味精拌和入味，搅拌上劲。

③ 然后分次加入冷水，顺一个方向搅拌再次上劲，即成韭黄猪肉馅。

（2）面团调制

① 将面粉过筛后，倒上案板，扒一个小窝，用开水烫成雪花状，摊开冷却。

② 再洒淋上冷水，揉和成团，盖上湿布，饧制 15 ～ 20min。

（3）生坯成型

① 将面团揉光搓成条，摘成小剂，逐只按扁，擀成直径 8cm 的圆皮。

② 先在皮的中间用馅挑刮入少量馅心，再把皮分五等份，向上向中心捏拢捏成五只角，角上边呈五条边，用小剪刀将五条边剪齐，然后将每条边向里卷起，卷向中心与第二条边相连时，将连接处用蛋液粘起。

③ 共圈成五个小圆孔，将圆孔向外微扩，成五瓣梅花饺生坯。

（4）生坯熟制　将熟蛋黄末均匀点缀到五个圆孔里，最后摆列置蒸笼屉中，旺火蒸 8min 左右。

3．制作关键

（1）选择中筋面粉，筋性适当。

（2）和面时用开水成雪花状，摊开后，再洒上冷水，揉和成团。

（3）适当饧制，形成一定的筋性。

（4）拌制馅心一定要上劲。

（5）包制时注意梅花饺形状的把握。

（十二）知了饺

1．原料配方

面粉 350g，开水 125g，猪肉泥 250g，春笋 150g，葱末 15g，姜末 10g，黄酒 15g，虾籽 3g，精盐 3g，酱油 15g，白糖 15g，味精 3g，冷水适量，虾仁 60 粒，水发香菇粒 35g。

2．制作过程

（1）馅心调制

① 将春笋破开，去笋壳，焯水后冷水过凉，切成小粒。

② 将猪肉泥加入笋粒、葱末、姜末、虾籽、黄酒、酱油、精盐、白糖、味精拌和入味，搅拌上劲。

③ 然后分次加入冷水，顺一个方向搅拌再次上劲，即成鲜笋猪肉馅。

（2）面团调制

① 将面粉过筛后，倒上案板，扒一个小窝，用开水烫成雪花状，摊开冷却。

② 再洒淋上冷水，揉和成团，盖上湿布，饧制 15～20min。

（3）生坯成型

① 将面团揉光搓成条，摘成小剂，逐只按扁，擀成直径 8cm 的圆皮。

② 将其 4/5 部分向反面对称先折叠成"八"字形，然后在两条边上抹上水，皮的中间放上馅心，将两条边各自作对叠起来，顶端相连形成一个筒形孔。

③ 用骨针将圆孔的中段向里推进，粘起成两个小孔即为眼睛，两小孔中分别放上两粒虾仁，在虾仁的中间戳一个小洞，按上一颗小香菇丁作眼珠。

④ 用铜花夹将对叠的两边都夹出花边来，夹紧。然后再将折叠过去的两圆边从下面翻过来，用铜夹夹出花边，即为知了的两翅，将两翅微向后弯，将生坯站立放置，即为知了饺生坯。

（4）生坯熟制　将生坯上笼蒸 8min 成熟即可。

3. 制作关键

（1）选择中筋面粉，筋性适当。

（2）和面时用开水成雪花状，摊开后，再洒上冷水，揉和成团。

（3）适当饧制，形成一定的筋性。

（4）拌制馅心一定要上劲。

（5）包制时注意知了饺形状的把握。

（十三）蝴蝶饺子

1. 原料配方

面粉 350g，开水 125g，猪肉泥 250g，荸荠 75g，葱末 15g，姜末 10g，黄酒 15g，虾籽 2g，精盐 3g，酱油 15g，白糖 10g，味精 2g，冷水适量，水发香菇粒 65g，熟胡萝卜粒 65g，熟蛋白末 65g

2. 制作过程

（1）馅心调制

① 荸荠去皮洗净，切成末。

② 将猪肉泥加入荸荠末、葱末、姜末、虾籽、黄酒、酱油、精盐、白糖、味精拌和入味，搅拌上劲。

③ 然后加入少量冷水，顺一个方向搅拌再次上劲，即成荸荠猪肉馅。

（2）面团调制

① 将面粉过筛后，倒上案板，扒一个小窝，用开水烫成雪花状，摊开冷却。

② 再洒淋上冷水，揉和成团，盖上湿布，饧制 15～20min。

（3）生坯成型

① 将面团揉光搓成条，摘成小剂，逐只按扁，擀成直径 8cm 的圆皮。

② 在坯皮中间上入馅心，将皮子提起向上式包拢，捏拢成四个孔洞，其中两大两小，两个大洞占圆弧的 3/5，两个小洞占圆弧的 2/5。

③ 两大洞之间留一长孔，在近尖端 1/3 处粘上蛋液，用筷子夹粘起，将两大孔的斜上方捏尖，再将两个小孔的下端捏尖，注意两个小孔之间不相粘，中间的长孔作为蝴蝶的身子，两个大孔作为蝴蝶的两大翅膀，两个小孔作为蝴蝶的两个小翅膀。

（4）生坯熟制

① 在中间的长孔里放入黑色的水发香菇粒；在两个大洞中点缀熟胡萝卜粒；在两个小洞中点缀上熟蛋白末，即成蝴蝶饺生坯。

② 再将生坯上笼蒸 8min 成熟即可。

3. 制作关键

（1）选择中筋面粉，筋性适当。

（2）和面时用开水成雪花状，摊开后，再洒上冷水，揉和成团。

（3）适当饧制，形成一定的筋性。

（4）拌制馅心一定要上劲。

（5）包制时注意蝴蝶饺形状的把握。

（十四）燕子饺

1. 原料配方

面粉 350g，开水 125g，猪肉泥 250g，洋葱 75g，葱末 15g，姜末 10g，黄酒 15g，虾籽 2g，精盐 3g，酱油 15g，白糖 10g，味精 2g，冷水适量，红樱桃末 15g，水发香菇粒 50g，蛋液 50g。

2. 制作过程

（1）馅心调制

① 洋葱去皮洗净，切成细末。

② 将猪肉泥加入洋葱末、葱末、姜末、虾籽、黄酒、酱油、精盐、白糖、味精拌和入味，搅拌上劲。

③ 然后加入少量冷水，顺一个方向搅拌再次上劲，即成鲜肉馅。

（2）面团调制

① 将面粉过筛后，倒上案板，扒一个小窝，用开水烫成雪花状，摊开冷却。

② 再洒淋上冷水，揉和成团，盖上湿布，饧制 15 ～ 20min。

（3）生坯成型

① 将面团揉光搓成条，摘成小剂，逐只按扁，擀成直径 8cm 的圆皮。

② 将圆坯皮周长划分成 6 等份，上端和下端各留 1/6，两边各占 2/6。

③ 将两边的圆皮推出水波浪花边，然后在圆皮中心放上馅心，将两边的水波浪花边各自对捏对齐，上边不捏紧，略翻出；下边捏紧，成为两只翅，将两翅膀粘牢。

④ 上端 1/6 经捏制后成一圆孔，将圆孔捏出一个尖角，成为嘴；在圆孔中放

入香菇末，成为鸟头；香菇中间按上一点红樱桃末，即为眼睛。

⑤ 下端的 1/6 也成为一个圆孔，在圆孔的中心部位，用骨针竖着向两翅膀中间推进粘上蛋液，捏成剪刀形的尾巴。

（4）生坯熟制　将生坯上笼蒸 8min 成熟即可。

3．制作关键

（1）选择中筋面粉，筋性适当。

（2）和面时用开水成雪花状，摊开后，再洒上冷水，揉和成团。

（3）适当饧制，形成一定的筋性。

（4）拌制馅心一定要上劲。

（5）包制时注意燕子饺形状的把握。

（十五）桃饺

1．原料配方

面粉 350g，开水 125g，猪肉泥 250g，胡萝卜 75g，葱末 15g，姜末 10g，黄酒 15g，虾籽 2g，精盐 3g，酱油 15g，白糖 15g，味精 2g，冷水适量，红樱桃末 25g，水发香菇粒 50g，蛋液 50g。

2．制作过程

（1）馅心调制

① 将胡萝卜洗净刨皮，切成细粒。

② 将猪肉泥加入胡萝卜粒、葱末、姜末、虾籽、黄酒、酱油、精盐拌和入味，搅拌上劲。

③ 然后加入冷水，顺一个方向搅拌再次上劲，加入白糖、味精和匀成鲜肉馅。

（2）面团调制

① 将面粉过筛后，倒上案板，扒一个小窝，用开水烫成雪花状，摊开冷却。

② 再洒淋上冷水，揉和成团，盖上湿布，饧制 15 ～ 20min。

（3）生坯成型

① 将面团揉光搓成条，摘成小剂，逐只按扁，擀成直径 8cm 的圆皮。

② 在圆皮中放入馅心，左手托皮，右手将圆皮的两边粘点蛋清，把圆边分成 3/5 为一边，2/5 为另一边。

③ 将 3/5 的边从中间向黏结处再用蛋液粘起，成两个大孔。再将两个大孔相邻的两边粘起，在两个大孔的顶端处捏拢，捏出一个桃尖来。另将 2/5 的边捏合成两条对等的双边，两条边从上到下推出水波浪花边，纹路要对称，将两边的下端向上提起用蛋液粘在当中成两片桃片，再从中捏出桃梗来。

④ 最后，在两个大孔中放入红樱桃末，两个小孔中放入水发香菇粒即成桃饺生坯。

（4）生坯熟制　将生坯上笼蒸 8min 成熟即可。

3．制作关键

（1）选择中筋面粉，筋性适当。

（2）和面时用开水成雪花状，摊开后，再洒上冷水，揉和成团。

（3）适当饧制，形成一定的筋性。

（4）拌制馅心一定要上劲。

（5）包制时注意桃饺形状的把握。

（十六）簸箕饺

1．原料配方

面粉 350g，开水 125g，猪肉泥 250g，小虾皮 50g，葱末 15g，姜末 10g，黄酒 15g，虾籽 2g，精盐 3g，酱油 15g，白糖 15g，味精 3g，冷水适量，蛋液 50g。

2．制作过程

（1）馅心调制

① 将猪肉泥加入小虾皮、葱末、姜末、虾籽、黄酒、酱油、白糖、味精、精盐拌和入味，搅拌上劲。

② 然后加入适量冷水，顺一个方向搅拌再次上劲，即成虾皮猪肉馅。

（2）面团调制

① 将面粉过筛后，倒上案板，扒一个小窝，用开水烫成雪花状，摊开冷却。

② 再洒淋上冷水，揉和成团，盖上湿布，饧制 15 ～ 20min。

（3）生坯成型

① 将面团揉光搓成条，摘成小剂，逐只按扁，擀成直径 8cm 的圆皮。

② 在圆坯皮中间放上馅心，再将圆皮对折叠齐，边子的重叠处用铜夹子钳出花边。

③ 然后将两只边角向中间窝起，用蛋液把两角上下粘起，使窝起的凹面朝上，呈簸箕形生坯。

（4）生坯熟制　将生坯上笼蒸 8min 成熟即可

3．制作关键

（1）选择中筋面粉，筋性适当。

（2）和面时用开水成雪花状，摊开后，再洒上冷水，揉和成团。

（3）适当饧制，形成一定的筋性。

（4）拌制馅心一定要上劲。

（5）包制时注意簸箕饺形状的把握。

（十七）孔雀饺

1．原料配方

面粉 350g，开水 125g，猪肉泥 250g，芦笋 100g，葱末 15g，姜末 10g，黄酒

15g，虾籽 1g，精盐 3g，酱油 15g，白糖 15g，味精 2g，冷水适量，水发香菇粒 50g，蛋液 50g，熟蛋黄末 50g，青菜末 50g，红色面团 50g。

2. 制作过程

（1）馅心调制

① 将芦笋洗净，刨去老皮，用开水焯水后，过凉冷却，沥干水分，切成细粒。

② 将猪肉泥加入芦笋粒、葱末、姜末、虾籽、黄酒、酱油、精盐、白糖、味精拌和入味，搅拌上劲。

③ 然后加入少量冷水，顺一个方向搅拌再次上劲，即成鲜肉馅。

（2）面团调制

① 将面粉过筛后，倒上案板，扒一个小窝，用开水烫成雪花状，摊开冷却。

② 再洒淋上冷水，揉和成团，盖上湿布，饧制 15～20min。

（3）生坯成型

① 将面团揉光搓成条，摘成小剂，逐只按扁，擀成直径 8cm 的圆皮。

② 先把圆皮由外向里折叠成三角形，然后把皮子翻转过来，沿边涂上蛋液，中间放上馅心，把三只角向上提起，捏拢，捏紧成三角体。

③ 用铜花夹子在每条边上都夹上花纹，再把折叠过去的圆边，也翻出来，夹成花边，在三角体的顶端捏出孔雀头，用黑芝麻沾上蛋液，安在孔雀头的两侧做眼睛；再用剪刀剪出嘴，用少许红色面团做出孔雀冠安在头顶。

④ 把三只角向后稍拢成孔雀的尾巴和翅膀，上笼蒸熟后取出。在三条边子上分别放上熟蛋黄末、青菜末和水发香菇粒即成生坯。

（4）生坯熟制　将生坯上笼蒸 8min 成熟即可。

3. 制作关键

（1）选择中筋面粉，筋性适当。

（2）和面时用开水成雪花状，摊开后，再洒上冷水，揉和成团。

（3）适当饧制，形成一定的筋性。

（4）拌制馅心一定要上劲。

（5）包制时注意孔雀饺形状的把握。

（十八）菊花饺子

1. 原料配方

面粉 350g，开水 125g，猪肉泥 250g，墨鱼肉 75g，葱末 15g，姜末 10g，黄酒 15g，虾籽 2g，精盐 3g，酱油 15g，白糖 15g，味精 2g，冷水适量。

2. 制作过程

（1）馅心调制

① 将墨鱼肉清洗干净，用粉碎机搅打成泥蓉状。

② 将猪肉泥加入墨鱼肉泥、葱末、姜末、虾籽、黄酒、酱油、精盐、白糖、

味精拌和入味，搅拌上劲。

③然后顺一个方向搅拌再次上劲，即成鲜肉墨鱼馅。

（2）面团调制

①将面粉过筛后，倒上案板，扒一个小窝，用开水烫成雪花状，摊开冷却。

②再洒淋上冷水，揉和成团，盖上湿布，饧制 15～20min。

（3）生坯成型

①将面团揉光搓成条，摘成小剂，逐只按扁，擀成直径 8cm 的圆皮。

②左手托住皮，右手用馅挑翻入心，然后成五个大小相等的角，剪平后再用剪刀在每个角从上到下，出长短不等的五根细条。

③最后将每个角的五根细条向两边散开，呈花瓣状。

（4）生坯熟制　将生坯上笼蒸 8min 成熟即可。

3．制作关键

（1）选择中筋面粉，筋性适当。

（2）和面时用开水成雪花状，摊开后，再洒上冷水，揉和成团。

（3）适当饧制，形成一定的筋性。

（4）拌制馅心一定要上劲。

（5）包制时注意菊花饺形状的把握。

（十九）草帽饺子

1．原料配方

面粉 350g，开水 125g，猪肉泥 250g，鲅鱼肉 75g，葱末 15g，姜末 10g，黄酒 15g，虾籽 2g，精盐 3g，酱油 15g，白糖 15g，味精 3g，冷水适量。

2．制作过程

（1）馅心调制

①将鲅鱼肉洗净沥干，先切成小粒，再斩成细蓉。

②将猪肉泥加入鲅鱼蓉、葱末、姜末、虾籽、黄酒、酱油、精盐、白糖、味精拌和入味，搅拌上劲。

③然后加入少量冷水，顺一个方向搅拌再次上劲，即成猪肉鲅鱼馅。

（2）面团调制

①将面粉过筛后，倒上案板，扒一个小窝，用开水烫成雪花状，摊开冷却。

②再洒淋上冷水，揉和成团，盖上湿布，饧制 15～20min。

（3）生坯成型

①将面团揉光搓成条，摘成小剂，逐只按扁，擀成直径 8cm 的圆皮。

②圆皮中间顺长放入馅心，对叠成半圆形，将边叠齐捏紧，推绞出花边。

③然后将半圆形饺子的两个角向圆心处弯，使两角上下接头，用蛋清粘起。

④将中心隆起的部分朝上做帽体，其余的部分自然形成帽檐。

（4）生坯熟制　将生坯上笼蒸 8min 成熟即可。

3．制作关键

（1）选择中筋面粉，筋性适当。

（2）和面时用开水成雪花状，摊开后，再洒上冷水，揉和成团。

（3）适当饧制，形成一定的筋性。

（4）拌制馅心一定要上劲。

（5）包制时注意草帽饺形状的把握。

（二十）春饼

1．原料配方

面粉 500g，开水 75g，冷水适量，植物油少许。

2．制作过程

（1）面团调制

① 将面粉 150g 用开水烫熟，晾凉后加入冷水和剩余 350g 面粉调制成温水面。

② 继续将面团摊开或切成小块晾凉，直至散去团中热气后再揉和成光滑硬实的面团。

③ 盖上湿布饧制 15 ～ 20min 备用。

（2）生坯成型

① 把面团搓成条，揪成 25g 重的剂子，按扁，表面刷上植物油。

② 与另一个不刷油的面剂对合在一起，擀成直径 15 ～ 18cm 的圆形薄饼。

（3）生坯熟制　将平底不粘锅置火上，烧热，放上生坯烙熟取出，揭开成单张叠成扇形装入盘中。

3．制作关键

（1）选择中筋面粉，筋性适当。

（2）和面时用开水成雪花状，摊开后，再洒上冷水，揉和成团。

（3）适当饧制，形成一定的筋性。

（4）熟制时也可采用单剂子擀成圆饼状上笼蒸制而成。

三、热水面团教学案例

（一）煎饺

1．原料配方

面粉 350g，开水 125g，猪肉泥 250g，葱末 15g，姜末 10g，黄酒 15g，虾籽 2g，精盐 3g，酱油 15g，白糖 15g，味精 3g，冷水适量。

2．制作过程

（1）馅心调制

① 将猪肉泥加入葱末、姜末、虾籽、黄酒、酱油、精盐、白糖、味精拌和入

味，搅拌上劲。

② 然后加入少量冷水，顺一个方向搅拌再次上劲，即成猪肉馅。

（2）面团调制

① 将面粉过筛后，倒上案板，扒一个小窝，用开水烫成雪花状，摊开冷却。

② 再洒淋上冷水，揉和成团，盖上湿布，饧制 15～20min。

（3）生坯成型

① 将面团揉光搓成条，下 30 只剂子，撒上干粉，逐只按扁，用双饺杆擀成直径 9cm，中间厚四周稍薄的圆皮，左手托皮，右手用馅挑刮入馅心成一条枣核型。

② 将皮子分成四、六开，然后用左手大拇指弯起，用指关节顶住皮子的四成部位，以左手的食指顺长围住皮子的六成部位，以左手的中指放在拇指与食指的中间稍下点的部位，托住饺子生坯。

③ 再用右手的食指和拇指将六成皮子边捏出褶皱，贴向四成皮子的边沿，一般捏 14 个褶，最后捏合成月牙形生坯。

（4）生坯熟制

① 生坯上笼，置蒸锅上蒸 8～10min，视成品鼓起不粘手即为成熟，然后冷却后备用。

② 平底不粘锅倒入适量油，先在火上烧一下，待油有些热的时候关火，把饺子整齐地放进锅里，加水至饺子的半身位置，盖上盖子以大火烧开转中火，待水煮干后开盖再加些水，平过饺子底部就可以了，盖上盖子以中火焖，待水烧干饺子底部发脆即可起锅装盘。

3. 制作关键

（1）选择中筋面粉，筋性适当。

（2）和面时用开水成雪花状，摊开后，再洒上冷水，揉和成团。

（3）适当饧制，形成一定的筋性。

（4）拌制馅心一定要上劲。

（5）包制时注意月牙饺形状的把握。

（二）牛肉锅贴

1. 原料配方

面粉 450g，精盐 3g，热水 250g（约 70℃），牛肉 750g，酱油 15g，味精 2g，精盐 3g，虾籽 2g，白胡椒粉 2g，麻油 15g，葱末 15g，姜末 10g，黄酒 15g，花生油 50g。

2. 制作过程

（1）馅心调制

① 将牛肉去筋膜并剁成泥。

② 在牛肉泥中加入葱末、姜末、虾籽、白胡椒粉、黄酒、酱油、精盐、麻油、味精拌和入味，搅拌上劲。

③ 然后加入少量冷水，顺一个方向搅拌再次上劲，即成牛肉馅。

（2）面团调制

① 将面粉过筛后，倒上案板，扒一个小窝，用热水和成面团，摊开冷却。再掺入少许面粉揉匀揉光。

② 饧制 15 ～ 20min。

（3）生坯成型

① 将揉搓好的面团搓条摘成剂子。

② 用擀面杖擀成中间较厚、边缘稍薄的皮子，各包入牛肉馅心，捏成褶纹饺。

（4）生坯熟制

① 把锅贴摆入已抹油并烧热的平底锅里，先煎半分钟。

② 加水至锅贴的 1/3 高，加盖煎至水干饺熟，底呈金黄色即可。

3. 制作关键

（1）选择中筋面粉，筋性适当。

（2）适当饧制，形成一定的筋性。

（3）包制时注意锅贴形状的把握。

四、水余面团教学案例

（一）烫面炸糕

1. 原料配方

面粉 500g，澄沙馅 300g，食油 250g，水 650g。

2. 制作过程

（1）面团调制

① 锅上火，加入清水 650g 烧开，然后将面粉倒入，用小擀面杖反复搅，待面团发亮成烫面团时撤锅。

② 倒在案板上摊开晾凉后，再掺入少许干面粉用手揉匀揉光。

③ 放温暖处稍饧。

（2）生坯成型

① 搓成长条，揪成 20 个剂子。

② 逐个按成小圆皮包上澄沙馅并封口。

（3）生坯熟制　按成小圆饼形，放入油锅炸成金黄色捞出即成。

3. 操作关键

（1）炸糕的关键在和面，面软些才好吃。

（2）再就是炸糕的油温要掌握好，小火炸制才能外焦里嫩。

（3）烫面做法　第一种调法是直接倒入开水搅拌，不过面粉不能烫完，要留十分之三的面粉，揉的时候一块揉进去，然后把面摊开晾凉，再揉成团。

第二种调法就是拿十分之七的面粉直接烫好，再用十分之三的面粉调成凉水面团，也就是调饺子面团那样，最后把两种面团和在一起，揉成团。

（二）泡泡油糕

1．原料配方

面粉 1000g，清水 350g，熟猪油 250g，白糖 150g，黄桂酱 75g，玫瑰酱 75g，核桃仁碎 50g，熟面粉 200g，凉开水 100g，色拉油 1000g（实耗 150g）。

2．制作过程

（1）面团调制

① 取清水放入锅内浇沸，加入熟猪油，将面粉过筛后倒入锅内，用擀面杖搅拌均匀，边搅拌边用小火加热，使水、油、面搅拌成熟的水杂面团。

② 将熟的水杂面团出锅放在案板上，掰开晾凉，再加凉开水反复揉搓成软面团。

（2）馅心调制　将白糖、黄桂酱、核桃仁碎、熟面粉等揉搓均匀，制成黄桂白糖馅。

（3）生坯成型　将软面团揪成大小合适的面剂，用手拍成片，放黄桂白糖馅，包制成糕坯。

（4）生坯熟制　将锅中放入色拉油，加热至130℃，下入包好的糕坯，用筷子拨动至糕坯上面慢慢冒气泡时，将油糕推至锅边，炸制 4～5min 即可捞出沥油。

3．操作关键

（1）掌握水、油、面的用料比例。

（2）加热时改用小火，边加热，边搅拌均匀至熟。

（3）凉开水分次加入揉匀成软面团。

（4）掌握油炸的温度为 130℃。

第二节　膨松面团教学案例

一、生物膨松类面团教学案例

（一）猪油开花包（扬式）

1．原料配方

大酵面 550g，碱水 10ml，泡打粉 20g，糖粉 150g，猪板油 200g，白糖 200g。

2．制作过程

（1）馅心调制

① 将猪板油剥去外层薄膜，切成绿豆大小的丁。

②放入馅盆内加白糖拌匀，浸渍 2 ～ 3 天。

（2）面团调制

①将已发足的大酵面，放在案板上，加上碱水，揉匀后加入糖粉，揉匀揉透后静放 15min 左右。

②接着加入泡打粉揉匀，揉时由于糖溶化，酵面很糊且粘手，可边揉边撒少许干面粉。

（3）生坯成型

①把酵面搓成直径约 3cm 的长条，用刀在上面顺长划两条沟，用手向两边翻开，在沟中放入糖板油丁（也可放些青梅、红瓜、枣子丁）。

②随后再把沟边捏拢，包住馅心，再轻轻用双手搓成直径约 3cm 的圆条。

③在笼格里放硅胶垫，把圆条按规格摘坯，边摘边放在硅胶垫上，断面须朝上，以利开花。

（4）生坯熟制

①用旺火将水烧至蒸汽直冒，然后把笼格放上，蒸约 12min。

②见包子开花、发松、有弹性即可。

3. 操作关键

（1）按用料配方准确称量投料。

（2）酵面一定要发足发透，宁可发过头，否则影响开花。

（3）酵面中放糖后必须静放一些时间，放泡打粉后不宜多揉，以免把酵面中的孔眼揉死，影响开花。

（4）摘坯时不要捏得太紧，否则影响开花。

（5）摘剂上笼后应立即上蒸，不然要软塌，影响成型。

（二）蟹黄小笼包

1. 原料配方

面粉 500g，面肥 50g，蟹黄 100g，蟹肉 150g，猪肉 500g，猪油 150g，味精 3g，香葱 15g，生姜 10g，黄酒 15g，酱油 35g，精盐 5g，白糖 10g，碱水适量。

2. 制作过程

（1）馅心调制

①将猪肉剁成细泥，香葱、生姜切成末。

②锅内加猪油 150g 烧热，放香葱末、姜末，煸出香味后放入蟹黄、精盐、白糖、味精，小火炒至水分大部分蒸发干净。

③将猪肉泥加上酱油、白糖、味精，放上炒好的蟹黄，搅拌上劲备用。

（2）面团调制　面粉 450g 加面肥 50g，用温水和匀，待面发好后，加碱水适量揉匀，饧制 15 ～ 20min。剩下 50g 面粉留作扑面用。

（3）生坯成型

① 将面团搓条，揪成大小均匀的面剂，擀成圆皮。

② 把肉馅放入皮内，顺边折十四个小褶，呈圆形，但不要把口捏死，让心露出，以增强小包的美观。

（4）生坯熟制

将生坯排入蒸笼内硅胶垫上，盖上笼盖旺火蒸 8min 即可。

3．操作关键

（1）按配方准确称量。

（2）面团要用温水调制，揉匀揉透，盖上湿布饧制。

（三）三丁包

1．原料配方

中筋面粉 300g，酵母 5g，泡打粉 5g，白糖 5g，温水 160mL，猪肋条肉 250g，鸡肉 150g，鲜笋 150g，葱结 1 个，姜块 2 个，葱末 15g，生姜末 15g，黄酒 25mL，虾籽 5g，白糖 15g，熟猪油 50g，盐 3g，酱油 15mL，湿淀粉 15g。

2．制作过程

（1）馅心调制

① 将猪肋条肉、鸡肉洗净焯水，放入水锅内，加入葱结、姜块、黄酒将肉煨至七成熟，改刀成 0.7cm 见方的肉丁和 0.8cm 见方的鸡丁；将鲜笋焯水改刀成 0.5cm 见方的笋丁。

② 炒锅上火，放入熟猪油、葱姜末煸香，放入三丁煸炒，再放入黄酒、虾籽、盐、酱油、白糖，加进适量煮制鸡肉、猪肉的汤，用大火煮沸，中小火煮至上色、入味、收汤，用湿淀粉勾芡后装入盆中，晾凉备用。

（2）面团调制

① 将面粉倒在案板上扒一窝与泡打粉拌匀，放入酵母、白糖，再放入温水调成面团，揉匀揉透。

② 用干净的湿布盖好饧发 15min。

（3）生坯成型

① 将发好的面团揉匀揉透，搓成长条，摘成 20 只面剂，用手掌按扁，擀成直径 8cm、中间厚、周边薄的圆皮。包捏时左手掌托住皮子，掌心略凹，用馅挑上馅，馅心在皮子正中。

② 左手将包皮平托于胸前，右手拇指和食指捏，自右向左依次捏出 32 个皱褶，同时用右手的中指紧顶住拇指的边缘，让起过的褶皱以后的包皮边缘从中间通过，夹出一道包子的"嘴边"。

③ 每次捏褶子时，拇指与食指略微向外拉一拉，以使包子最后形成"颈项"，最后收口成"鲫鱼嘴"即成生坯。

（4）生坯熟制

① 将生坯放入刷过油的蒸笼中，饧发 20min。

② 将装有生坯的蒸笼放在蒸锅上，蒸 8min，待皮子不粘手、有光泽、按一下能弹回即可出笼装盘。

3．操作关键

（1）按用料配方准确称量投料。

（2）三丁形状，鸡丁大于肉丁；肉丁大于笋丁。

（3）面团要发好、饧透、揉匀、揉透；盖上湿布饧制 15min。

（4）坯剂的大小要准确；坯皮一定要擀得薄而均匀，做到中间厚、周边薄。

（5）左手托皮，右手上馅，用右手拇指和食指自右向左依次捏出 32 个皱褶，包成"荸荠鼓"或"鲫鱼嘴"造型。

（6）蒸制时汽要足；注意蒸制时的火力。火要旺，蒸笼要密封，一般蒸制 8min 左右。

（四）狗不理包子

1．原料配方

面粉 300g，面肥 200g，碱水 5mL，温水 150mL，猪肉 300g，生姜 15g，料酒 20g，酱油 25g，冷水 300mL，葱末 15g，姜末 15g，麻油 25mL，味精 3g，盐 4g。

2．制作过程

（1）馅心调制

① 猪肉洗净剁成肉末，放入盆内，加入酱油、盐、料酒、葱姜末、味精、麻油等顺时针搅动。

② 搅拌上劲，再分次倒入冷水（或是骨头汤），边倒边顺时针搅动，搅成至有黏性即成馅料。

（2）面团调制

① 面粉放盆内，加面肥、温水和成面团，兑入碱水，揉匀揣透。

② 盖上湿布使其饧制 15min。

（3）生坯成型

① 将面团搓成长条，下剂，逐个按扁，擀成直径约 8cm 的薄圆皮。

② 左手托皮，右手拨入馅，掐褶 15～16 个。

（4）生坯熟制　将制好的包子生坯入笼，旺火蒸 7min。

3．操作关键

（1）按用料配方准确称量。

（2）和馅时注意投料顺序，馅心要顺同一方向搅打上劲。

（3）掌握好酵面的饧发程度。

（4）掐包时拇指往前走，拇指与食指同时将褶捻开，收口时要按捏好，不开口，包子口上没有面疙瘩。

（5）上屉时火旺、水开、汽足需 7min。如蒸过火，先饱后瘪，流油，不好看，不好吃；欠火则发黏，不能吃。

（6）馅心可以变化，有猪肉馅、肉皮馅、三鲜馅等。

（五）刺猬包

1. 原料配方

中筋面粉 300g，冷水 160mL，酵母 3g，泡打粉 4g，白糖 3g，红小豆 500g，白糖 250g，熟猪油 50g，黑芝麻 5g。

2. 制作过程

（1）馅心调制

① 红小豆洗净浸泡一夜，然后放高压锅内加水煮烂。

② 取出后晾凉，用网筛擦制过滤，然后用纱布过滤去水分，成为干豆沙。

③ 取一个干净锅，放入熟猪油烧热，放入 250g 白糖炒熔，再放入干豆沙炒匀，形成细沙馅。

（2）面团调制

① 中筋面粉放案板上扒一小窝，加酵母、冷水、泡打粉、3g 白糖等调成发酵面团。

② 盖上湿洁布，饧制 20min。

（3）生坯成型

① 将发好的面团揉匀揉光，搓成长条，摘成 20 只面剂。

② 用手掌按扁，擀成直径 4cm、中间厚、周边薄的圆皮。

③ 包上硬细沙馅心，收口捏拢向下放。将坯子先搓成一头尖、一头圆的形状，尖头做刺猬头，圆头做尾部。

④ 用小剪刀在尖部横着剪一下，做嘴巴；在其上方剪出两只耳朵，将两耳捏扁竖起，再在两耳前嵌上两粒黑芝麻便成为刺猬眼睛。

⑤ 然后再用小剪刀在后尾部自上向下剪出 1 根小尾巴，也把它略竖起；放入刷过油的笼内饧发 10min。

⑥ 再用左手托住包子，右手持小剪刀，在刺猬的身上从头部到尾部、从左边到右边依次剪出长刺来，放入笼内再饧发 5min。

（4）生坯熟制　将装有生坯的蒸笼放在蒸锅上，蒸 6min，待皮子不粘手、有光泽、按一下能弹回即可出笼。

3. 操作关键

（1）细沙馅在制作时要熬硬一点，便于生坯的成型操作。

（2）为了增加细沙馅的口味可以加上桂花酱调味。

（3）按用料配方准确称量，采用温水调制面团的方法调制。

（4）面团要揉匀揉透，盖上湿布饧制 20min。

（5）坯剂的大小要准确，坯皮的收口一定要放在底部。

（6）表皮要光滑，用小剪刀剪成小刺猬的嘴、耳朵、尾巴和浑身的长刺。

（7）蒸制时要求旺火汽足，蒸制的时间不宜太长或太短，以 6min 为宜。

（六）葫芦包

1. 原料配方

中筋面粉 300g，冷水 160mL，酵母 3g，泡打粉 4g，白糖 3g，红小豆 500g，白糖 250g，熟猪油 50g，黄色素 0.001g。

2. 制作过程

（1）馅心调制

① 红小豆洗净浸泡一夜，然后放高压锅内加水煮烂。

② 取出后晾凉，用网筛擦制过滤，然后用纱布过滤去水分，成为干豆沙。

③ 取一个干净锅，放入熟猪油烧热，放入 250g 白糖炒熔，再放入干豆沙炒匀，制成细沙馅。

（2）面团调制

① 中筋面粉放案板上扒一小窝，加酵母、冷水、泡打粉、3g 白糖等调成发酵面团。

② 盖上湿洁布，饧制 20min。

（3）生坯成型

① 将发好的面团揉匀揉光，搓成长条，摘成 20 只 20g 面剂和 20 只 15g 的面剂。

② 分别用手掌按扁，20g 面剂的皮子包上 10g 的馅心，搓成圆球形；15g 面剂的皮子包上 5g 的馅心，搓成圆锥形。

③ 逐个将小圆锥的底部沾上蛋清，安在大圆球形面团的上面，成为葫芦状。

（4）生坯熟制

① 粘牢后平放在笼内，再饧发 6min。

② 上旺火开水锅蒸熟，出笼后喷上黄色素液渲染即可。

3. 操作关键

（1）细沙馅在制作时要熬硬一点，便于生坯的成型操作。

（2）为了增加细沙馅的口味可以加上桂花酱调味。

（3）按用料配方准确称量，采用温水调制面团的方法调制。

（4）面团要揉匀揉透，盖上湿布饧制 20min。

（5）坯剂的大小要准确，表皮要光滑。

（6）造型成葫芦状。

（7）蒸制时要求旺火汽足，蒸制的时间不宜太长或太短，以 6min 为宜。

（8）蒸制时待皮子不粘手、有光泽、按一下能弹回即可出笼。

（七）钳花包

1. 原料配方

中筋面粉 300g，冷水 160mL，酵母 3g，泡打粉 4g，白糖 3g，猪肉泥 350g，葱末 15g，姜末 15g，黄酒 15mL，虾籽 3g，盐 5g，酱油 15mL，白糖 15g，味精 3g，冷水 100mL。

2. 制作过程

（1）馅心调制

①将猪肉泥加葱末、姜末、黄酒、虾籽、盐、酱油拌匀。

②分次加冷水拌匀，再拌入 15g 白糖、味精搅拌上劲成馅。

（2）面团调制

①中筋面粉放案板上扒一小窝，加酵母、冷水、泡打粉、3g 白糖等调成发酵面团。

②盖上湿洁布，饧制 20min。

（3）生坯成型

①将面团揉光，搓条，摘成 30 个面剂，擀成直径 8cm 的圆皮。

②左手托坯皮，右手上馅，包成球状，收口朝下。用钳子在四周钳出花纹。

（4）生坯熟制　生坯放入笼内硅胶垫上，蒸 10min 即可，轻提装盘。

3. 操作关键

（1）肉馅要先入底味搅拌上劲。

（2）面团要发好、饧透、揉匀、揉透。

（3）坯剂的大小要准确；坯皮一定要擀得薄而均匀，做到中间厚周边薄。

（4）用钳子在四周钳出花纹，要深一些。否则一蒸，花纹就更加浅了。

（5）蒸制时汽要足；注意蒸制时的火力。火要旺，蒸笼要密封，一般蒸制 10min 左右。

（八）寿桃包

1. 原料配方

中筋面粉 300g，酵母 4g，泡打粉 4g，白糖 4g，温水 160mL，大红枣 750g，冷水 400mL，熟猪油 50g，红色素 0.1g，绿色素 0.1g，黄色素 0.1g。

2. 制作过程

（1）馅心调制

①将大红枣洗净，切开去核留枣肉。

②将枣肉倒入锅中，加枣肉一半份量的水开火煮。

③煮的过程中用打蛋器不断搅拌，使枣肉均匀和水融合在一起。

④煮至枣肉成泥糊状，水分收干一些时关火，晾凉。

⑤将晾凉的枣肉用滤网过筛，得到细腻的枣泥。

⑥ 将过滤出的枣泥放入炒锅中，小火慢慢加热，同时不断翻炒，一直炒至枣泥中的水分收干，枣泥馅变硬即可。

⑦ 关火后仍要不停翻炒一会，使热气尽快散去，即成硬枣泥馅。

（2）面团调制

① 将面粉倒在案板上与泡打粉拌匀，中间扒一窝，放入酵母、白糖，再放入温水调成面团，揉匀揉透。

② 用干净的湿布盖好饧制 15min。

（3）生坯成型

① 将发好的面团揉匀揉光，取 40g 面团做叶柄用。其余面团搓成长条，摘成 30 只面剂。

② 用手掌按扁，擀成直径 7cm、中间厚、周边薄的圆皮。

③ 每只剂子包入 10g 枣泥馅心，捏紧收口向下放，上端搓出一个桃尖略向一边倾斜，再用刀背在桃身至桃尖处压出一道凹槽，然后用面团制成二片叶子和叶柄，装上即成生坯。

④ 放入刷过油的蒸笼中，饧制 20min。

（4）生坯制熟

① 将装有生坯的蒸笼放在蒸锅上，蒸 8min，待面皮子不粘手、有光泽、按一下能弹回即可出笼。

② 分别将色素溶于少量水中，搅拌均匀，再用牙刷沾上色素溶液，将桃尖渲染成淡红色，将桃叶渲染成淡绿色即可，装盘。

3．操作关键

（1）面团按用料配方准确称量，采用温水调制面团的方法调制。

（2）选择质量好、硬度较大的枣泥馅，便于生坯的成型操作。

（3）面团较硬，要揉匀揉透。

（4）坯剂的大小要准确；坯皮的收口一定要放在底部。

（5）表皮要光滑，桃身造型要捏得瘦高一些，生坯整体呈仙桃形。

（6）蒸制时要火大汽足；蒸制时间不宜太长或太短。

（九）佛手包

1．原料配方

中筋面粉 300g，冷水 160mL，酵母 3g，泡打粉 4g，白糖 3g，红小豆 500g，白糖 250g，熟猪油 50g，可可粉 5g，黄色素 0.001g。

2．制作过程

（1）馅心调制

① 红小豆洗净浸泡一夜，然后放高压锅内加水煮烂。

② 取出后晾凉，用网筛擦制过滤，然后用纱布过滤去水分，成为干豆沙。

③取一个干净锅，放入熟猪油烧热，放入250g白糖炒熔，再放入干豆沙炒匀，形成细沙馅。

（2）面团调制

①中筋面粉放案板上扒一小窝，加酵母、冷水、泡打粉、3g白糖等调成发酵面团。

②盖上湿洁布，饧制20min。

（3）生坯成型

①将发好的面团揉匀揉光，取30g染成淡绿色，做成佛手的叶、柄。

②其余面团搓成长条，摘成20只面剂，用手掌按扁，擀成直径6cm、中间厚、周边薄的圆皮。

③包进细沙馅心，收口捏紧向下，压成椭圆形生坯。

④再在有馅的2/3处按扁成铲刀状，用快刀在此切出10根条（坯子小可少些），成10根"手指"。

⑤中间8根手指头不切断，然后，在中间8只指头的反面涂上蛋清，将向反面弯曲，贴在反面的手掌处粘牢，手掌弓起，拇指和小指落地撑起，在中腰处用手稍捏细，然后在后部按上叶、柄即成生坯。

（4）生坯熟制

①将装有生坯的蒸笼放在蒸锅上，蒸6min。

②待皮子不粘手、有光泽、按一下能弹回即可出笼。

3．操作关键

（1）细沙馅在制作时要熬硬一点，便于生坯的成型操作。

（2）按用料配方准确称量，采用温水调制面团的方法调制。

（3）面团要揉匀揉透，盖上湿布饧制20min。

（4）坯剂的大小要准确，坯皮的收口一定要放在底部。

（5）表皮要光滑，生坯呈佛手形，手指要切得均匀，手掌要弓起。

（6）蒸制时要求旺火足汽，蒸制的时间不宜太长或太短，以6min为宜。

（十）秋叶包

1．原料配方

中筋面粉300g，酵母4g，泡打粉5g，白糖6g，温水150mL，红小豆500g，白糖250g，熟猪油50g。

2．制作过程

（1）馅心调制

①红小豆洗净浸泡一夜，然后放高压锅内加水煮烂。

②取出后晾凉，用网筛擦制过滤，然后用纱布过滤去水分，成为干豆沙。

③取一个干净锅，放入熟猪油烧热，放入250g白糖炒熔，再放入干豆沙炒匀，

形成细沙馅。

（2）面团调制

① 将面粉倒在案板上与泡打粉拌匀，中间扒一窝，放入酵母、6g 白糖，再放入温水调成面团，揉匀揉透。

② 用干净的湿布盖好，饧发 15min。

（3）生坯成型

① 将发好的面团揉匀揉光，搓成长条，摘成 20 只面剂。

② 用手掌按扁，擀成直径 6cm、中间厚、周边薄的圆皮。

③ 将硬豆沙馅搓成一头粗一头细，放入圆皮中，放在左手虎口上，右手用拇指、食指将皮子两面交叉捏进，每捏一个褶都有向上拎、向前倾的动作，使纹路呈"入"字形。

④ 将两边一直捏到叶尖，形成中间一条叶脉，两边有均匀的"入"字形纹路即成生坯。

（4）生坯熟制

① 放入刷过油的生坯排放入笼中饧发 20min。

② 将装有生坯的蒸笼放在蒸锅上蒸 8min，待皮子不粘手、有光泽、按上下能弹回即可出笼。

3. 操作关键

（1）红小豆要洗净煮烂，擦成泥，过滤后熬制时要用小火慢熬，为增加红豆沙的风味，最后可以放入适量的桂花酱。

（2）面团要发好、饧透、揉匀、揉透。

（3）坯剂的大小要准确；坯皮一定要擀得薄而均匀，做到中间厚、周边薄。

（4）成型时做成秋叶状。

（5）蒸制时蒸汽要足；成品不粘手，不粘牙，不发暗。

（十一）柿子包

1. 原料配方

中筋面粉 300g，冷水 160mL，酵母 3g，泡打粉 4g，白糖 3g，莲子 500g，白糖 250g，熟猪油 50g，可可粉 5g，黄色素 0.001g。

2. 制作过程

（1）馅心调制

① 莲子洗净浸泡一夜，然后放高压锅内加水煮烂。

② 取出后晾凉，用网筛擦制过滤，然后用纱布过滤去水分，成为干莲蓉。

③ 取一个干净锅，放入熟猪油烧热，放入 250g 白糖炒熔，再放入干豆沙炒匀，形成莲蓉馅。

（2）面团调制

① 中筋面粉放案板上扒一小窝，加酵母、冷水、泡打粉、3g 白糖等调成发酵

面团。

②盖上湿洁布，饧制 20min。

（3）生坯成型

①将发好的面团加入可可粉，揉匀揉光，搓成长条，摘成 20 只面剂。

②用手掌按扁，擀成直径 6cm、中间厚、周边薄的圆皮。

③包入馅心，包成圆球，收口朝下，中间用拇指按下呈扁圆形。

④将用可可粉加酵面调制的面团分成 20 份，每份按扁成小圆皮，四边略卷起盖在柿子生坯上，中心用骨针戳一小洞，安上一根棕色的柿子梗，即做成了生坯。

⑤然后放入刷过油的笼中饧发 20min。

（4）生坯熟制

①将装有生坯的蒸笼放在蒸锅上蒸 8min。

②待皮子不粘手、有光泽、按上下能弹回即可出笼。

（5）装盘装饰　将黄色素用水溶化开呈溶液状，用干净牙刷和筷子各一根，沾上溶液，弹在柿子包子上面，渲染成金黄色即成。

3．操作关键

（1）莲子要洗净煮烂，擦成泥，过滤后熬制时要用小火慢熬，为增加莲蓉馅的风味，最后可以放入适量的桂花酱。

（2）面团要发好、饧透、揉匀、揉透。

（3）坯剂的大小要准确；坯皮一定要擀得薄而均匀，做到中间厚、周边薄。

（4）成型时做成柿子状。

（5）蒸制时蒸汽要足；成品不粘手，不粘牙，不发暗。

（6）着色要均匀，形成均匀的渲染效果。

（十二）核桃包

1．原料配方

中筋面粉 300g，冷水 160ml，酵母 3g，泡打粉 4g，白糖 3g，猪肉泥 350g，葱末 15g，姜末 15g，黄酒 15mL，虾籽 3g，盐 5g，酱油 15ml，白糖 15g，味精 3g，冷水 100mL。

2．制作过程

（1）馅心调制

①将猪肉泥加葱末、姜末、黄酒、虾籽、盐、酱油、15g 白糖、味精拌匀。

②分次加少量冷水，搅拌上劲成馅。

（2）面团调制

①中筋面粉放案板上扒一小窝，加酵母、冷水、泡打粉、3g 白糖等调成发酵面团。

②盖上湿洁布，饧制 20min。

（3）生坯成型

① 将发好的面团揉匀揉光，搓成长条，摘成 30 只面剂。

② 逐只用手掌按扁，擀成直径 6cm，中间厚、周边薄的圆皮。

③ 包入馅心收口朝下，用花钳夹上核桃的颗粒花纹和凸起圆边，放入刷过油的笼中饧发 20min。

（4）生坯熟制

① 将装有生坯的蒸笼放在蒸锅上蒸 8min。

② 待皮子不粘手、有光泽、按一下能弹回即可出笼。

3. 操作关键

（1）肉馅要先入底味搅拌上劲。

（2）面团要发好、饧透、揉匀、揉透。

（3）坯剂的大小要准确；坯皮一定要擀得薄而均匀，做到中间厚、周边薄。

（4）用钳子在四周钳出核桃花纹，要深一些。否则一蒸，花纹就更加浅了。

（5）蒸制时汽要足；注意蒸制时的火力。火要旺，蒸笼要密封，一般蒸制 10min 左右。

（十三）生煎包子

1. 原料配方

中筋面粉 300g，酵母 5g，泡打粉 5g，白糖 5g，温水 160mL，猪夹心肉 350g，皮冻 120g，葱末 30g，姜末 10g，黄酒 15mL，虾籽 3g，酱油 25mL，精盐 3g，白糖 15g，味精 3g，芝麻油 30mL，冷水 100mL，熟脱壳白芝麻 15g，色拉油 50mL。

2. 制作过程

（1）馅心调制

① 将猪前夹心肉绞成肉茸，放入葱末、姜末、黄酒、虾籽、酱油、精盐搅拌均匀。

② 分两次放入冷水，顺一个方向搅拌上劲。

③ 再放入皮冻、15g 白糖、味精、芝麻油拌匀即成生肉馅。

（2）面团调制

① 将面粉倒在案板上与泡打粉拌匀，中间扒一窝塘，放入酵母、5g 白糖，再放入温水调成面团，揉匀揉透。

② 用干净的湿布盖好饧发 15min。

（3）生坯成型

① 将发好的面团揉匀揉透，搓成长条，摘成 20 只面剂。

② 逐只用手掌按扁，擀成直径 8cm、中间厚、周边薄的圆皮。

③ 上入馅心，提褶包捏成荸荠鼓、鲫鱼嘴、32 道皱褶的生坯。

④ 放入洗净烘干倒入色拉油的平底锅中，饧发 20min。

（4）生坯熟制

① 将平底锅置于灶上，中火加热，放入少量冷水，盖上锅盖，改用小火煎至锅内水干、香味散出、鲫鱼嘴汪卤，即成开锅。

② 见底部金黄，就撒上葱末、熟脱壳白芝麻，淋上芝麻油。

③ 盖上锅盖略焖即开盖，用平铲铲出装盘。

3. 操作关键

（1）馅心拌匀后要搅拌上劲。

（2）面团要发好、饧制、揉匀、揉透；盖上湿布饧制 15 分钟。

（3）坯剂的大小要准确；坯皮一定要擀得薄而均匀，做到中间厚、周边薄。

（4）左手托皮，右手上馅，用右手拇指和食指自右向左依次捏出 32 个皱褶，包成"荸荠鼓""鲫鱼嘴"造型。

（5）蒸制时汽要足；注意蒸制时的火力。火要旺，蒸笼要密封，一般蒸制 8min 左右。

（十四）如意卷

1. 原料配方

中筋面粉 300g，酵母 5g，泡打粉 5g，白糖 5g，温水 160mL，熟猪油 50g。

2. 制作过程

（1）面团调制

① 将面粉倒在案板上与泡打粉拌匀，中间扒一窝塘，放入酵母、5g 白糖，再放入温水调成面团，揉匀揉透。

② 用干净的湿布盖好饧发 15min。

（2）生坯成型

① 将饧好的面团搓揉成长圆条，按扁，用擀成约 20cm 长、0.5cm 厚、12cm 宽的长方形面皮，刷一层熟猪油。

② 由长方形的窄边向中间对卷成两个圆筒后，在合拢处抹冷水少许，翻面，搓成直径 3cm 的圆条，用刀切成 20 个面段，立放在案板上。

（3）生坯熟制

① 笼内抹少许油，然后把 20 个面段立放在笼内。

② 旺火沸水蒸约 15min 至熟即成。

3. 操作关键

（1）面团要揉匀饧透，揉至表面光滑不粘手为宜。

（2）泡打粉用量要适当，过多面发黄。

（3）入笼用开水旺火速蒸，蒸至表面光滑不粘手即可。

（十五）菊花卷

1. 原料配方

中筋面粉 300g，酵母 5g，泡打粉 5g，白糖 5g，温水 160mL，瘦火腿 35g，葱末 25g，色拉油 30mL，味精 1g。

2. 制作过程

（1）馅心调制　将瘦火腿煮熟切成细末，加葱末、味精一起拌匀成馅心。

（2）面团调制

① 将面粉倒在案板上与泡打粉拌匀，中间扒一窝，放入酵母、白糖，再放入温水调成面团，揉匀揉透。

② 用干净的湿布盖好饧发 15min。

（3）生坯成型

① 将酵面揉光，用面杖擀成 0.3cm 厚的长方形薄片，一半均匀地涂上色拉油，撒上馅心，卷成圆筒。

② 再将另一半翻过来，均匀地涂上色拉油，撒上馅心，卷成圆筒。

③ 将双筒沿截面切成 20 个坯子。

④ 取细头筷子一双，沿两只圆筒的对称轴向里夹紧，夹成 4 只椭圆形小圆角，再用快刀将 4 只小圆角一分为二，切至圆心，用骨针拨开卷层层次，即成菊花卷子生坯。

⑤ 放入刷过油的笼内，饧发 15min。

（4）生坯熟制

① 将装有生坯的蒸笼放在蒸锅上，蒸 7min。

② 待皮子不粘手、有光泽、按一下能弹回即可出笼。

3. 操作关键

（1）馅料要加工得细小一些，大小粒均匀。

（2）坯剂的大小要准确。

（3）双卷要卷得粗细一样，生坯呈菊花形。

（十六）蝴蝶卷

1. 原料配方

中筋面粉 300g，酵母 5g，泡打粉 5g，白糖 5g，温水 160mL。

2. 制作过程

（1）面团调制

① 将面粉倒在案板上与泡打粉拌匀，中间扒一窝塘，放入酵母、白糖，再放入温水调成面团，揉匀揉透。

② 用干净的湿布盖好饧发 15min。

（2）生坯成型

① 将面团揉匀揉透，摘成面剂。

② 逐个将面剂揉成均匀的长条从两端分别向中间卷，卷到中间相连处用筷子夹一下，蝴蝶形状就出来了，把前端的弯曲部分切开。

③ 然后静置饧发 15min。

（3）生坯熟制　放入蒸锅里大火蒸 6min，蝴蝶卷就成型。

3. 操作关键

（1）发酵程度为手按柔软有弹性。

（2）坯剂的大小要准确。

（3）面团要揉匀揉透。

（4）成型采用夹制的方法，形成蝴蝶造型。

（5）生坯上笼蒸制火力要大，蒸汽要足；蒸制时间以 6min 为宜。

（6）生坯蒸制后要不粘手，不粘牙，不发暗。

（十七）四喜卷

1. 原料配方

中筋面粉 300g，酵母 5g，泡打粉 5g，白糖 5g，温水 160mL，瘦火腿 35g，葱末 25g，色拉油 30mL，味精 1g。

2. 制作过程

（1）馅心调制　将瘦火腿煮熟切成细末，加葱末、味精一起拌匀成馅心。

（2）面团调制

① 将面粉倒在案板上与泡打粉拌匀，中间扒一窝塘，放入酵母、白糖，再放入温水调成面团，揉匀揉透。

② 用干净的湿布盖好饧发 15min。

（3）生坯成型

① 将酵面揉光，擀成 0.3cm 厚的长方形薄片。

② 均匀地涂上色拉油，撒上馅心，将皮子从两边由外向里对卷，用快刀切成 20 段。

③ 在每段的反面，再用快刀切一下，注意不要到底，使底层的坯皮相连，将两边向下翻出放平，刀切面朝上，即成四喜卷子生坯。

④ 放入刷过油的笼内饧发 15min。

（4）生坯熟制

① 将装有生坯的蒸笼放在蒸锅上，蒸 6min。

② 待皮子不粘手、有光泽、按一下能弹回即可出笼。

3. 操作关键

（1）馅料要加工得细小一些，大小粒均匀。

（2）坯剂的大小要准确。

（3）双卷要卷得粗细一致，切时刀要锋利。

（十八）鸡丝卷

1．原料配方

中筋面粉 300g，酵母 5g，泡打粉 5g，白糖 5g，温水 160mL，瘦火腿 35g，葱末 25g，色拉油 30mL，味精 1g。

2．制作过程

（1）馅心调制　将瘦火腿煮熟切成细末，加葱末、味精一起拌匀成馅心。

（2）面团调制

① 将面粉倒在案板上与泡打粉拌匀，中间扒一窝塘，放入酵母、白糖，再放入温水调成面团，揉匀揉透。

② 用干净的湿布盖好饧发 15min。

（3）生坯成型

① 将酵面揉光，用面杖擀成 0.3cm 厚的长方形薄片，均匀地涂上色拉油，撒上馅心。

② 用快刀将薄片切成 10cm 宽的长条 4 条，然后两层一叠，切成细丝。

③ 理齐分成十等份。取每一等份，用手稍稍理直拉长，用刀切齐两头，再切成两段约 6cm 长的段子，共切成 20 段，成鸡丝卷生坯。

④ 放入刷过油的笼内饧发 20min。

（4）生坯熟制

① 将装有生坯的蒸笼放在蒸锅上，蒸 7min。

② 待皮子不粘手、有光泽、按一下能弹回即可出笼。

3．操作关键

（1）馅料要加工得细小一些，大小粒均匀。

（2）坯剂的大小要准确。

（3）切丝要均匀，切时刀要锋利；生坯整体呈圆柱形。

（4）制品蒸至不粘手，不粘牙，不发暗即可。

（十九）银丝卷

1．原料配方

中筋面粉 300g，酵母 5g，泡打粉 5g，白糖 5g，温水 160mL，花生油 50mL。

2．制作过程

（1）面团调制

① 将面粉倒在案板上与泡打粉拌匀，中间扒一窝塘，放入酵母、白糖，再放入温水调成面团，揉匀揉透。

② 用干净的湿布盖好饧发 15min。

（2）生坯成型

① 将和好的 60% 面团用拉面的方法，反复溜条至均匀，绕搭 9 扣，出成面丝，

横搭于案板上刷上油，切成 6cm 长的段备用。

②将剩余的 40% 面团，揉和均匀，搓成条，下剂，擀成椭圆形面皮。

③面皮内放入一绺面丝，将皮边翻折于面丝之上，两头包紧，呈长圆形，稍饧。

（3）生坯熟制　生坯放入刷上油的蒸笼上，蒸 7min 即可。

3. 操作关键

（1）采用温水调制面团的方法调制。

（2）抻面时用力均匀；面丝根根分明。

（3）生坯整体造型如圆柱形。

（二十）猪爪卷

1. 原料配方

中筋面粉 300g，酵母 5g，泡打粉 5g，白糖 5g，温水 160mL，麻油 50mL，白糖 50g，红绿丝 50g。

2. 制作过程

（1）面团调制

①将面粉倒在案板上与泡打粉拌匀，中间扒一窝塘，放入酵母、5g 白糖，再放入温水调成面团，揉匀揉透。

②用干净的湿布盖好饧发 15min。

（2）生坯成型

①将酵面揉匀揉透，搓成长条，擀成长方形薄片，涂上麻油，撒上 50g 白糖和红绿丝。

②然后从两边向中线折叠成两层，再在上面涂上麻油，撒上红绿丝，以中线为中心对叠起来，成四层的长方形长条，用刀切成 6cm 长 20 段。

③从每段的中线这一边的 1/3 处向斜上方的一个对角处切一刀，切去一个小斜角不要，将余下的段子竖起，中线部分朝上，用手按平，刀切的口子朝上向两边分开成 2 只角。

④用两指将腰部捏拢，即成生坯。

（3）生坯熟制　生坯放入刷上油的蒸笼上，蒸 7min 即可。

3. 操作关键

（1）采用温水调制面团。

（2）面团要揉匀揉透；盖上湿布饧制 15min。

（3）蒸锅要火大汽足，以蒸 7min 为宜。

（二十一）奶香刀切馒头

1. 原料配方

面粉 300g，奶粉 15g，酵母 5g，泡打粉 5g，白糖 5g，猪油 15g，温水 160mL。

2．制作过程

（1）面团调制

① 先把一半面粉放入容器中，加入发酵粉、白糖和奶粉加上温水，然后搅拌均匀，放到湿热的地方发酵。

② 发酵至面糊表面有气泡并且开始破裂，整体开始塌陷。

③ 加入另一半面粉揉成粉团，再加入 15g 猪油继续揉面。

④ 揉至面团表面光滑，放到湿热地方二次发酵。发酵至表层有气泡时即可。

（2）生坯成型。

① 案板上撒一层面粉。将发好的面团置于案上。

② 揉成圆条状，用刀切成大小基本均匀的馒头生坯。

（3）生坯熟制　将馒头生坯放入刷了油的蒸笼锅中。蒸制 10min。

3．操作关键

（1）面团采用温水调制而成，要揉匀揉透。

（2）馒头生坯的大小要准确。

（3）蒸制时间不宜太长或太短，蒸制 10min。

（4）成品以不粘手，不粘牙，不发暗为佳。

（二十二）高桩馒头

1．原料配方

中筋面粉 350g，温水 120mL，面肥 200g，食碱液 5mL，白糖 25g。

2．制作过程

（1）面团调制

① 将面粉 300g 倒在案板上，中间扒一小窝，放进面肥，再放入温水调成面团，揉匀揉透，饧发 1h。

② 将面团对好碱揉透，放入白糖揉匀，再将面粉 50g 呛入酵面中揉透。

（2）生坯成型

① 搓成长条，摘成 15 只面剂。

② 将每只面剂带粉反复搓揉，搓成上大下略小的硬实的长圆柱体，即成高桩馒头生坯。

（3）生坯熟制

① 放入过油的笼内饧发 30min。

② 将装有生坯的蒸笼放在蒸锅上，蒸 12min，待皮子不粘手、有光泽、按一下能弹回即可出笼装盘。

3．操作关键

（1）面团采用呛酵面的方法调制而成。

（2）馒头生坯的大小要一致。

（3）蒸制时间不宜太长或太短，蒸制 12min。

（4）成品以不粘手，不粘牙，不发暗为佳。

（二十三）千层油糕

1. 原料配方

中筋面粉 700g，酵母 7g，泡打粉 5g，温水 200mL，冷水 250mL，糖猪板油丁 75g，白糖 215g，熟猪油 50g，红绿丝 15g。

2. 制作过程

（1）面团调制

① 将面粉（450g）倒在案板上与泡打粉拌匀，中间扒一窝，放入酵母、白糖（15g），再放入温水调成面团，揉匀揉透。

② 用干净的湿布盖好饧发 30min。

③ 把其余的面粉置案板上，中间扒一小窝。将发好的酵面摘成若干小面团，散放于面粉上。将冷水倒入面粉中，揉匀揉透后，摔打上劲。

④ 置于案板上，盖上湿布，饧发 15min。

（2）面团成型

① 在案板上撒上少许干面粉，将醒好的面团滚上粉，擀成 1.5m 长、30cm 宽的长方形面皮。

② 将熟猪油融化，均匀地涂在面皮上，再撒上白糖，抹均匀后再将糖猪板油丁均匀地铺在上面，从左向右将面皮卷起成筒状，卷紧，两头要一样齐。

③ 用擀面杖将圆筒压扁，再擀成长方形厚皮。将两头擀薄后向里叠成方角，再将两边向中间叠起，然后对折，叠成 4 层的正方形糕坯，压成 30cm 见方生坯。

④ 放入刷过油的大笼内饧发 25min。

（3）生坯熟制

① 将装有生坯的蒸笼放在蒸锅上，大火足汽蒸 30min。

② 将红绿丝均匀撒在糕面上，续蒸 5min，当糕面膨松、触之不粘手时即可下笼，晾凉。

（4）制品成型

① 取出糕体，用快刀修齐四边，开成 6 根宽条，切成 36 块菱形块。

② 食时上笼蒸透装盘。

3. 操作关键

（1）采用温水调制面团的方法调制，水温要根据室温而定。

（2）先发成大酵面，再调成嫩酵面。

（3）面皮要擀得薄而完整；卷时要卷紧，接头向上。

（4）生坯呈正方形。

（5）蒸制时汽要足，一次蒸透。

（6）蒸至不粘手，不粘牙，不发暗即可。

（二十四）荷叶夹子

1. 原料配方

中筋面粉 300g，酵母 5g，泡打粉 5g，白糖 5g，温水 160mL，麻油 50mL。

2. 制作过程

（1）面团调制

① 将面粉倒在案板上与泡打粉拌匀，中间扒一窝，放入酵母、白糖，再放入温水调成面团，揉匀揉透。

② 用干净的湿布盖好饧发 15min。

（2）生坯成型

① 将发酵面揉匀，搓成条，摘成剂子。

② 逐只将剂子按扁，用擀面杖擀成直径 8cm 的圆皮，抹上麻油，对折成半圆形。

③ 用干净的细齿木梳在表面斜压着压出齿印若干道。

④ 然后用左手的拇指和食指捏住半圆皮的圆心处，用右手拿木梳的顶端顶住弧的中间，向圆心处挤压于 1/2 处取出，复用木梳在 90°的弧的中心向圆心处再挤压一次，即成生坯。

（3）生坯熟制　生坯放入刷上油的蒸笼上，蒸 7min 即可。

3. 操作关键

（1）采用温水调制面团的方法调制。

（2）面团要揉匀揉透；用干净的湿布盖好饧发 15min。

（3）生坯整体造型褶皱如荷叶。

（4）蒸制时要旺火汽足，以制品不粘手，不粘牙，不发暗，手按有弹性为准。

二、化学膨松类面团教学案例

（一）猪油开花包（广式）

1. 原料配方

面粉 400g，泡打粉 20g，白糖 300g，猪板油 100g，熟猪油 60g，牛奶 250g。

2. 制作过程

（1）馅心调制

① 将猪板油剥去外层薄膜，切成绿豆大小的丁。

② 放入馅盆内加白糖 250g 拌匀，浸渍 2 ～ 3 天。

（2）面团调制

①面粉过罗筛后倒在案板上，加白糖、熟猪油、牛奶拌匀。

②再加泡打粉拌匀，反复揉透成酵面。

（3）生坯成型

①酵面搓成条，摘成面剂。

②将面剂按扁，包入猪板油丁 25g，捏拢收口（收口处朝下）即成生坯。

（4）生坯熟制

①在笼格里放硅胶垫，排放入生坯，整齐地摆入笼内。

②上锅旺火沸水蒸约 15min 即成。

3. 操作关键

（1）酵面团要揉匀饧透，揉至表面光滑为宜。

（2）蒸制时要用旺火沸水上锅速蒸，蒸制表面光滑不粘手。

（二）开口笑

1. 原料配方

低筋面粉 250g，泡打粉 5g，鸡蛋 1 个，白糖 50g，黄油 50g，水 65g，芝麻 100g，色拉油 1000g。

2. 制作过程

（1）面团调制

①先把低筋面粉、泡打粉混合备用。

②鸡蛋打入盆里加入白糖、水、黄油用蛋抽搅打完全融合，至少搅打 2min。

③筛入粉类混合物，揉成面团。

④盖上保鲜膜，饧制 10min。

（2）生坯成型

①将面团搓成圆柱形长条，分成相等的小剂子，每个 10g 左右。

②逐个将小剂子搓圆，做成球形生坯。

③把生坯外表用湿布滚潮湿，放入芝麻里面滚一下，再用手抟紧实一些。

（3）生坯熟制

①炒锅内放油烧至 135℃，下锅改小火炸。

②慢慢升温至 165℃，至外表色泽金黄即可。

3. 制作关键

（1）粘芝麻的时候可以将生坯用湿布滚潮湿，也可以外表沾上鸡蛋液，两者都可以。

（2）油炸时温度先低后高，先养熟再炸脆。

（三）麻花

1. 原料配方

普通面粉 200g，鸡蛋 1 个，小苏打粉 1.5g，白糖 20g，盐 2g，水 50g，色拉油

1000g。

2. 制作过程

（1）面团调制

① 将所有原料放入盆中混合均匀揉成光滑面团。

② 用保鲜膜盖上，饧制 30min。

（2）生坯成型

① 擀成面片再切成细面条，将面条搓圆。

② 向相反方搓，对折用手指套在面条上绕紧成为两股麻花。

③ 再对折就成四股麻花，头子塞进活套里捏紧，麻花生坯就做好了。

（3）生坯熟制

① 炒锅放油，烧至 200℃，先放一个进去，立刻浮起颜色变黄。

② 这时就可以大批放入炸至金黄捞出即可。

3. 制作关键

掌握搓麻花的力度和方向。

（四）炸油条

1. 原料配方

高筋面粉 150g，温水 75g，植物油 35g，盐 3g，糖 15g，泡打粉 3g，干酵母 3g。

2. 制作过程

（1）面团调制

① 将面粉等各种材料依次放入面盆中，拌和均匀。

② 面团和好后，取一保鲜袋，倒一点油，搓匀，将面团放入，袋口打结，静置，发至 2 倍大取出（用手指蘸面粉戳个小洞，不回缩即好）。

（2）生坯成型

① 将面团轻放案板上，用拳头轻轻将面团摊开成薄面饼（或用擀面杖轻轻擀开），切成 2cm 宽，大约 15cm 长的面坯，留在面板上，盖保鲜膜，二次发酵，10 ～ 20min。

② 1 小块上面抹水，取另一小块放其上，用筷子压一条印，两小块粘在一起。

（3）生坯熟制

下油炸炉炸至金黄色，捞出沥干油即可。

3. 操作关键

（1）用保鲜膜盖上，饧至原体积的 2 倍大。

（2）将每小块面坯上涂上少量的水，足够沾起两片面片就可以了。

（五）巧克力松饼

1. 原料配方

低筋面粉 120g，可可粉 20g，泡打粉 4g，鸡蛋 2 个，细砂糖 140g，蜂蜜 20g，牛奶 40g，无盐黄油 120g。

2．制作过程

（1）面糊调制

① 将低筋面粉、泡打粉、可可粉混合过筛。

② 将无盐黄油放入碗中用热水融化。

③ 将烤箱预热至 190℃。

④ 将鸡蛋打入碗中，用打蛋器打散。

⑤ 在鸡蛋中加入细砂糖，充分拌匀。

⑥ 加入蜂蜜、牛奶拌匀，加入黄油拌匀。

⑦ 加入低筋面粉、泡打粉、可可粉等轻轻拌匀。

（2）生坯熟制

① 倒入模具中，入烤箱，190℃，烤制 20 ～ 25min。

② 出炉放凉后，撒上糖粉。

3．操作关键

注意烤制时间和温度。

三、物理膨松类面团教学案例

（一）蛋糕杯

1．原料配方

鸡蛋 500g，白糖 250g，低筋粉 250g，色拉油 50g，脱脂牛奶 50g。

2．制作过程

（1）烤箱准备　预热烤箱至 180℃（或上火 180℃，下火 165℃）备用。

（2）生坯成型

① 将鸡蛋打入搅拌桶内，加入白糖，上搅拌机搅打至泛白并成稠厚乳沫状。

② 将低筋粉用筛子筛过，轻轻地倒入搅拌桶中，并加入色拉油和脱脂牛奶，搅和均匀成蛋糕糊。

③ 将蛋糕糊装入烤盘里已垫好烘焙纸的纸质蛋糕杯内，并用手顺势抹平。

（3）生坯熟制　将蛋糕生坯放进烤箱烘烤，约烤 30min，待蛋糕完全熟透取出，冷却后即可。

3．操作关键

（1）蛋糕杯中注入八分满的蛋糕糊。

（2）准确掌控烤制温度。

（二）砂糖泡芙

1．原料配方

鸡蛋 50g，富强粉 50g，黄油 25g，水 60g，砂糖 50g，柠檬香精 0.05g。

2．制作过程

（1）面团调制

① 先把水和油放入锅中烧开，接着下面粉搅拌，烫成糊状。

② 然后离火，不需继续加温，陆续放鸡蛋用蛋抽搅打成膨松的浆糊状即可。

（2）生坯成型

① 用裱花袋装上裱花嘴，填入面糊，在垫上烘焙纸的烤盘中间隔地挤成各种形状。

② 然后表面撒满砂糖。

（3）生坯熟制

① 用烤箱 200℃烤 20min，接着用 160℃烤 15min。

② 烤至金黄色，表面有裂纹。烤出后体积膨胀 3 倍。

3．操作关键

（1）面糊中放鸡蛋用蛋抽搅打成膨松的浆糊状。

（2）注意控制烤箱温度。

（三）戚风蛋糕

1．原料配方

鸡蛋 550g，白糖 300g，塔塔粉 3g，色拉油 30g，水 50g，蛋糕粉 220g。

2．制作过程

（1）烤箱准备　预热烤箱至 170℃（或上火 175℃，下火 160℃），在烤盘上铺上烘焙纸，再放好烤模备用。

（2）面糊调制

① 先将鸡蛋分成蛋清与蛋黄两部分。

② 蛋黄中加入 150g 糖，放入搅拌机内，打至松发呈淡黄色。

③ 先加入水，再加入蛋糕粉搅拌，期间缓缓拌入色拉油，拌匀。

④ 蛋清中加入 100g 糖和 3g 塔塔粉，快速打发，再倒入剩余的糖快速打发，至蛋清尖呈弧状。

⑤ 将蛋清糊分 3 次拌入蛋黄糊内，搅拌均匀。

（3）生坯成型　将蛋糊装入蛋糕模（模具刷油，垫油纸）内。

（4）生坯熟制　入烤箱，上下火 170℃，烤 30min 左右，烤至蛋糕表面棕黄油亮即可。

3．操作关键

（1）蛋黄与蛋清要分开搅打。

（2）拌入蛋糕粉时动作要轻。

（3）拌入蛋清糊时动作要轻。

（四）黑米糕

1. 原料配方

鸡蛋 500g，白糖 250g，面粉 100g，水磨黑米粉 150g，色拉油 30g，蛋糕油 20g，清水适量。

2. 制作过程

（1）面糊调制

① 鸡蛋打入蛋盆，加入白糖、蛋糕油，用电动打蛋器打发至滴落的面糊有 2s 不消失。

② 将黑米粉、面粉加入全蛋糊，搅拌均匀。

（2）生坯成型　模具底部垫油纸，倒入黑米蛋糊。

（3）生坯熟制　蒸 15min 左右，倒出切块装盘食用。

3. 操作关键

（1）鸡蛋、白糖、蛋糕油等先打发到位，再加入黑米粉、面粉搅拌均匀。

（2）蒸锅汽要足。蒸制时间要足够。

（五）奶油鸡蛋卷

1. 原料配方

鸡蛋 750g，中筋粉 325g，粟粉 50g，蛋糕油 20g，三花淡奶 150g，黄油 50g，白糖 375g，打发奶油 300g。

2. 制作过程

（1）糕浆调制

① 将面粉、粟粉过筛，与鸡蛋、蛋糕油、三花淡奶、白糖一同投入搅拌机搅拌桶内搅打。

② 当桶内蛋浆色泽由深变浅、由稀变稠，体积约是原来的 3 倍时，将煮化的黄油倒入糕浆内拌匀即可。

（2）生坯成型　在烤盘上刷上一层油，垫上蛋糕纸，倒入糕浆刮平。

（3）生坯熟制　放入 210～230℃的炉中烘烤至蛋糕成熟即可。

（4）制品成型

① 待蛋糕坯冷却后，脱去垫底纸，横切成两块。

② 将糕坯底部翻转向上，垫上白纸，抹匀打发奶油，随后将糕坯卷紧呈筒形，静置 20min。

③ 最后将卷筒纸去掉，每条切 18 块，共计 36 块蛋卷即成。

3. 操作关键

（1）蛋糕烘烤时间不宜太长，火也不宜太大，否则，糕坯失水太多，不利成型。

（2）蛋糕卷筒后一定要等到定型后再切，否则，卷筒易松散。

第三节　油酥面团教学案例

一、松酥类面团教学案例

（一）桃酥

1. 原料配方

低筋面粉 600g，糖粉 220g，熟猪油 300g，鸡蛋 50g，泡打粉 6g，臭粉 2g，苏打粉 5g，盐 5g，黑芝麻（或核桃仁）适量

2. 制作过程

（1）面团调制

①将糖粉、鸡蛋、苏打粉、臭粉放入盆中拌匀。

②将熟猪油放入，继续拌匀。

③接着将低筋面粉和泡打粉放入盆中揉成团，松弛 10min。

（2）生坯成型

①将面团搓条，分成约 35g 一个的小面团，继续松弛 20min。

②将小面团揉圆后压扁，再排入烤盘中，撒上黑芝麻（或核桃仁）装饰。

（3）生坯熟制

①然后放入烤箱中层，上下火 170℃，烤 20min。

②然后转上火 170℃，将烤盘放入上层，3min 上色后出炉冷却即可。

3. 操作关键

（1）选用低筋面粉制作，容易起酥。

（2）将面团和匀即可。

（二）甘露酥

1. 原料配方

面粉 250g，黄油 250g，白糖粉 75g，鸡蛋 100g，苏打 1.5g，熟面粉 220g，炒米粉 120g，山楂糕 70g，麻油 250g，咸花生仁 40g，桂花 25g，色拉油 1500g，黑芝麻 50g。

2. 制作过程

（1）馅心调制

①把熟面粉、白糖粉、炒米粉、黄油 150g 拌匀。

②加入山楂糕（切成小丁）、咸花生仁、桂花一同拌匀，分别搓成小圆球。

（2）面团调制

①面粉放案板上，扒一小窝，打入鸡蛋，加上融化的黄油 100g 拌和均匀，揉搓成团。

② 盖上湿洁布，饧制 10min。

（3）生坯成型

① 将面团搓条，下剂，按扁后逐个包成圆球形。

① 上面刷上蛋液，撒上黑芝麻，然后间隔地排入烤盘中。

（4）生坯熟制　将烤盘置入烤箱中，以 180℃烤 20min，至外表色泽金黄即可。

3．制作关键

（1）按用料配方准确称量投料。

（2）烤箱提前预热至 180℃。

（三）一捏酥

1．原料配方

面粉 500g，白芝麻 250g，核桃仁 250g，白糖粉 750g，熟猪油 200g。

2．制作过程

（1）面团调制

① 将白芝麻、核桃仁炒熟后，研成碎屑。

② 面粉用小火炒熟备用。

③ 把白芝麻屑、核桃仁屑、熟面粉、白糖粉拌和均匀。

（2）制品成型

① 将猪油略加热熔后拌入并进行搓擦，直至能捏成团为止。

② 将粉团压入木模，脱模而成。

3．操作关键

（1）面团配料要加工成熟。

（2）面团要搓匀搓透。

（3）放入模具要压平压实，脱模动作要轻巧。

（四）椰蓉酥

1．原料配方

低筋面粉 120g，椰蓉 80g，黄油 70g，糖粉 50g，鸡蛋 1 个，泡打粉 2g。

2．制作过程

（1）面团调制

① 将室温软化后的黄油加泡打粉及糖粉一起打发。

② 过筛后的低筋面粉加入后拌匀。

③ 将和好的面团静置 20min 后分成若干等份。

（2）生坯成型　将小面剂搓圆后压扁后，沾上蛋液，裹上椰蓉，放在铺了油纸的烤盘上。

（3）生坯熟制　烤箱预热至 180℃，放入中层烤 8min 左右。

3．操作关键

（1）成型必须大小一致。

（2）注意烤制时间和温度。

（五）麻蓉炸糕

1．原料配方

面粉 700g，开水 300mL，熟猪油 100g，芝麻 200g，绵白糖 400g，板油 250g，植物油 1000mL（耗 50mL）。

2．制作过程

（1）面团调制

① 盆里放面粉、开水，拌匀揉透，然后放入少量油揉透。

② 搓成长条，摘成 30 只作炸糕坯子。

（2）馅心调制

① 将芝麻淘洗沥干水分，放入锅内用小火炒至芝麻发香，用手一捻就碎时出锅。

② 将芝麻倒在案板上，用擀面杖碾成粉末状，加入绵白糖、板油搓揉成条。

③ 再切成 30 块，搓圆作为糕馅心。

（3）生坯成型　将炸糕坯子按扁，中间放上馅心，收拢捏紧，用手掌再压扁。

（4）生坯熟制　下油锅里以 150℃炸至金黄色即成。

3．操作关键

（1）水油面揉透，干油酥擦透。

（2）成型必须大小一致。

（3）注意炸制时间和温度。

二、层酥类面团教学案例

（一）蝴蝶酥

1．原料配方

高筋面粉 500g，低筋面粉 500g，细砂糖 30g，盐 10g，起酥油 100g，植物黄油 900g，水 500g，果酱适量，蛋液适量。

2．制作过程

（1）面团调制

① 皮面制作　高筋面粉和低筋面粉、起酥油、细砂糖、盐、水混合，拌成面团。水不要一下子全倒进去，要逐渐添加，并用水调节面团的软硬程度，揉至面团表面光滑均匀即可。用保鲜膜包起面团，松弛 20min。

② 酥心制作　将片状植物黄油用保鲜膜包严，用走槌敲打，把植物黄油打薄一点。这样植物黄油就有了良好的延展性。擀薄后的植物黄油软硬程度应该和面团硬度基本一致。取出植物黄油待用。

（2）生坯成型

① 案板上施薄粉，将松弛好的面团用擀面杖擀成长方形。擀的时候四个角向外擀，这样容易把形状擀得比较均匀。擀好的面片，其宽度应与植物黄油的宽度一致，长度是植物黄油长度的三倍。把植物黄油放在面片中间。

② 将两侧的面片折过来包住植物黄油。然后将一端捏死。

③ 从捏死的这一端用手掌由上至下按压面片。按压到下面的一头时，将这一头也捏死。将面片擀长，像叠被子那样四折，用擀面杖轻轻敲打面片表面，再擀长。这是第一次四折。

④ 将四折好的面片开口朝外，再次用擀面杖轻轻敲打面片表面，擀开成长方形，然后再次四折。这是第二次四折。四折之后，用保鲜膜把面片包严，松弛 20min。

⑤ 将松弛好的面片进行第三次四折，再松弛 30min。然后就可以整型了。整型是把面片擀成 0.3cm 的厚度均匀的面片，用小刀将不规则的边缘切齐，然后把长方形的面片切成 10cm×10cm 的正方形。

⑥ 取一个正方形的面片，切出口子。注意两边不要切断。刷蛋液，把下面的部分翻上来，再把上面的翻下来。

⑦ 在中间挤果酱，装入不涂油的烤盘中，在鼓出来的地方（就是刚才翻上来的部分）刷蛋液。间隔大一些。

（3）生坯熟制　温度预设为上火 200℃，下火 180℃，烤 20min 左右，至表面金黄色即可。

3．操作关键

（1）在特殊的情况下，可以根据面团的软硬度来适度调节水的用量。

（2）在成型的过程中，擀制一定要均匀用力。

（二）酥盒子

1．原料配方

（1）皮料　面粉 220g，猪油 30g，水 65g。

（2）酥料　面粉 280g，猪油 110g。

（3）馅料　枣泥馅 300g。

（4）辅料　色拉油 120g，面扑 20g。

2．制作过程

（1）皮面调制　此步骤为调制水油面团。将面粉、猪油和适量水调和均匀，静置 10min。

（2）酥心调制　此步骤为制作油酥面团。面粉、猪油放在一起，擦匀搓透，硬度适中。

（3）生坯成型

① 包制时将油酥面团搓成条，下成小剂，包入适量油酥面团及枣泥馅。

② 然后擀成椭圆皮，先三折，再对折，掉转 90°，擀成长 15cm 左右，从上端向下卷 13cm，再横转 90°，将所余 2cm 擀长，将圆柱两端封起，稍按扁，放倒，横向居中切开。

③ 露出酥层，将酥层粘上扑面，酥层向上，按平擀成薄片。

④ 将云心花纹朝外，将馅放入中间，周围刷水，再擀一个面皮，沿圆周捏出花边，云心仍朝外，覆盖在刷水的面皮上，捏成四周薄、中间鼓的圆饼。

（4）生坯熟制　将生坯放入 120 ～ 135℃的油炸炉炸制，炸到生坯浮出油面捞出沥油，即为成品。

3. 操作关键

（1）在成型的过程中，擀制一定要均匀用力。

（2）在炸制时一定要控制好油温。

（三）菊花酥

1. 原料配方

普通面粉 175g，猪油（或酥油）70g，糖粉 10g，豆沙馅 200g，鸡蛋黄 1 个，冷水 30g。

2. 制作过程

（1）酥心调制　取面粉 75g 放入糖粉 5g、猪油 45g 和成光滑的油酥面团，盖上保鲜膜静置 15min 使面团松弛。

（2）皮面调制　取面粉 100g 放入糖粉 5g、猪油 25g、冷水 30g 和成光滑的水油皮面团，盖上保鲜膜，静置 15min 使面团松弛。

（3）生坯成型

① 将豆沙、油酥面团和水油皮面团各自分成均匀的 10 等份，每一块水油皮面团搓圆后压扁，包住一块油酥面团。

② 将面团搓圆压扁后擀成牛舌状，卷起来，再次压扁，包入豆沙，收口搓圆。

③ 把制好的面团放在案板上，用手轻压成一个圆饼，用刀轻轻划"十"字做记号，分成八等份，然后切开刀口，注意中间部分不要切断，沿着同一方向往上翻成花瓣状，用筷子蘸着蛋黄液涂在菊花中间。

（4）生坯熟制　烤箱温度设置为 220℃，烤 20min 待变为金黄色取出。

3. 操作关键

（1）在成型的过程中，擀制一定要均匀用力。

（2）要注意控制烤箱的温度和时间。

（四）莲蓉酥角

1. 原料配方

（1）皮料　中筋面粉 1000g，猪油 200g，冷水 300g。

（2）酥料　低筋面粉 400g，猪油 200g。

（3）馅料　莲蓉 1500g。

2. 制作过程

（1）皮面调制　先将高筋面粉过筛去杂物后，放在案板上围成圆形，中间放入猪油 200g、冷水约 300g 搅匀后投入高筋面粉，搓到纯滑有筋，不粘手，即成水油面。

（2）酥心调剂　将高筋面粉、猪油混合擦匀即成酥心。

（3）生坯成型　然后将水油面用擀面杖擀平，包入酥心，擀成大片后再三折擀平，用美工刀裁成正方形片（5cm×5cm），包入莲蓉馅心，对折成角坯。

（4）生坯熟制　油炸炉预热 160℃，将半成品放入炸至金黄色。

3. 操作关键

（1）在成型的过程中，擀制一定要均匀用力。

（2）要注意控制油炸炉的温度和时间。

（五）一口酥

1. 原料配方

（1）皮料　中筋面粉 1520g，熟猪油 360g，水 500g。

（2）酥料　低筋面粉 600g，熟猪油 300g。

（3）馅料　熟面粉 850g，猪油 420g，白砂糖 650g，熟芝麻 300g，食盐 5g，味精 3g，葱 75g。

2. 制作过程

（1）皮面调制　将中筋面粉置于案板上挖坑，加熟猪油和水调成软硬适中、均匀细腻的面团。

（2）酥心调制　将低筋面粉和猪油用手掌将熟猪油擦成油酥即可。

（3）馅心调制　葱切成细末，熟芝麻研成末，再将各馅料混合拌成馅心。

（4）生坯成型

① 将水油面团搓揉成团，按扁，包进干油酥，捏紧，收口朝上。

② 撒上少许面扑，按扁，用面杖擀成长方形薄皮。

③ 然后将长方形薄皮由两边向中间叠为 3 层，叠成小长方形。

④ 再将小长方形擀成大长方形，用圆模具按下，成小酥皮。分块后包馅，每块重 10g 左右，捏成小球即成生坯。

（5）生坯熟制　烤箱调至 160℃预热 10min，烤 15min 即成。

3. 操作关键

（1）在成型的过程中，擀制一定要均匀用力。

（2）要注意控制烤箱的温度和时间。

（六）玫瑰饼

1．原料配方

中筋面粉 700g，低筋面粉 350g，白糖 450g，熟猪油 350g，净猪板油 250g，鲜玫瑰花 500g，清水 350g。

2．制作方法

（1）馅心调制　将净猪板油切成骰子丁，鲜玫瑰花洗净加白糖、猪板油丁拌匀成馅。

（2）面团调制

① 盆内加低筋面粉 350g、熟猪油 245g 搓成油酥面团。

② 另用中筋面粉 700g、熟猪油 105g、清水 350g 调成水油面团。

（3）生坯成型

① 用水油面包入油酥面。

② 包好后，用擀面杖擀成大面片，卷成条状，摘成约 25g/ 个的小面剂。

③ 逐个按成中间厚的圆皮，包入玫瑰馅适量，封好口，制成球形，再按成圆饼形，在饼中心点一红点。

（4）生坯熟制　入烤箱以 220℃，烤制 10min，烤熟即可。

3．操作关键

（1）油酥面团采用低筋面粉调制。

（2）水油面团采用中筋面粉调制。

（3）注意烤制温度和时间。

第四节　米粉面团教学案例

一、水调类面团教学案例

（一）猪油年糕

1．原料配方

糯米粉 500g，白砂糖 400g，糖猪油丁 320g，黄桂花 15g，玫瑰花 15g，开水 350g。

2．制作过程

（1）粉团调制

① 糯米粉用开水调和成糊状 (玫瑰色的需另加少量色素)，放入蒸笼内蒸制，约 40min。

② 熟后取出，放在台板上，将白砂糖拌揉，拌完后稍微冷却，再将糖猪油丁

加入揉匀。

③ 然后将糕压成 1.7～2cm 厚的薄片，在桌面上冷却。

（2）制品成型　冷透后将糕卷成似茶杯粗细的条子，撒上黄桂花及玫瑰花屑。

3. 操作关键

（1）粉团蒸制要揉得均匀。

（2）加入糖猪油丁时，如糕太热要冷却，以防止糖猪油丁被烫熔化。

（二）定胜糕

1. 原料配方

粳米粉 600g，糯米粉 400g，红曲粉 5g，白砂糖 200g，清水 300g（根据粉的干湿度进行增减）。

2. 制作过程

（1）粉团调制　将粳米粉、糯米粉放入盛器，加红曲粉、白砂糖和适量清水拌匀，让其胀发 1h。

（2）生坯成型　将米粉放入定胜糕模具内，摁实，表面上用刀刮平。

（3）生坯熟制　上笼用旺火蒸 20min，至糕面结拢成熟取出，翻扣在案板上即成。

3. 操作关键

（1）将米粉放入定胜糕模具内，摁实，表面上用刀刮平。

（2）上笼用旺火蒸透蒸匀。

（三）五色小圆松糕

1. 原料配方

细糯米粉 600g，细粳米粉 400g，白砂糖 275g，干豆沙 300g，糖猪油丁 150g，玫瑰酱 50g，红曲米粉 15g，薄荷粉 15g，黑芝麻屑 100g，桂花 50g，蛋黄 50g，松子仁 75g。

2. 制作过程

（1）粉团调制

① 将细糯米粉、细粳米粉按 6:4 混合。

② 按品种选用馅料，玫瑰松糕加玫瑰酱、红曲米粉，薄荷松糕加薄荷粉等，调制成不同色彩和风味的糕粉。

（2）生坯成型

① 将松子仁撒放在花纹板和糕模中，再入糕料至模孔一半，然后将干豆沙、白砂糖、糖猪油丁放入。

② 最后放入糕料至模口齐平，压实，刮去多余的糕粉，盖上湿糕布，将蒸板翻转，脱去花纹板及糕模。

（3）生坯熟制　入蒸箱，旺火蒸熟。

3．操作关键

（1）将米粉分别放入模具内，压实，表面上用刀刮平。

（2）上笼用旺火蒸透蒸匀。

（四）糯米椰蓉粉团

1．原料配方

糯米粉 150g，大米粉 150g，椰蓉 150g，开水、冷水各适量。

2．制作过程

（1）粉团调制　将糯米粉、大米粉搅拌均匀后，分次加入适量的开水烫制，淋冷水揉成团。

（2）生坯成型　将粉团搓条，切剂，逐个揉成团(手上可适量地粘一些水揉)，按扁包入椰蓉收口，搓圆。

（3）生坯熟制　滚粘上泡好的糯米，然后上笼蒸 10min。

3．操作关键

（1）糯米粉、大米粉要用开水烫。

（2）上笼用旺火蒸透蒸匀。

（五）青团

1．原料配方

糯米粉 500g，豆沙馅心 400g，青汁 200g（麦青或青菜汁），麻油 100g，开水适量。

2．制作过程

（1）粉团调制　糯米粉加少许开水拌和，再加入青汁，反复揉搓至粉团光滑，软硬适中，色彩均匀后，搓成长条，摘成剂子（大小自定）。

（2）生坯成型　每剂包入豆沙馅，捏拢收口，搓成球状，即成青团生坯。

（3）生坯熟制　蒸笼内垫湿布，生坯放入，旺火、沸水蒸约 15min，熟后取出在青团上涂些麻油即可装盘食用。

3．操作关键

（1）粉团要揉和均匀，使色调一致。

（2）青团大小自定，但必须大小均匀。

（3）蒸制时宜旺火蒸透。

二、膨松类面团教学案例

（一）棉花糕

1．原料配方

籼米粉 250g，泡打粉 12g，牛奶 100g，白糖 150g，白醋 2g，猪油 30g，清水

100g，蛋清 1 个。

2．制作过程

（1）粉团调制

① 将籼米粉过筛，倒入盆中，加泡打粉搅拌均匀。

② 牛奶、白糖、蛋清放一碗中搅拌均匀后，倒入籼米粉中继续搅拌。

③ 然后再加入猪油、白醋继续搅拌均匀。

（2）生坯成型　将搅拌均匀的糊状液体倒入抹油的方盘中。

（3）生坯熟制　盖一层保鲜膜，在保鲜膜上再抹一层油，上笼旺火蒸 12 ～ 15min。

3．操作关键

（1）粉团要搅拌均匀。

（2）蒸制时宜旺火蒸透。

（二）伦教糕

1．原料配方

大米干浆 750g，白糖 600g，鸡蛋清 50g，糕种 75g，清水适量。

2．制作过程

（1）粉团调制

① 大米干浆倒在盆内捣碎。

② 然后把白糖加清水上锅熬成糖水，加入鸡蛋清搅拌，再用净纱布滤去杂质，再熬煮沸后，徐徐冲入大米干浆内搓匀，待冷后，加入糕种适量搓匀，加盖，静饧 10h 左右。

（2）生坯成型　蒸笼内垫上湿布，将糕浆倒入蒸笼内摊平。

（3）生坯熟制　锅内水烧开，放上蒸 30min 熟透即可。

3．操作关键

（1）发酵时间与发酵程度要把握好。

（2）蒸制要旺火足汽。

第五节　其它面团教学案例

一、杂粮类面团教学案例

（一）黑米酥

1．原料配方

黑米 1000g，绵白糖 300g，鸡蛋 100g，饴糖 100g，油炸花生米 150g，猪油

50g，色拉油 1000g。

2．制作过程

（1）粉团调制、成型熟制

① 将黑米淘净后打成米粉，加入鸡蛋、绵白糖 100g 拌和成团，再擀制成米面皮。蒸熟后切成细丝条状，晾干。

② 用 180℃的色拉油炸制成酥脆的丝条，沥干炸油待用。

（2）制品成型

① 锅中加入绵白糖 200g 及饴糖混合熬成糖浆，放入沥干炸油的坯条拌匀，一并在其中撒入油炸花生米拌和均匀，使之成为粘满糖浆的坯条。

② 装入一木框中，压平、擀匀、切块、包装。

3．操作关键

（1）掌握炸制温度。

（2）制品成型时要压平擀匀。

（二）云南荞饼

1．原料配方

荞面 300g，白砂糖 40g，盐 3g，发酵粉 5g，花椒粉 20g，冷水适量，麻油 50g。

2．制作过程

（1）面团调制。

① 先用少许的水将白砂糖、盐、花椒粉溶解在一起。

② 荞面与发酵粉混合均匀，加水调成面团，饧发 30min。

（2）生坯成型　将融合的混合水放进发酵的荞面粉中进行揉和，直到揉成面粉不粘手，将面分成等份，擀成大小相等的圆饼。

（3）生坯熟制　在锅里放上麻油，煎制两面金黄酥脆取出。

3．操作关键

（1）面团要揉和均匀。

（2）煎制时要注意加热均匀，上色均匀。

（三）双环薏米饼

1．原料配方

熟糯米粉 500g，白糖粉 50g，奶油 100g，炼乳 50g，薏米 25g，淮山药 25g，冷开水 100g。

2．制作过程

（1）粉团调制

① 薏米炒熟磨粉，淮山药经过烘烤后磨粉。

② 把糯米粉、薏米粉、淮山粉充分混合，摊开，中间加入奶油、炼乳、白糖

粉，用冷开水溶化，拌入粉成粉团。

（2）生坯成型　将粉团装入饼模，轻轻压平，脱模取出。

（3）生坯熟制　放入烤盘，以 150℃烘 15min。

3．操作关键

（1）粉团要揉和均匀。

（2）烤制时要注意温度和时间。

（四）豆面糕（驴打滚）

1．原料配方

江米粉 500g，红豆沙 200g，黄豆面 200g，麻油 50g，开水、温水各适量。

2．制作过程

（1）粉团调制　把江米粉倒到一个大盘里，用温水和成面团，拿一个空盘子，在盘底抹一层麻油，这样蒸完的面不会粘盘子。

（2）生坯熟制　将面平铺在盘中，上锅蒸 20min 左右，前 5 ～ 10min 大火，后面改小火，蒸匀蒸透。

（3）制品熟制成型

①在蒸面的时候炒黄豆面。直接把黄豆面倒到锅中翻炒，炒成金黄色，出锅备用。

②把红豆沙用少量开水搅拌均匀，待用。

③ 待面蒸好取出，在案板上撒一层黄豆面，把江米面放在上面擀成一个大片，将红豆沙均匀抹在上面（最边上要留一段不要抹），然后从头卷成卷，再在最外层多撒点黄豆面。

④用刀切成小段在每个小段上面再糊一层黄豆面即可。

3．操作关键

（1）粉团要揉和均匀。

（2）黄豆面要粘均匀。

（五）豌豆黄

1．原料配方

去皮干燥黄豌豆 250g，小苏打 2g，白砂糖 65g，清水适量。

2．制作过程

（1）原料加工

① 豌豆洗净、沥干，加入小苏打拌匀，用水浸泡，静置 5 ～ 6h，水平面以没过豌豆 3cm 为宜。

② 泡制后，倒掉苏打水，用清水漂洗 4 ～ 5 次，沥干后放入锅中，加水煮开，水量以没过豌豆 4 ～ 5cm 为宜。煮沸过程中会浮起白色的泡沫，要撇掉。

③ 水开后调成中火，继续煮至大部分豌豆开花酥烂。

④ 用粉碎机搅拌已经酥软的豌豆（汤），尽量使豌豆破碎，再用过滤网把豌豆

糊过滤一遍，使豌豆变成细腻、浓稠的糊状。

⑤ 在豌豆糊中加入白砂糖拌匀后，放回火上继续加热，用文火熬到浓稠，豌豆糊成半固体而不是液体状，即可离火。

（2）制品成型

① 倒入模具中，将表面刮平，放置于室温中待温度稍微降低、不烫手时，即可放入冰箱冷藏。为了方便冷藏后的脱模，最好采用活动底的模具。

② 冷藏超过 4h，可以取出脱模，切块后即可食用。

3．操作关键

（1）豌豆先泡、后煮，再粉碎、过滤。

（2）在锅中熬煮成浓稠状，不要太稀。

（六）绿豆糕

1．原料配方

绿豆粉 500g，桂花酱 25g，白糖 400g，蜂蜜 50g。

2．制作过程

（1）粉团调制　将绿豆粉倒在笼垫上蒸 20min，取出后晾凉，加白糖、蜂蜜、桂花酱拌匀，搓细过筛。

（2）生坯熟制

① 笼上铺湿布，上面放一个边长 30cm、高 1.5cm 的方木框，把绿豆粉装入框内。

② 摊匀压平后上笼蒸 15min，取出晾凉切成 3cm 见方的块即成。

3．操作关键

（1）装框时要装实。

（2）蒸制时要蒸透。

（七）葛粉包

1．原料配方

葛粉 450g，开水 500mL，花生仁 75g，肥膘肉 35g，熟米粉 30g，白芝麻 15g，白糖 250g，红枣 35g，青梅 25g，花生油 50mL。

2．制作过程

（1）馅心调制　将肥膘肉切成 0.3cm 见方的小丁，白芝麻洗净、炒熟；花生仁烤熟、碾碎；红枣去核，与青梅一同切成 0.3cm 见方的小丁，将上述加工后的馅料置于馅盆中，加入熟米粉、白糖，花生油拌匀搓成馅心。

（2）粉团调制　将葛粉碾碎、过筛，装入盆中。将开水倒入葛粉中，迅速搅拌均匀，置于案板上揉匀揉透。

（3）生坯成型　将粉团揉光搓条下成小剂，按扁后包入馅心，捏成小笼包状。

（4）生坯熟制　将生坯置于刷过油的笼屉中，旺火蒸制 4min 即可。

3．操作关键

（1）烫面动作要快，搅拌揉匀。

（2）馅心原料要切细碎，便于揉搓成型。

（3）蒸制时要旺火汽足。

二、澄粉面团教学案例

（一）和平鸽

1．原料配方

（1）坯料　澄粉 200g，开水 280mL。

（2）馅料　豆沙馅或果仁馅 220g。

（3）辅料　苋菜红食用色素 0.1g，黑芝麻 16 粒。

2．制作过程

（1）面团调制　将澄粉放入面盆内拌和，加开水调制成粉团。将粉团分成两份，白色粉团比其它有色粉团多一倍。其中一份加入苋菜红食用色素揉匀揉透，形成红色粉团。

（2）生坯成型

① 取少许红色粉团，做成鸽爪、嘴、眼睛。

② 另取白色粉团少许搓长，摘成 4 个剂子，包上馅心，收口捏紧向下放。

③ 捏出鸽头、鸽尾。头两侧按两粒红色粉团和黑芝麻作眼睛，头前端安上搓尖的红色粉团做鸽嘴，尾部用木梳按出尾羽，再在身体两侧各剪出一只翅膀，用木梳按出翅羽。

④ 最后在身体的下端安上用红色粉团做成的鸽爪，即成生坯。

（3）生坯熟制　上笼蒸熟即可。

3．操作关键

（1）面团色彩调制要自然。

（2）生坯熟制时间不宜太长。

（二）白鹅

1．原料配方

（1）坯料　澄粉 200g，开水 280mL。

（2）馅料　豆沙馅或果仁馅 220g。

（3）辅料　黑芝麻 16 粒，苋菜红食用色素 0.1g，柠檬黄食用色素 0.1g。

2．制作过程

（1）面团调制　将澄粉放入面盆内拌和，加开水调制成粉团。将粉团分成三份，白色粉团比其它有色粉团多一倍。其中一份加入柠檬黄食用色素等揉匀揉透，形成橙色粉团。另一份加入苋菜红食用色素等揉匀揉透，形成红色粉团。

（2）生坯成型

① 取适量黄色粉团和红色粉团揉成橙色粉团。

② 另取白色粉团少许搓长，摘成 4 个剂子，包上馅心，收口捏紧向下放。

③ 将一头搓长捏出鹅头、鹅颈，向上弯起，另一头捏尖翘起按扁，用木梳印上齿纹，作为鹅尾。

④ 鹅头上安上橙色的粉团做鹅冠，在鹅头两侧，鹅眼睛用两粒橙色粉粒安上黑芝麻做成。

⑤ 鹅身体两侧，用剪刀剪出两只翅膀，用木梳印上翅羽，最后在身体的下端安上用橙色粉团做成的鹅爪，即成生坯。

（3）生坯熟制　上笼蒸熟即可。

3. 操作关键

（1）面团色彩调制要自然。

（2）生坯熟制时间不宜太长。

（三）核桃

1. 原料配方

（1）坯料　澄粉 200g，开水 280mL。

（2）馅料　豆沙馅或果仁馅 220g。

（3）辅料　可可粉 1g。

2. 制作过程

（1）面团调制　将澄粉放入面盆内拌和，加开水调制成粉团。将粉团加入可可粉，形成褐色粉团。

（2）生坯成型

① 取褐色粉团，揉匀搓长下剂，逐个按扁，包入馅心，收口捏紧朝下，搓成圆形，底部略平。

② 先用花钳夹出一圈（底部不夹）隆起的凸边，再用鹅毛管在两侧印上不规则的圈纹，逐个做好，即成生坯。

（3）生坯熟制　上笼蒸熟即可。

3. 操作关键

（1）面团色彩调制要自然。

（2）生坯熟制时间不宜太长。

（四）西瓜

1. 原料配方

（1）坯料　澄粉 200g，开水 280mL。

（2）馅料　豆沙馅或果仁馅 220g。

（3）辅料　绿茶粉 1g，可可粉 1g。

2．制作过程

（1）面团调制　将澄粉放入面盆内拌和，加开水调制成粉团。将粉团分成两份，一份加入可可粉，形成褐色粉团；另一份加入绿茶粉形成绿色粉团。绿色粉团的量为褐色粉团的 4 倍。

（2）生坯成型

① 先取 1/3 绿色的粉团，做成西瓜的藤叶，再将 2/3 的绿色粉团搓成长条，摘成剂子，把每个剂子搓圆按扁。

② 再把褐色粉团搓成细长条，在每个绿色圆皮上按上 3 ～ 4 根褐色粉条，翻身包入馅心。

③ 收口捏紧搓圆朝下，在西瓜的一端，点上褐色的瓜蒂，另一头插上瓜蔓，置于盘中，即成生坯。

（3）生坯熟制　上笼蒸熟即可。

3．操作关键

（1）面团色彩调制要自然。

（2）生坯熟制时间不宜太长。

三、根茎类面团教学案例

（一）藕丝糕

1．原料配方

鲜藕 500g，糯米粉 100g，面粉 100g，樱桃 50g，白糖 300g，青梅末 25g。

2．制作过程

（1）粉团调制

① 把藕洗净，切成细丝，用清水洗净控净水分，放入盆内待用。

② 把面粉与糯米粉合在一起，上屉蒸熟取出，晾凉后用擀面杖擀碎，筛细，加入白糖、藕丝，搓揉成粉团。

（2）生坯成型　用湿布盖在粉团上，用手按成厚薄大约 1.6cm 的大片。

（3）生坯熟制

① 把大片放在屉上，用旺火蒸约 8min。

② 出屉后晾凉，切成大小相同的方块，糕面放上樱桃，撒上青梅末，即可食用。

3．操作关键

粉团用手按压成型时，用力要均匀，厚薄要一致，大小要适合蒸笼的尺寸。

（二）藕粉圆子

1．原料配方

（1）坯料　纯藕粉 500g。

（2）馅料　杏仁 25g，松子仁 25g，核桃仁 25g，白芝麻 35g，蜜枣 35g，金橘饼 25g，桃酥 75g，猪板油 100g，绵白糖 50g。

（3）汤料　冷水 1.5L，白糖 150g，糖桂花 10mL，粟粉 15g。

2．制作过程

（1）馅心调制

① 将金橘饼、蜜枣、桃酥切成细粒；杏仁、松子仁、核桃仁分别焙熟碾碎；白芝麻洗净，小火炒熟碾碎；猪板油去膜剁蓉。

② 将上述馅料与白糖拌匀成馅。搓成 0.8cm 大小的圆球 60 个，放入冰箱冷冻备用。

（2）生坯成型

① 将冻好的馅心取一半放入装藕粉的小匾内来回滚动，粘上一层藕粉后，放入漏勺，下到开水中轻轻一蘸，迅速取出再放入藕粉匾内滚动，再粘上一层藕粉后，再放入漏勺，下到开水中烫制一会，取出再放入藕粉匾内滚动。

② 如此反复五六次即成藕粉圆子生坯。

③ 再取另一半依法滚粘。

（3）生坯熟制

① 将生坯放入温水锅内，沸后改用小火煮透，用适量冷水拌制的粟粉勾琉璃芡。

② 出锅前在碗内放上白糖、糖桂花，浇上汤汁，然后再盛入藕粉圆子。

3．操作关键

（1）馅料加工得细小一些。

（2）馅心做好后要冻硬。

（3）滚粘次数越多，烫制时间略微加长。

（4）用小火长时间养熟、养透明。

（5）做好的藕粉圆子一起放在冷水中保养，食用时再稍煮。

（三）紫薯球

1．原料配方

紫薯 350g，吉士粉 25g，水磨糯米粉 75g，澄粉 100g，绵白糖 120g，熟猪油 35g，冷水 150mL，豆沙馅 350g，色拉油 1.5L（耗 50mL）。

2．制作过程

（1）粉团调制

① 将紫薯去皮、蒸熟，捣成泥；将冷水倒入锅中烧沸，加入澄粉迅速搅拌，然后倒在案板上揉成光滑的面团。

② 将紫薯泥、澄粉面团、水磨糯米粉、绵白糖、熟猪油、吉士粉揉成光滑的粉团。

（2）生坯成型

① 将粉团揉匀，搓成长条，摘成 35 只面剂。

② 将面剂逐只搓圆捏窝，包入豆沙馅收口成球形即成生坯。

（3）生坯熟制　炒锅上火，放入色拉油。待油温升至 120℃时，将生坯放入漏勺中下锅，逐升油温，炸至红褐色时捞出沥油，装盘。

3．操作关键

（1）选用质量好的豆沙馅；豆沙馅要有一定硬度，便于成型。

（2）水要烧沸，并将澄粉倒入开水中搅拌烫制均匀。

（3）坯剂一定要均匀，大小要准确。

（4）将生坯放入漏勺，下锅先定一下型再升温。

（四）山药糕

1．原料配方（以 20 只计）

（1）坯料　山药 500g，糯米粉 120g，白糖 100g，奶粉 10g，黄油 50g。

（2）辅料　熟糯米粉 50g。

2．制作过程

（1）粉团调制　将山药洗净去皮，用粉碎机打成汁，过滤后加上糯米粉、奶粉和熔化的黄油揉和成团，最后上笼蒸熟。

（2）生坯成型　将晾凉的粉团揉匀下成剂子，放入模具按压脱模成型。

3．操作关键

（1）粉料要拌和均匀。

（2）入模后要压实，压平。

（3）脱模要轻巧。为了方便脱模，可在模具中撒上少许熟糯米粉。

（五）蛋苔酥

1．原料配方

红苔 1000g，面粉 300g，小苏打 3g，鸡蛋 150g，猪油 120g，熟芝麻 50g，白糖 75g，饴糖 35g，熟菜籽油 1000g。

2．制作过程

（1）粉团调制　将红苔洗净煮熟后压成薯泥，加入面粉、鸡蛋、猪油、熟菜籽油、小苏打等和成面团。

（2）生坯成型、熟制　将面团擀片、切丝，入油锅内炸成黄色的丝坯，沥干炸油待用。

（3）制品成型

① 另一空锅中加入白糖及饴糖，在糖浆中加入沥干炸油的丝坯和匀，再撒上

熟芝麻。

②装入木框架上，趁热擀匀压平，切块、包装。

3．操作关键

（1）掌握油锅炸制的温度为150℃，色泽呈金黄色即可。

（2）装入木框架上要趁热擀匀压平。

（六）像生雪梨

1．原料配方

（1）坯料　土豆泥150g，糯米粉75g，澄粉50g，开水50mL，胡椒粉1g。

（2）馅料　五香牛肉100g，洋葱50g，蚝油10g，湿淀粉5g，精盐2g。

（3）辅料　鸡蛋1个，面包糠100g，色拉油500mL（耗用100mL）。

2．制作过程

（1）馅心调制

①取五香牛肉少许，切成粗火柴梗丝当梨梗。

②剩余五香牛肉切小粒，洋葱切粒。锅上火烧热，加少许色拉油，放入洋葱粒煸香，加入牛肉粒拌匀，加入蚝油调味后勾芡，起锅冷却成馅心。

（2）粉团调制

①将澄粉倒入容器中，加开水，搅拌成团。

②将土豆泥、糯米粉和胡椒粉加入揉匀成团。

（3）生坯成型

①将粉团搓成长条，下剂、捏扁，包入馅心，捏拢收口向下。

②顶部插上一根牛肉丝做梨梗，捏紧。用手捏成雪梨形。裹上蛋液，滚粘面包糠，形成雪梨状生坯。

（4）生坯熟制　油锅上火，待油温升到120℃，放入生坯，炸至金黄色时捞出。

3．制作关键

（1）土豆要买老土豆，水分较少，淀粉含量比较高，有利于制品成型。

（2）土豆要带皮煮熟。

（3）配料比例恰当。

（4）包馅不能太多，否则成熟受热容易开裂。

（5）炸制时控制好油温和炸制时间。

四、果蔬类面团教学案例

（一）马蹄糕

1．原料配方

马蹄粉250g，白糖150g，马蹄丁150g，蜂蜜25g，清水1600g，色拉油适量。

2. 制作过程

（1）粉团调制

① 将马蹄粉和 400g 清水混合成生浆。

② 将 1200g 清水和白糖、蜂蜜煮成糖水。

③ 将煮沸的糖水缓缓冲入盛有生浆的盆中，边冲边搅拌，混合成生熟浆。

④ 将切碎的马蹄丁放时生熟浆中一起搅拌均匀。

⑤ 在大碗的底部涂上一层色拉油，生熟浆倒入大碗里。

（2）生坯熟制　把装有生熟浆的大碗放到笼屉里，大火蒸 20min。

（3）制品成型　蒸好的马蹄糕放凉后，倒出切块即可食用。

3. 操作关键

（1）生熟浆搅拌时要均匀。

（2）在大碗的底部涂上一层色拉油，好方便冷却后取出。

（二）荸荠冻

1. 原料配方

糖水荸荠 150g，琼脂 100g，白糖 150g，干玫瑰花 3 朵，薄荷油 1mL，凉水 500mL。

2. 制作过程

（1）粉浆调制

① 琼脂洗净，放入干净砂锅内，加入凉水，锅置旺火上煮约 1h。

② 至琼脂完全融化为液体后，加入糖，再煮 15min 左右。

（2）生坯成型

① 取长约 60cm、宽 40cm 的干净不锈钢方盘一只，将琼脂液倒入，晾至开始结冻时，将荸荠切成 3mm 粗细的丝，均匀地撒在琼脂液上。

② 再将干玫瑰花捏碎，撒在上面，放入冰箱冻结。

③ 冷凝后即成荸荠糕。

④ 食用时将冻好的糕用刀划割成块，淋上薄荷油。

3. 操作关键

（1）琼脂煮溶，黏稠入味。

（2）利用琼脂热溶冷凝的原理成型。

（3）用快刀切割成型。

（三）山楂糕片

1. 原料配方

鲜山楂 500g，白砂糖 500g，清水 500g，白矾 2g。

2．制作过程

（1）糖浆调制

鲜山楂去核洗净，倒入装水的锅内烧开，待山楂煮烂，捞出去渣洗净，将其捣烂成泥，再倒入刚刚煮山楂的水锅内，加入白砂糖烧开，使糖融化。

（2）制品成型

① 白矾加少量水烧开，立即倒入山楂浆内搅匀，再将其倒入事先准备好的有边方形容器内摊平，压实。

② 冷却后切片装盘即可。

3．操作关键

（1）山楂煮烂后，要捣烂成泥，也可以过筛。

（2）采用瓷质方形容器摊平压实，不要选择金属容器。

（四）南瓜团

1．原料配方

糯米粉 300g，粳米粉 200g，冷水 200mL，南瓜 200g，豆沙馅 350g，麻油 50mL。

2．制作过程

（1）面团调制

① 将南瓜去皮洗净，切片蒸熟，冷却捣成南瓜泥备用。

② 将糯米粉和粳米粉拌匀，分次加入 200mL 冷水揉拌成松散的粉团，上笼蒸透，晾凉后揉匀。

③ 再加上南瓜泥揉匀揉透。

（2）生坯成型　将揉透的粉团搓条、摘坯，包入豆沙馅25g，收口捏紧，搓圆，排放于蒸笼中。

（3）生坯熟制　将蒸笼上锅，旺火蒸熟，出笼时涂上麻油即可。

3．操作关键

（1）豆沙馅可以买现成的，也可以自制，软硬度适中。

（2）粉团要揉匀揉透。

（3）蒸制时要旺火汽足。

（4）出笼后抹上麻油。

（五）南瓜饼

1．原料配方

糯米粉 400g，南瓜 250g，白糖 50g，豆沙馅 100g，花生油 150mL（耗 15mL）。

2．制作过程

（1）粉团调制

① 将南瓜去皮蒸熟，压成泥，加入糯米粉、白糖，擦拌成团，再将擦好的粉团上笼蒸熟。

② 取出放在涂过油的盆里，冷却后再揉透，摘成 20 只剂子。

（2）生坯成型　将剂子揿扁包入豆沙馅，收口按扁。

（3）生坯熟制　平底锅中放入少许花生油烧热，将饼坯依次排入锅内，用中火煎至两面金黄色即可。

3．操作关键

（1）粉团要揉匀揉透。

（2）蒸制时要旺火汽足。

（3）煎制时先用大火定型，再用中火煎制上色成熟。

（六）玉荷糕

1．原料配方

熟菱粉 600g，白糖粉 600g，熟猪油 500g，熟黑芝麻粉 1000g，食用红色素 0.005g。

2．制作过程

（1）粉团调制　将 1/3 白糖粉、熟菱粉、1/3 熟猪油拌匀为面料。然后将 2/3 白糖粉、熟黑芝麻粉、2/3 熟猪油拌匀为底料。

（2）生坯成型

① 先把面料填入刻有荷花花纹的印模内，压实，压平。然后填入底料，用擀面杖压紧、刮平后敲动，使糕杯出模。

② 再在糕中心略涂食用红色素即可。

3．操作关键

（1）粉料要拌和均匀。

（2）入模后要压实，压平。

（3）脱模要轻巧。

复习思考题

1．冷水面团教学案例举例（2 个）。

2．温水面团教学案例举例（2 个）。

3．热水面团教学案例举例（2 个）。

4．水糅面团教学案例举例（2 个）。

5．发酵面团教学案例举例（2 个）。

6．油酥面团教学案例举例（2 个）。

7．米粉面团教学案例举例（2 个）。

8．杂粮类面团教学案例举例（2 个）。

参考文献

[1] 邱庞同. 中国面点史. 第二版. 青岛: 青岛出版社, 2001.

[2] 郑奇, 陈孝信. 烹饪美学. 昆明: 云南人民出版社, 1989.

[3] 邵万宽. 中国面点. 北京: 中国商业出版社.1995.

[4] 陈洪华, 李祥睿. 面点造型图谱. 第三版. 上海: 上海科学技术出版社, 2001.

[5] 李祥睿, 陈洪华. 中式糕点配方与工艺. 北京: 中国纺织出版社, 2013.

[6] 陈洪华, 李祥睿. 西式面点制作教程. 北京: 中国轻工出版社, 2012.

[7] 陈洪华, 李祥睿. 中式面点配方与工艺. 北京: 化学工业出版社, 2018.